房屋维修与预算

主 编 叶 雯 周 晖
副主编 宋晓惠 张 进

北京理工大学出版社
BEIJING INSTITUTE OF TECHNOLOGY PRESS

内 容 提 要

本书共分为12个项目，主要内容包括房屋维修认知、屋面防水维修、装饰工程与门窗维修、钢筋混凝土结构维修、钢结构工程维修、木结构工程维修、地基基础与砌体工程维修、房屋抗震鉴定及加固、房屋修缮预算认知、房屋修缮工程预算定额计价、房屋修缮工程工程量清单计价和房屋修缮工程施工图预算的编制与审查等。

本书可作为高等院校物业管理等相关专业的教材，也可作为房地产和物业管理行业在职人员的培训与自学用书。

图书在版编目（CIP）数据

房屋维修与预算 / 叶雯，周晖主编.--北京：北京理工大学出版社，2021.10
　　ISBN 978-7-5763-0622-4

Ⅰ.①房… Ⅱ.①叶… ②周… Ⅲ.①修缮加固—高等学校—教材 ②修缮加固—建筑预算定额—高等学校—教材 Ⅳ.①TU746.3

中国版本图书馆CIP数据核字（2021）第219709号

出版发行 / 北京理工大学出版社有限责任公司	
社　　址 / 北京市海淀区中关村南大街5号	
邮　　编 / 100081	
电　　话 /（010）68914775（总编室）	
（010）82562903（教材售后服务热线）	
（010）68944723（其他图书服务热线）	
网　　址 / http：//www.bitpress.com.cn	
经　　销 / 全国各地新华书店	
印　　刷 / 河北鑫彩博图印刷有限公司	
开　　本 / 787毫米×1092毫米　1/16	
印　　张 / 16	责任编辑 / 钟　博
字　　数 / 386千字	文案编辑 / 钟　博
版　　次 / 2021年10月第1版　2021年10月第1次印刷	责任校对 / 周瑞红
定　　价 / 72.00元	责任印制 / 边心超

出版说明

Publisher's Note

随着我国经济的不断发展，人民生活水平进一步提高，物业管理行业的发展更加规范化、市场化，市场竞争也日趋激烈。高等职业教育以培养生产、建设、管理、服务第一线的高素质技术技能人才为根本任务，加强物业管理专业高等职业教育，对于提高物业管理人员的水平、提升物业管理服务的品质、促进整个物业管理行业的发展都会起到很大的作用。

为此，北京理工大学出版社搭建平台，组织国内多所建设类高职院校，包括甘肃建筑职业技术学院、山东商务职业学院、黑龙江建筑职业技术学院、山东城市建设职业学院、广州番禺职业技术学院、广东建设职业技术学院、四川建筑职业技术学院、内蒙古建筑职业技术学院、重庆建筑科技职业学院等，共同组织编写了本套"高等职业教育房地产类专业精品教材（现代物业管理专业系列）"。该系列教材由参与院校院系领导、专业带头人组织编写团队，参照教育部《高等职业学校专业教学标准》要求，以创新、合作、融合、共赢、整合跨院校优质资源的工作方式，结合高职院校教学实际以及当前物业管理行业形势和发展编写完成。

本系列教材共包括以下分册：

1.《物业管理法规》

2.《物业管理概论（第 3 版）》

3.《物业管理实务（第 3 版）》

4.《物业设备设施管理（第 3 版）》

5.《房屋维修与预算》

6.《物业财务管理》

7.《物业管理统计》

8.《物业环境管理》

9.《智慧社区管理》

10.《物业管理招投标实务》

11.《物业管理应用文写作》

本系列教材的编写，基本打破了传统的学科体系，教材采用案例引入，以工作任务为载体进行项目化设计，教学方法融"教、学、做"于一体、突出以学生自主学习为中心、以问题为导向的理念，教材内容以"必需、够用"为度，专业知识强调针对性与实用性，较好地处理了基础课与专业课、理论教学与实践教学、统一要求与体现特色以及传授知识、培养能力与加强素质教育之间的关系。同时，本系列教材的编写过程中，我们得到了国内同行专家、学者的指导和知名物业管理企业的大力支持，在此表示诚挚的谢意！

高等职业教育紧密结合经济发展需求，不断向行业输送应用型专业人才，任重道远。随着我国房地产与物业管理相关政策的不断完善、城市信息化的推进、装配式建筑和全装修住宅推广等，房地产及物业管理专业的人才培养目标、知识结构、能力架构等都需要更新和补充。同时，教材建设是高等职业院校教育改革的一项基础性工程，也是一个不断推陈出新的过程。我们深切希望本系列教材的出版，能够推动我国高等职业院校物业管理专业教学事业的发展，在优化物业管理及相关专业培养方案、完善课程体系、丰富课程内容、传播交流有效教学方法方面尽一份绵薄之力，为培养现代物业管理行业合格人才做出贡献！

北京理工大学出版社

前言

PREFACE

随着我国改革开放的不断深入和房地产业的高速发展，房屋的维修与日常保养越来越引起人们的重视，也逐渐成为物业管理公司或房屋管理部门的重要工作内容。房屋维修与预算是物业管理专业的必修专业基础课之一，是培养物业管理人员必不可少的重要课程。本课程的主要任务是为物业管理相关专业的学生提供了现代物业管理在房屋维修与预算方面的必要知识，为学生快速、高效地适应物业管理项目的相关服务工作提供关于房屋维修与预算的必要理论基础。

本书收集整理了近年来我国物业管理中有关房屋维修技术与维修工程预算的研究成果，紧密联系了房地产和物业管理发展的实际，系统介绍了房屋维修及预算编制的基础知识和操作技能，从而为学生在将来的物业管理工作中能够积极、有效地参与或配合奠定必要的理论基础。为方便教学，本书各项目前均设置了知识目标、技能目标、素质目标和案例导入，为学生学习和教师教学进行引导；各项目后设置了项目小结和课后实训，由此构建了"引导—学习—总结—练习"的"教学一体化"教学模式。本书内容简明扼要、重点突出、注重实用，适应高等院校教育发展的需要，便于学生掌握和操作运用。

本书由广州番禺职业技术学院叶雯、周晖担任主编，由吉林省经济管理干部学院宋晓惠、青岛酒店管理职业技术学院张进担任副主编。本书编写过程中，查阅了大量公开的书刊和相关文件，借用了其中一些内容，在此向原作者致以衷心的感谢！

由于编写时间仓促，加之编者的经验和水平有限，书中难免有不妥和疏漏之处，恳请广大读者和专家批评指正。

编　者

目录

CONTENTS

项目一 房屋维修认知

知识目标

1. 了解房屋维修的概念及特点，熟悉房屋维修的类型、范围和标准；
2. 掌握房屋完损等级评定标准与方法；
3. 了解房屋查勘鉴定的概念，熟悉房屋查勘鉴定的分类；
4. 了解房屋维修管理的概念、意义，熟悉房屋维修管理的原则和内容。

技能目标

能够结合实际运用房屋维修基础理论知识分析和解决问题。

素质目标

1. 能独立制订学习计划，并按计划实施学习和撰写学习体会；
2. 会查阅相关资料、整理资料，具有阅读、应用各种规范的能力；
3. 培养勤于思考、做事认真的良好作风，具有分析问题、解决问题的能力；
4. 具有团队合作精神、沟通交流和语言表达能力；
5. 培养吃苦耐劳、爱岗敬业的职业精神。

案例导入

某六层砖混结构办公楼，建筑平面为矩形，南北朝向，全长为 40.24 m，宽度为 11.24 m，层高均为 2.9 m，室内外高差为 0.3 m，建筑物檐口高度为 17.7 m，楼(屋)盖均为现浇钢筋混凝土板，屋面设计做法为水泥聚苯保温层 100 mm 厚，APP 改性沥青防水卷材防水层。该建筑于 2015 年 12 月 1 日竣工验收备案并投入使用。

请问物业服务企业应如何对该建筑物进行定期查勘鉴定？如果在查勘鉴定过程中发现该建筑物屋顶存在渗漏，物业服务企业应如何进行维修处理？

单元一　房屋维修概述

一、房屋维修的概念及特点

1. 房屋维修的概念及意义

房屋维修是指在房屋的经济寿命期内，在对房屋进行查勘鉴定、评定房屋完损等级的基础上，对房屋进行维护和修理，使其保持或恢复原来状态或使用功能的活动。房屋维修通常包括物业服务企业对房屋的日常保养，对破损部位的修缮，以及对不同等级房屋功能的恢复、改善、装修及结合房屋的维修加固，增强房屋的抗震能力等。

房屋维修的意义主要体现在以下几个方面：

(1)保持及恢复房屋原有质量及功能，以保障住用安全及正常使用。

(2)对现有房屋进行改建或者改造，以提高其使用功能，适应栖身需要。

(3)对房屋建设中的设计或者施工缺点，采取返工及补救措施。

(4)保护颐养房屋，缓解消耗速度，延长房屋使用年限，减少对于房屋建设的投资。

2. 房屋维修的特点

维修与新建的对象都是房屋建筑，在设计和施工理论上是相通的，因而它们有共性的一面。但是，由于房屋维修与新建房屋的应用理论不同，所以又有其独自的特点。

(1)房屋维修是一项经常性的工作。房屋使用期限长，在使用中由于自然或人为的因素影响，会导致房屋、设备的损坏或使用功能的减弱，而且由于房屋所处的地理位置、环境和用途的差异，同一结构房屋使用功能减弱的速度和损坏的程度也是不均衡的，因此，房屋维修是大量的经常性的工作。

(2)房屋维修量大面广、零星分散。量大面广是指房屋维修涉及各个单位、千家万户，项目多而杂；零星分散是指由于房屋的固定性以及房屋损坏程度的不同，决定了维修场地和维修队伍随着修房地段、位置的改变而具有流动性、分散性。

(3)房屋维修技术要求高。房屋维修由于要保持原有的建筑风格和设计意图，因此技术要求相对于同类新建工程来讲要高。房屋维修有其独特的设计、施工技术和操作技能的要求，而且对于不同建筑结构、不同等级标准的房屋，采用的维修标准也不同。

知识链接

房屋修缮的定义

房屋修缮是指对已建成的房屋进行拆改、翻修和维护，以保障房屋的住用安全，保持和提高房屋的完好程度与使用功能。

二、房屋维修的类型

根据房屋的完损状况和维修工程的性质，一般把维修工程分为小修、中修、大修、翻修和综合维修五类。

1. 小修

小修是指对房屋的小损坏进行修复，以保持房屋原来的完损等级为目的的日常养护工程。这类工程项目简单、零星分散、量大面广、时间紧迫、持续反复性强、服务性强，一般可以根据房管人员掌握的情况组织计划维修，也可以根据业主申报组织零星的维修。

2. 中修

中修是需牵动或拆换少量主体构件，保持原房的规模和结构的工程。一次中修费用约在该建筑物同类结构新建造价的20%以下。中修后的房屋70%以上必须符合基本完好或完好房屋标准的要求。中修适用于少量结构构件形成危险的房屋，尤其是一般损坏的房屋。

3. 大修

大修是需牵动或拆除部分主体构件，但不需全部拆除的工程。大修一次费用在该建筑物同类结构新建造价的25%以上。大修后的房屋必须符合基本完好或完好标准的要求。大修主要适用于严重损坏的房屋。

4. 翻修

翻修是需全部拆除、另行设计、重新建造或利用少数主体构件进行改造的工程。它包括原地翻修改建、移地翻修改建、小区复建房等。翻修工程应尽量利用旧料，其费用应低于该建筑物同类结构的新建造价。翻修后的房屋必须符合完好房屋标准的要求。

5. 综合维修

综合维修是指对于成片多幢或者面积较大的大部分严重破坏的单幢楼房进行有规划的成片维修以及扭转片(幢)房屋容貌进行的维修工程。综合维修后的房屋必须符合基本完好房屋或完好房屋标准的要求。

三、房屋维修的范围和标准

为了统一掌握房屋修缮范围和标准，充分发挥维修资金效益，延长房屋使用年限，原城乡建设环境保护部于1984年11月8日发布了《房屋修缮范围和标准》，并于1985年1月1日起开始实施。

(一)房屋工程修缮范围

房屋的修缮，均应按照租赁法规的规定或租赁合同的约定办理。但是如有以下情况需另行处理：

(1)因用户使用不当、超载或其他过失引起的损坏，应由用户负责赔修。

(2)因用户特殊需要对房屋或它的装修、设备进行增、搭、拆、扩、改时，必须报经营管理单位鉴定同意，除有单项协议专门规定者外，其费用由用户自理。

(3)因擅自在房基附近挖掘而引起的损坏，用户应负责修复。

市政污水(雨水)管道及处理装置、道路及桥涵、房屋进户水电表之外的管道线路、燃气管道及灶具、城墙、危崖、滑坡、堡坎、人防设施等的修缮,由各专业管理部门负责。

在确保居住安全及财力物力可能的条件下,应逐步改善居住条件。

(1)室内无窗或通风采光面积不足的,如条件允许,可新开或扩大原窗;住人假楼檐高太低的,可适当提高;住人阁楼,如条件允许,可新做气楼或新开窗子。

(2)无厨房的旧式住宅,如条件允许,大修时可重新合理安排其布局,分设厨房;其他用途的房屋改做住房时,可按居住用房的标准加以改造。

(3)三代同堂或大子女与父母同室居住的,可增设隔断;增设隔断后,影响采光通风的,可在适当部位增开窗子或天窗。

(4)对于无水、电的房屋,应有计划地逐步新装;对于原水、电表容量不足的,可分户或增容;在条件允许时,可逐步做到供水到户。

(5)底层窗子或户室门的玻璃窗,可增设铁棚;原庭院无下水道的,如条件允许,可予增设。

课堂小提示

房屋修缮应注意做到以下几项:

(1)与抗震设防相结合。在抗震设防地区,凡房屋进行翻修、大修时,应尽可能按抗震设计规范和抗震鉴定加固标准进行设计、施工,中修工程也要尽可能采取抗震加固构造措施。

(2)与白蚁防治相结合。在白蚁危害地区,各类修缮工程均应贯彻"以防为主,修治结合"的原则,做到看迹象、查蚁情、先防治、后修换。

(3)与预防火相结合。在大、中修时,对砖木结构以下的房屋应尽可能提高其关键部位的防火性能,在住户密集的院落,要尽可能留出适当通道或间距。

(4)与抗洪防风相结合。对经常受水淹的房屋,要采取根治措施;对经常发生山洪的地区,要采取防患措施;在易受暴、台风袭击的地区,要提高房屋的抗风能力。

(5)与防范雷击相结合。在易受雷击地区的房屋,要有避雷装置,并定期检查修理。

(二)房屋工程修缮标准

房屋工程修缮按不同的结构、装修、设备条件,把房屋划分成一等和二等以下两类。符合下列条件的为一等房屋:①结构:包括砖木(含高级纯木)、混合和钢筋混凝土结构,其中,凡承重墙柱不得有用空心砖、半砖、乱砖和乱石砌筑者;②楼地面:楼地面不得有用普通水泥或三合土面层者;③门窗:正规门窗,有纱门窗或双层窗;④墙面:中级或中级以上的粉饰;⑤设备:独厨,有水、电、卫设备,采暖地区有暖气。凡低于以上所列条件者为二等以下房屋。

《房屋修缮范围和标准》按主体工程,木门窗及装修工程,楼地面工程,屋面工程,抹灰工程,油漆粉饰工程,水、电、卫、暖等设备工程,金属构件及其他九个分项工程进行确定。

1. 主体工程

屋架、柱、梁、檩条、楼楞等在修缮时应查清隐患，损坏变形严重的，应加固、补强或拆换。不合理的旧结构、节点，若影响安全使用的，大修时应整修改做。损坏严重的木构件在修缮时要尽可能用砖石砌体或钢筋混凝土构件代替。对钢筋混凝土构件，如有轻微剥落、破损的，应及时修补。混凝土碳化、产生裂缝、剥落、钢筋锈蚀较严重的，应通过检测计算，鉴定构件承载力，采取加固或替代措施。

基础不均匀沉降，影响上部结构的，砌体弓凸、倾斜、开裂、变形，应查清原因，有针对性地予以加固或拆砌。

2. 木门窗及装修工程

木门窗修缮应开关灵活，接缝严密，不松动；木装修工程应牢固、平整、美观，接缝严密。木门窗开关不灵活、松动、脱榫、腐烂损坏的，应修理接换，小五金应修换配齐。大修时，内外玻璃应一次配齐，油灰嵌牢。木门窗损坏严重、无法修复的，应更换；一等房屋更换的门窗应尽量与原门窗一致。材料有困难的，可用钢门窗或其他较好材料的门窗替代。纱门窗、百叶门窗属一般损坏的，均应修复。属严重损坏的，一等房屋及幼儿园、托儿所、医院等特殊用房可更换；二等以下房屋可拆除。原没有的，一律不新装。

木楼梯损坏的，应修复。楼梯基下部腐烂的，可改做砖砌踏步。扶手栏杆、楼梯基、平台搁栅应保证牢固安全。损坏严重、条件允许的，可改为砖混楼梯。板条墙、薄板墙及其他轻质隔墙损坏的，应修复；损坏严重、条件允许的，可改砌砖墙。木阳台、木晒台一般损坏的，应修复；损坏严重的，可拆除，但应尽量解决晾晒问题。挂镜线、窗帘盒、窗台板、筒子板、壁柄、壁炉等装修，一般损坏的，应原样修复。严重损坏的，一等房屋应原样更新，或在不降低标准、不影响使用的条件下，用其他材料代用更新；二等以下房屋，可改换或拆除。

踢脚板局部损坏、残缺、脱落的，应修复；大部损坏的，改做水泥踢脚板。

3. 楼地面工程

普通木地板的损坏占自然间地面面积的 25% 以下的，可修复；损坏超过 25% 以上或缺乏木材时，可改做水泥地坪或块料地坪。一等房屋及幼儿园、托儿所、医院等特殊用房的木地板、高级硬木地板及其他高级地坪损坏时，应尽量修复；实无法修复的，可改做相应标准的高级地坪。

木楼板损坏、松动、残缺的，应修复；如磨损严重、影响安全的，可局部拆换；条件允许的，可改做钢筋混凝土楼板。一等房屋的高级硬木楼板及其他材料的高级楼板面层损坏时应尽量修复；实无法修复的，可改做相应标准的高级楼板面。夹砂楼板面损坏的，可夹接加固木基层、修补面层，也可改做钢筋混凝土楼板面。木楼楞腐烂、扭曲、损坏、刚度不足的，应抽换、增添或采取其他补强措施。

普通水泥楼地面起砂、空鼓、开裂的，应修补或重做。一等房屋的水磨石或块料楼地面损坏时，应尽量修复；实无法修复的，可改做相应标准楼地面。

砖地面损坏、破碎、高低不平的，应拆补或重铺。室内潮湿严重的，可增设防潮层或做水泥及块料地面。

4. 屋面工程

屋面结构有损坏的，应修复或拆换；不稳固的，应加固。如原结构过于简陋，或流水过长、坡度小、冷摊瓦等造成渗水漏雨严重时，按原样修缮仍不能排除屋漏的，应翻修改建。

屋面上的压顶、出线、屋脊、泛水、天窗、天沟、檐沟、斜沟、水落、水管等损坏渗水的，应修复；损坏严重的，应翻做。大修时，原有水落、水管要修复配齐，二层以上房屋原无水落、水管的，条件允许可增做。女儿墙、烟囱等屋面附属构件损坏严重的，在不影响使用和市容条件下，可改修或拆除。钢筋混凝土平屋面渗漏，应找出原因，针对损坏情况采用防水材料嵌补或做防水层；结构损坏的，应加固或重做。玻璃天栅、老虎窗损坏漏水的，应修复；损坏严重的，可翻做，但一般不新做。

屋面上原有隔热保温层损坏的，应修复。

5. 抹灰工程

外墙抹灰起壳、剥落的，应修复；损坏面积过大的，可全部铲除重抹。重抹时，如原抹灰材料太差，可提高用料标准。一等房屋和沿主要街道、广场的房屋的外抹灰损坏，应原样修复；复原有困难的，在不降低用料标准、不影响色泽协调的条件下，可用其他材料替代。清水墙损坏，应修补嵌缝；整垛墙风化过多的，可做抹灰。外墙勒脚损坏的，应修复；原无勒脚抹灰的，可新做。

内墙抹灰起壳、剥落的，应修复；每面墙损坏超过一半以上的，可铲除重抹。原无踢脚线的，结合外墙面抹灰应加做水泥踢脚线。各种墙裙损坏应根据保护墙身的需要予以修复或抹水泥墙裙。因室内外高差或沟渠等影响，引起墙面长期潮湿，影响居住使用的，可做防水层。

天棚抹灰损坏，要注意检查内部结构，确保安全。抹灰层松动，有下坠危险的，须铲除重抹。原线脚损坏的，按原样修复。损坏严重的复杂线脚全部铲除后，如为一等房屋应原样修复，或适当简略；二等以下房屋，可不修复。

6. 油漆粉饰工程

木门窗、纱门窗、百叶门窗、封檐板裙板、木栏杆等油漆起壳、剥落、失去保护作用的，应周期性地进行保养；上述木构件整件或零件拆换，应刷油漆。钢门窗、铁晒衣架、铁皮水落水管、铁皮屋面、钢层架及支撑、铸铁污水管或其他各类铁构件（铁栅、铁栏杆、铁门等），其油漆起壳、剥落或铁件锈蚀，应除锈、刷防锈涂料或油漆。钢门窗或各类铁件油漆保养周期一般为 3～5 年。

木楼地板原油漆褪落的，一等房屋应重做；二等以下房屋，可视具体条件处理。

室内墙面、天棚修缮时可刷新。其用料，一等房屋可采取新型涂料、胶白等，二等以下房屋，刷石灰水。高级抹灰损坏，应原样修复。

高层建筑或沿主要街道、广场的房屋的外墙，原油漆损坏的，应修补，其色泽应尽量与原色一致。

7. 水、电、卫、暖等设备工程

电气线路的修理，应遵守供电部门的操作规程。原无分表的，除各地另有规定者外，一般可提供安装劳务，但表及附件应由用户自备；每一房间以一灯一插座为准，平时不予改装。上、下水及卫生设备的损坏、堵塞及零件残缺，应修理配齐或疏通，但人为损坏的，其费用由住户自理。原无卫生设备的，是否新装由各地自定。

附属于多层、高层住宅及其群体的压力水箱、污水管道及泵房、水塔、水箱等损坏，除与供水部门有专门协议者外，均应负责修复；原设计有缺陷或不合理的，应改变设计，改道重装。水箱应定期清洗。电梯、暖气、管道、锅炉、通风等设备损坏时，应及时修理；零配件残缺的，应配齐全；长期不用且今后仍无使用价值的，可拆除。

8. 金属构件

金属构件锈烂损坏的，应修换加固。钢门窗损坏、开关不灵、零件残缺的，应修复配齐；损坏严重的，应更换。铁门、铁栅、铁栏杆、铁扶梯、铁晒衣架等锈烂损坏的，应修理或更换；无保留价值的，可拆除。

9. 其他

水泵、电动机、电梯等房屋正在使用的设备，应修理，保养。避雷设施损坏、失效的，应修复；高层房屋附近无避雷设施或超出防护范围的，应新装。

原有院墙、院墙大门、院落内道路、沟渠下水道、窨井损坏或堵塞的，应修复或疏通。

原无下水系统，院内积水严重，影响居住使用和卫生的，条件允许的，应新做。院落里如有公共厕所，损坏时应修理。

暖炕、火墙损坏的，应修理。如需改变位置布局，平时一般不考虑，若房屋大修，可结合处理。

📖 **知识链接**

房屋结构分类

房屋结构分类见表1-1。

表1-1 房屋结构分类

类别	结构	楼地板及天棚	门窗	墙面装饰	设备	自然耐用年限
钢筋混凝土一等	钢筋混凝土框架、梁、柱承重，现浇或预制楼板（包括升板、滑模）。平台屋面（砖墙体用于填充分隔）	席纹地板或硬木企口板，地板面层花面砖、水磨石地面，有线牌的天棚或悬吊大棚	正规门窗有的为纱门窗双层窗，部分为铝合金窗	全部油漆地面或部分胶白、色粉，包括各类装饰墙布（纸）	有厨房、水、电、卫生设备，采暖地区有暖气	100
钢筋混凝土二等	钢筋混凝土框架梁、柱承重。现浇或预制楼板（包括升板、滑模）。平台屋面（砖墙体用于填充分隔）	普通水泥地面	正规门窗，部分有纱门窗或双层窗	中级或普通粉刷	有厨房、水、电、卫生设备，采暖地区有暖气	80
砖混一等	砖墙或部分钢筋混凝土梁、柱承重，现浇或预制板，钢筋混凝土圈梁或钢筋砖梁，平台屋面或瓦屋面	水磨石或水泥楼地面（塑料漆地面或塑料地面面层）	正规门窗部分为纱门窗或双层窗，部分为铝合金窗	胶白、油漆、色粉或中级粉刷，包括各类装饰墙布（纸）	有厨房、水、电、卫生设备，采暖地区有暖气	80

类别	结构	楼地板及天棚	门窗	墙面装饰	设备	自然耐用年限
砖混二等	实砌砖墙或间隔空斗或部分钢筋混凝土梁、柱承重，现浇或预制板，有圈梁。平台屋面或平瓦屋面	普通水泥地面	正规门窗部分有纱门窗或双层窗	胶白、色粉或普通粉刷	有厨房、水、电及公用卫生设备，采暖地区有暖气	70
砖木一等	木屋架、梁、柱或实砌砖墙承重，有屋面板、油毡的平瓦屋面（包括部分结构有平台屋面）	席纹楼地面或硬木企口楼地面，部分花缸、水磨石地面，有线脚的抹灰天棚	正规门窗有纱门窗或双层窗	全部油漆墙面或部分胶白、色粉，有油漆的护墙板或隔门板	有厨房、水、电及公用卫生设备，采暖地区有暖气	75
砖木二等	木屋架、梁、柱或木立帖屋架或实砌空斗砖墙承重，有屋面板的平瓦面（包括部分混合结构的平台屋面或望砖望板的小青瓦屋面）	普通木楼地面或普通水泥地面，抹灰天棚或板天棚	普通门窗或部分简易门窗	普通粉刷胶白、色粉	水、电齐全，内有公用卫生设备及厨房	65
砖木三等	木屋架、立帖屋、木檩条，实砌、空斗墙（包括半砖墙或乱砖墙）承重，平瓦或小青瓦屋面	普通木地板或水泥地面，芦席抹灰天棚或粉椽档	简易门窗	普通粉刷	水、电齐全，间或缺水	55
简易结构	木屋架、梁、柱或实砌砖墙承重，有屋面板、油毡的平瓦屋面（包括部分结构有平台屋面）	水泥、砖铺、煤屑地面	简易门窗	普通粉刷	水、电齐全，间或缺水	30

单元二 房屋完损等级评定

房屋完损等级是反映房屋表观及使用状况的指标，由房屋的建筑装饰、结构和设施设备三个部分的损坏程度与损坏范围综合确定。

一、基本规定

房屋完损等级评定应采用目测、简便量测等常规手段，在对既有房屋表观损坏现象全面分析的基础上，进行综合评定。房屋完损等级评定的对象宜为整幢房屋，也可为房屋的一部分或房屋的分项、子项。房屋完损等级评定过程中发现安全隐患，影响结构安全或使用安全时，应按照相关标准对房屋进行安全性检测鉴定。

房屋完损等级评定宜按下列程序进行：

(1)接受委托；

(2)明确评定的目的、要求、内容及范围；

(3)组织实施现场工作；

(4)数据处理、分析评级；

(5)得出结论，提出建议。

房屋完损等级，应按子项、分项和评定单元三个层次进行评定，每一层次应分四个完损等级，并应按表1-2规定的内容和步骤，从第一层开始，逐层进行。房屋完损等级评定的各层次分级标准应符合表1-3的规定。

表1-2 房屋完损等级评定的层次、等级划分及内容

层次	一	二	三
层名	子项	分项	评定单元
等级	①级、②级、③级、④级	1级、2级、3级、4级	一级、二级、三级、四级
评定内容	屋面评级	建筑装饰部分评级	房屋完损评级
	外立面评级		
	室内建筑装饰评级		
	门窗评级		
	其他非结构构件及建筑构造评级		
	地基基础评级	结构部分评级	
	上部结构评级		
	给水排水设施设备评级	设施设备部分评级	
	电气设施设备评级		
	暖通设施设备评级		

表1-3 房屋完损等级评定各层次分级标准

层次	评定对象	等级	分级标准
一	子项	①级	符合正常使用的要求
		②级	基本符合正常使用的要求
		③级	影响正常使用
		④级	严重影响正常使用
二	分项	1级	符合正常使用的要求
		2级	基本符合正常使用的要求
		3级	影响正常使用
		4级	严重影响正常使用
三	评定单元	一级	符合正常使用的要求
		二级	基本符合正常使用的要求
		三级	影响正常使用
		四级	严重影响正常使用

课堂小提示

在下列情况下，可进行房屋完损等级评定：

(1)房屋日常管理、制订修缮计划需要时；

(2)房屋大范围普查、排查时；

(3)房屋周边存在工程施工或环境影响时；

(4)其他需要掌握房屋完损状况时。

二、子项完损等级评定

1. 一般规定

子项完损等级评定应根据检查项目的损坏程度和损坏数量综合评定。

检查项目中损坏构件的数量占构件总数的比例可用"个别、少量、多处"表示，检查项目中损坏部分的面积占总面积的比例可用"局部、部分、大面积"表示。"个别、局部"表示占比小于5%，"少量、部分"表示占比在5%～30%，"多处、大面积"表示占比大于30%。

检查项目中构件的损坏程度可用"轻微、明显、严重"表示，"轻微"表示损伤很轻，可不采取维修措施；"明显"表示损伤对构件外观或使用功能已造成一定影响，但可通过日常养护、小修恢复其使用功能；"严重"表示损伤较重，通过日常养护、小修已无法恢复其使用功能。

2. 屋面

平屋面完损状况检查应包括下列主要内容：

(1)屋面的渗漏情况；

(2)屋面排水系统损坏情况；

(3)屋面面层及保温隔热层的开裂空鼓等损坏情况；

(4)女儿墙、烟囱等屋面附属构件损坏情况；

(5)变形缝损坏情况。

坡屋面完损状况检查应包括下列主要内容：

(1)屋面的渗漏情况；

(2)屋面变形情况；

(3)屋面排水系统损坏情况；

(4)天窗损坏情况；

(5)烟囱、古建筑屋顶仙人走兽等屋面附属构件损坏情况；

(6)金属屋面的锈蚀情况；

(7)瓦屋面屋脊、瓦片、望砖、望板等损坏情况；

(8)屋檐开裂、朽烂情况；

(9)各种出线、泛水起壳开裂情况。

屋面完损等级应按表1-4评定。

表 1-4 屋面完损等级评定

完损等级	损坏状况
①级	屋面平整，无渗漏，排水通畅，天沟、泛水、雨水管等排水构件无损坏，面层及保温隔热层无开裂、空鼓，脊瓦无松动破损，瓦片无破碎、风化，各种出线、泛水无起壳开裂，顺水条、挂瓦条、椽子、木屋面板、木望板无腐朽、蛀蚀，天窗无变形，屋檐、女儿墙、烟囱、仙人走兽等附属构件无开裂，变形缝盖板无挤压变形
②级	屋面平整，脊瓦无松动破损，顺水条、挂瓦条、椽子、木屋面板、木望板无腐朽、蛀蚀，天窗无变形，屋檐、女儿墙、烟囱、仙人走兽等附属构件无开裂，变形缝盖板无挤压变形。 屋面局部渗漏但无严重渗漏点，或天沟、泛水、雨水管等排水构件个别损坏，或面层及保温隔热层局部开裂、空鼓，或垃圾堆积导致排水不畅，或个别瓦片破碎缺角，或各种出线、泛水轻微起壳开裂
③级	屋面不平，或部分渗漏或虽局部渗漏但有严重渗漏点，或排水不畅，或天沟、泛水、雨水管等排水构件少量破损，或面层及保温隔热层部分开裂、空鼓，或少量瓦片破碎、风化，或个别脊瓦松动破损，或个别或少量望砖破损、风化，或个别或少量顺水条、挂瓦条、椽子、木屋面板、木望板腐朽、蛀蚀，或天窗变形、开关不畅，或女儿墙、烟囱、仙人走兽等附属构件开裂，或屋檐开裂，或各种出线、泛水明显起壳开裂，或变形缝盖板挤压变形
④级	屋面凹陷，或大面积渗漏，或排水系统严重堵塞，或天沟、泛水、雨水管等排水构件多处破损，或面层及保温隔热层大面积开裂、空鼓、脱落，或多处瓦片破损、缺失，或多处望砖破损、风化，或多处顺水条、挂瓦条、椽子、木屋面板、木望板腐朽、蛀蚀，或金属屋面严重锈蚀，或多处出线、泛水严重起壳开裂

3. 外立面

普通外墙饰面完损状况检查应包括下列主要内容：

(1)墙面渗漏情况；

(2)外立面涂装起皮、脱落，清水墙面开裂、风化，抹灰或其他饰面层空鼓、开裂、粉化、剥落、石材掉角等损坏情况。

建筑幕墙完损状况检查应包括下列主要内容：

(1)幕墙面板及节点部位渗漏情况；

(2)面板材料碎裂、掉角、脱落、变形等表观损坏情况；

(3)五金件(包括埋件)锈蚀变形或缺失情况；

(4)胶体老化情况。

外立面完损等级应按表 1-5 进行评定。

表 1-5 外立面完损等级评定

完损等级	损坏状况
①级	墙面无渗漏，清水墙面无开裂、风化，抹灰或其他饰面层无空鼓、开裂、剥落，墙面涂装无起皮、脱落，幕墙面板材料无碎裂、缺损、变形、锈蚀，五金件完整，胶体未老化
②级	清水墙面无开裂、风化，抹灰或其他饰面层无剥落，幕墙面板材料无碎裂、缺损、变形，五金件完整 墙面局部渗漏但无严重渗漏点，或墙面涂装局部起皮、脱落，或饰面层轻微空鼓、开裂，或五金件轻微锈蚀，或胶体轻微老化

续表

完损等级	损坏状况
③级	墙面部分渗漏或虽局部渗漏但有严重渗漏点，或涂装部分起皮、脱落，或清水墙面局部开裂、风化，或抹灰或其他饰面层部分空鼓、裂缝、剥落，或表观轻微风化，或局部面板材料碎裂、缺损、变形，或五金件明显锈蚀或五金件缺损，或部分胶体老化
④级	墙面大面积渗漏，或涂装大面积起皮、脱落，或清水墙面部分开裂、大面积风化，或抹灰或其他饰面层大面积空鼓、裂缝、风化、剥落，或部分面板材料碎裂、缺损、变形，或部分五金件严重锈蚀，或部分胶体严重老化脱开

4. 室内建筑装饰

室内建筑装饰的完损等级，应根据内墙面、楼地面和天棚的完损状况进行综合确定。

(1)内墙面完损状况检查应包括下列主要内容：

1)墙面渗漏情况；

2)墙面涂料起皮、粉化情况，粉刷或面砖开裂、空鼓、破损、剥落情况；

3)木饰面腐朽、蛀蚀、变形、断裂情况；

4)墙纸空鼓、翘边情况。

(2)楼地面完损状况检查应包括下列主要内容：

1)整体面层开裂、起砂、空鼓、破损情况；

2)木楼地面蛀蚀或翘曲变形、腐朽、松动、稀缝、踩踏异响、漆面磨损情况；

3)块料楼地面开裂、空鼓、磨损，块材变形、碎裂情况。

(3)天棚完损状况检查应包括下列主要内容：

1)天棚渗漏情况；

2)面板、龙骨及吊杆等的开裂、松动变形、腐朽、蛀蚀、锈蚀情况；

3)涂层老化、起皮、剥落情况；

4)线脚的松动、脱落情况。

室内建筑装饰完损等级应按表1-6评定。

表1-6　室内建筑装饰完损等级评定

完损等级	损坏状况
①级	饰面平整，无渗漏、变形、开裂、空鼓、锈蚀、剥落、腐朽、蛀蚀、断裂、破损、起砂、踩踏异响、脱落、漆面磨损，且外饰面涂层无老化、起皮、剥落
②级	饰面平整，无变形、腐朽、蛀蚀、断裂、破损、起砂、踩踏异响、脱落。 饰面局部渗漏但无严重渗漏点，或饰面局部有轻微裂缝、空鼓、锈蚀、剥落、漆面磨损，或外饰面涂层局部老化、起皮、剥落，或个别线脚松动
③级	饰面部分渗漏或虽局部渗漏但有严重渗漏点，或饰面局部或部分有明显裂缝、空鼓、锈蚀、剥落、漆面磨损，或饰面局部或部分有断裂、破损、翘边、腐朽、蛀蚀、变形、起砂、磨损、踩踏异响，或龙骨及吊杆局部或部分松动、腐朽、锈蚀，或外饰面涂层部分老化、起皮、剥落，或多处线脚松动、局部脱落

续表

完损等级	损坏状况
④级	饰面大面积渗漏，或饰面有大面积裂缝、变形、空鼓、翘边、腐朽、蛀蚀、锈蚀、断裂、破损、剥落、起砂、磨损、踩踏异响，或龙骨及吊杆大面积松动、腐朽、锈蚀，或涂层大面积老化、起皮、剥落，或线脚多处脱落

5. 门窗

门窗的完损状况检查应包括下列主要内容：

(1)渗漏情况；

(2)变形情况；

(3)玻璃和五金件缺失和损坏情况；

(4)油漆剥落情况；

(5)木构件腐朽、松动、蛀蚀情况；

(6)金属构件锈蚀情况。

门窗完损等级应按表1-7评定。

表1-7　门窗完损等级评定

完损等级	损坏状况
①级	门窗无渗漏，开关灵活，玻璃无碎裂，五金件无断裂、缺损、锈蚀，外饰面涂层无老化、剥落
②级	开关灵活，玻璃无碎裂，五金件无断裂、缺损，外饰面涂层无剥落。 个别门窗有渗漏，或个别门窗轻微碰轧或异响，或五金件轻微锈蚀，或外饰面涂层轻微老化、磨损
③级	少量门窗有渗漏，或个别门窗开关不畅，有明显碰轧或异响，或个别门窗接缝部位漏风，或个别门窗玻璃碎裂但暂时无掉落危险，或五金件有明显锈蚀，或个别门窗非承重零件断裂或缺损，或外饰面涂层明显老化、磨损，或个别剥落
④级	多处门窗有渗漏，或少量门窗开关困难，或少量门窗接缝部位漏风，或少量门窗玻璃碎裂或缺损、五金件严重锈蚀，或少量门窗有主要承重零件或非承重零件断裂或缺损，门窗外饰面涂层严重老化、磨损，或多处剥落

6. 其他非结构构件及建筑构造

除屋面、外立面、室内建筑装饰、门窗外的其他非结构构件及建筑构造的完损等级，应根据隔墙、楼梯和阳台的附属部件等非结构构件，以及防潮层等建筑构造的完损状况进行综合确定。

隔墙的完损状况检查应包括下列主要内容：

(1)砖砌体弓凸、开裂、破损、变形情况；

(2)轻质墙体龙骨变形、面板开裂、各组成部分连接处松动或相对变形情况；

(3)玻璃、木饰、金属等其他材料隔断开裂、变形、腐朽、锈蚀、蛀蚀、残缺、破损情况；

(4)隔墙与结构连接部位的开裂情况。

楼梯和阳台的附属部件完损状况检查应包括下列主要内容：

（1）栏杆和扶手的开裂、变形、腐朽、蛀蚀、破损情况；

（2）栏杆或栏板与主体连接部位的松动、开裂情况；

（3）金属件锈蚀情况；

（4）后装防滑条及其他配件装饰等断裂、松动、变形、腐朽、破损、锈蚀或缺失情况；

（5）踏步及防滑条涂层老化、磨损情况。

防潮层完损状况检查应包括底层墙体受潮、泛碱情况及底层地面受潮、木地板腐烂情况。

除屋面、外立面、室内建筑装饰、门窗外的其他非结构构件及建筑构造完损等级应按表 1-8 评定。

表 1-8　其他非结构构件及建筑构造完损等级评定

完损等级	损坏状况
①级	构件表面无变形、开裂、腐朽、蛀蚀、残缺、破损，龙骨无变形，各组成部分连接牢固无相对变形，后装防滑条及其他配件装饰等无断裂、松动、变形、腐朽、破损、锈蚀、磨损，底层墙面无明显受潮、泛碱，底层地面无明显受潮、木地板腐烂
②级	构件表面无变形、腐朽、蛀蚀、残缺、破损，龙骨无变形，各组成部分连接牢固无相对变形，后装防滑条及其他配件装饰等无断裂、松动、变形、腐朽、破损，底层墙面无明显受潮、泛碱，底层地面无明显受潮、木地板腐烂。 构件表面局部有轻微开裂，或后装防滑条及其他配件局部有轻微锈蚀，或踏步及防滑条涂层局部轻微老化、磨损
③级	少量构件表面有变形、腐朽、锈蚀、蛀蚀、残缺、破损，或龙骨有变形，或构件表面局部明显开裂，或各组成部分连接处局部有松动或轻微的相对变形，或个别后装防滑条及其他配件装饰等断裂、松动、变形、腐朽、破损，或多处金属配件明显锈蚀或局部严重锈蚀，或多处踏步及防滑条涂层轻微老化、磨损，或底层局部或部分墙面受潮、泛碱，或底层地面局部或部分受潮、木地板局部或部分腐烂
④级	多处构件表面有弓凸变形或开裂、变形、腐朽、锈蚀、蛀蚀、残缺、破损，或多处龙骨明显变形，或多处龙骨表面严重裂缝，或多处组成部分连接处有明显的松动或相对变形，或少量后装防滑条及其他配件装饰等断裂、松动、变形、腐朽、破损，或多处金属配件严重锈蚀或部分缺失，或多处踏步及防滑条涂层严重老化、磨损，或底层墙面大面积受潮、泛碱，或底层地面大面积受潮、木地板大面积腐烂

7. 地基基础

地基基础完损等级，可通过上部结构的倾斜及损坏情况进行间接评定，必要时应进行开挖检查的直接评定。

（1）当进行间接检查评定时，上部结构的状况检查应包括下列主要内容：

1）倾斜情况；

2）因地基不均匀沉降引起的开裂变形情况；

3）室内外管道差异变形情况；

4）底层室内外倒泛水情况。

（2）当进行间接评定时，地基基础的完损等级应按表1-9评定。

表1-9 地基基础完损等级间接评定

完损等级	倾斜率/‰			地上部分损坏状况
	$H≤24$ m	24 m$<H≤60$ m	$H>60$ m	
①级	<4.0	<2.5	<1.0	且无因地基不均匀沉降原因引起的开裂变形现象，室内外管道无差异变形现象，底层室内外无倒泛水现象
②级	$≥4.0$，<7.0	$≥2.5$，<4.0	$≥1.0$，<2.0	且无因地基不均匀沉降原因引起的开裂变形现象，室内外管道轻微差异变形，底层室内外无倒泛水现象
③级	$≥7.0$，<10.0	$≥4.0$，<5.0	$≥2.0$，<3.5	或墙体存在少量因地基不均匀沉降原因引起的开裂变形现象，室内外管道明显变形，室内外存在轻微倒泛水现象
④级	$≥10.0$	$≥5.0$	$≥3.5$	且墙体存在多处因地基不均匀沉降原因引起的开裂变形现象，室内外管道严重变形，室内外存在明显倒泛水现象

注：H—房屋高度。

（3）当进行直接检查评定时，浅基础的完损状况检查应包括下列主要内容：

1）混凝土基础构件表观缺陷，以及开裂、露筋、锈胀、保护层脱落等情况；

2）砌体刚性基础块材平整程度、砂浆饱满程度，以及开裂、酥碱等情况。

当进行直接评定时，钢筋混凝土浅基础及砌体刚性基础的完损等级应分别按表1-10及表1-11评定。

表1-10 钢筋混凝土浅基础完损等级直接评定

完损等级	损坏状况
①级	构件无表观缺陷，无明显开裂，无露筋、无锈胀、无保护层剥落
②级	个别构件存在表观缺陷，部分构件表面细微开裂，无露筋、无锈胀、无保护层剥落
③级	部分构件存在表观缺陷，部分构件有收缩裂缝，个别构件露筋、锈胀、保护层剥落
④级	多处构件存在表观缺陷，多处构件有收缩裂缝，个别构件有受力裂缝，多处构件露筋、锈胀、保护层剥落

表1-11 砌体刚性基础完损等级直接评定

完损等级	损坏状况
①级	砌筑块材平整、无开裂，砌筑砂浆饱满；基础无开裂、无酥碱
②级	砌筑块材平整、个别开裂，砌筑砂浆局部欠饱满；基础无开裂、无酥碱
③级	砌筑块材平整、部分开裂，砌筑砂浆多处欠饱满；基础轻微开裂、轻微酥碱
④级	砌筑块材多处碎裂，砌筑砂浆普遍粉化；基础多处开裂、普遍酥碱

8. 上部结构

钢筋混凝土结构的完损状况检查应包括下列主要内容：

（1）墙柱倾斜变形、梁板下挠变形、屋架平直度及支撑体系情况；

(2)构件表观缺陷，开裂、露筋、锈胀、保护层脱落及铁件锈蚀情况；

(3)屋架搁置点松动、钢拉杆锈蚀情况。

钢筋混凝土结构的完损等级应按表1-12评定。

表1-12 钢筋混凝土结构完损等级评定

完损等级	损坏状况
①级	墙、柱无明显倾斜或歪扭变形，梁、板无明显下挠变形，屋架平直、支撑体系完整 构件表观无缺陷，无明显开裂，无露筋、无锈胀、无保护层剥落 屋架节点及搁置点无松动，钢拉杆无锈蚀
②级	墙、柱无明显倾斜或歪扭变形，梁、板无明显下挠变形，屋架平直、支撑体系完整 少量构件表观轻微缺陷，表面细微开裂，无露筋、无锈胀、无保护层剥落 屋架节点及搁置点无松动，个别钢拉杆轻微锈蚀
③级	部分墙、柱轻微倾斜或歪扭变形，梁、板轻微下挠变形，屋架轻微倾斜或下挠变形，支撑体系基本完整 部分构件表观轻微缺陷，少量收缩裂缝，个别部位露筋、锈胀、保护层剥落 屋架节点及搁置点轻微松动，钢拉杆普遍轻微锈蚀
④级	部分墙、柱明显倾斜或歪扭变形，梁、板明显下挠变形，屋架明显倾斜或下挠变形，支撑体系不完整 多处构件表观明显缺陷，多处收缩裂缝，个别构件有受力裂缝，多处露筋、锈胀、保护层剥落 屋架节点或搁置点明显松动，钢拉杆明显锈蚀

砌体结构的完损状况检查应包括下列主要内容：

(1)墙柱倾斜、歪扭、弓凸变形，梁板或搁栅下挠变形，屋架平直度及支撑体系情况；

(2)砌体构件块材平整程度、砂浆饱满程度，以及开裂、酥碱情况；

(3)混凝土构件表观缺陷，开裂、露筋、锈胀、保护层剥落及铁件锈蚀情况；

(4)木构件材质、纵裂、腐朽、蛀蚀及铁件锈蚀情况；

(5)屋架搁置点松动、钢拉杆锈蚀情况。

砌体结构的完损等级应按表1-13评定。

表1-13 砌体结构完损等级评定

完损等级	损坏状况
①级	砌体墙或柱无明显倾斜、歪扭、弓凸，砌筑块材平整完整，砌筑砂浆饱满，墙体无开裂、无风化、无碱蚀。 混凝土梁、板无明显下挠变形，屋架平直、支撑体系完整；构件表观无缺陷，无明显开裂，无露筋、无锈胀、无保护层剥落；屋架节点及搁置点无松动，钢拉杆无锈蚀。 木梁、搁栅、檩条无明显下挠变形，屋架平直、无明显倾斜或下挠变形，支撑体系完整；节点或搁置点无松动；木质良好，木材无纵裂、腐朽、蛀蚀，铁件无锈蚀
②级	砌体墙或柱无明显倾斜、歪扭、弓凸，砌筑块材平整、个别开裂，砌筑砂浆局部欠饱满，墙体无开裂、无风化、无碱蚀。 混凝土梁、板无明显下挠变形，屋架平直、支撑体系完整；少量构件表观轻微缺陷，表面细微开裂，无露筋、无锈胀、无保护层剥落；屋架节点及搁置点无松动，个别钢拉杆轻微锈蚀。 木梁、搁栅、檩条无明显下挠变形，屋架平直、无明显倾斜或下挠变形，支撑体系完整；节点或搁置点无松动；木质良好，木材轻微纵裂、无腐朽、蛀蚀，个别铁件轻微锈蚀

续表

完损等级	损坏状况
③级	少量砌体墙或柱倾斜变形，无歪扭、弓凸，砌筑块材平整、个别开裂，砌筑砂浆多处欠饱满，墙体少量开裂、轻微风化、轻微碱蚀。 部分混凝土梁、板轻微下挠变形，屋架轻微倾斜或下挠变形，支撑体系基本完整；部分构件表观轻微缺陷，少量材料收缩裂缝，个别部位露筋、锈胀、保护层剥落；屋架节点及搁置点轻微松动，钢拉杆普遍轻微锈蚀。 少量木梁、搁栅、檩条轻微下挠变形，屋架平直、轻微下挠变形，支撑体系基本完整；少量节点或搁置点轻微松动；木质良好，木材轻微纵裂、轻微腐朽、无蛀蚀，多数铁件轻微锈蚀
④级	部分砌体墙或柱明显倾斜变形，有歪扭、弓凸变形，砌筑块材多处碎裂，砌筑砂浆普遍粉化，墙体多处开裂、普遍风化、普遍碱蚀。 部分混凝土梁、板明显下挠变形，屋架明显倾斜或下挠变形，支撑体系不完整；多处构件表观缺陷，多处材料收缩裂缝，有受力裂缝，多处露筋、锈胀、保护层剥落；屋架节点或搁置点明显松动，钢拉杆明显锈蚀。 部分木梁、搁栅、檩条明显下挠变形，屋架有歪扭迹象、明显倾斜或下挠变形，支撑体系不完整；部分节点或搁置点明显松动；木质脆枯，木材明显纵裂、腐朽、有蛀蚀，铁件普遍锈蚀

 木结构的完损状况检查应包括下列主要内容：

(1)柱倾斜或歪扭变形，梁或搁栅下挠变形，屋架平直程度及支撑体系情况；

(2)梁、搁栅、屋架、榫头及搁置点松动情况；

(3)木材材质、劈裂、横裂、腐朽、蛀蚀及铁件锈蚀情况。

 木结构的完损等级应按表 1-14 评定。

表 1-14 木结构完损等级评定

完损等级	损坏状况
①级	柱无明显倾斜或歪扭变形，梁、搁栅、檩条无明显下挠变形，屋架平直、无明显倾斜或下挠变形，支撑体系完整。 节点或搁置点无松动。 木质良好，木材无纵裂、腐朽、蛀蚀，铁件无锈蚀
②级	柱无明显倾斜或歪扭变形，梁、搁栅、檩条无明显下挠变形，屋架平直、无明显倾斜或下挠变形，支撑体系完整。 节点或搁置点无松动。 木质良好，木材轻微纵裂，无腐朽、蛀蚀，个别铁件轻微锈蚀
③级	少量柱轻微倾斜变形、无歪扭变形，梁、搁栅、檩条轻微下挠变形，屋架平直、轻微下挠变形，支撑体系基本完整。 少量节点或搁置点轻微松动。 木质良好，木材轻微纵裂、轻微腐朽、无蛀蚀，多数铁件轻微锈蚀
④级	部分柱明显倾斜变形、有歪扭变形，梁、搁栅、檩条明显下挠变形，屋架有歪扭迹象、明显倾斜或下挠变形，支撑体系不完整。 部分节点或搁置点明显松动。 木质脆枯，木材明显纵裂、腐朽、有蛀蚀，铁件普遍锈蚀

钢结构的完损状况检查应包括下列主要内容：

(1)支撑体系的缺损情况、节点情况及防腐涂层的完整情况；

(2)柱倾斜变形、梁下挠变形及构件局部变形情况。

钢结构的完损等级应按表1-15评定。

表1-15 钢结构完损等级评定

完损等级	损坏状况
①级	支撑体系完整，节点完好，防腐涂层完整 柱无明显倾斜变形，梁或屋架无明显下挠变形，构件无局部变形
②级	支撑体系完整，节点完好，防腐涂层基本完整 柱无明显倾斜变形，梁或屋架无明显下挠变形，构件无局部变形
③级	支撑体系基本完整，节点完好，防腐涂层部分损坏 少量柱轻微倾斜变形，梁或屋架轻微下挠变形，构件局部轻微变形
④级	支撑体系不完整，节点变形，防腐涂层普遍损坏 部分柱明显倾斜变形，梁或屋架明显下挠变形，构件局部严重变形

9. 给水排水设施设备

给水排水设施设备的完损状况检查应包括下列主要内容：

(1)水泵、水箱的运行情况；

(2)给水排水管道畅通性能、渗漏水情况，铸铁管材锈蚀情况；

(3)卫生洁具及其零件的完好性和使用性情况。

给水排水设施设备的完损等级应按表1-16进行评定。

表1-16 给水排水设施设备完损等级评定

完损等级	损坏状况
①级	水泵、水箱运行正常；给水排水管道畅通，无渗漏水；铸铁管防锈漆漆面完整；卫生洁具完好，零件齐全无损，可正常使用
②级	水泵、水箱运行基本正常；给水排水管道基本畅通，无渗漏水；铸铁管防锈漆漆面基本完整；卫生洁具基本完好，个别零件轻微损坏，基本可正常使用
③级	水泵、水箱时有故障发生；给水排水管道不畅，轻微渗水；铸铁管防锈漆大面积脱落；卫生洁具或零件部分损坏或残缺，影响正常使用
④级	水泵、水箱故障频发；给水排水管道堵塞，管道漏水；铸铁管严重锈蚀；卫生洁具或零件严重损坏或残缺，严重影响正常使用

10. 电气设施设备

电气设施设备的完损状况检查应包括下列主要内容：

(1)线路、插座、开关的完整性和牢固性情况；

(2)设施设备的绝缘性和使用性情况。

电气设施设备的完损等级应按表1-17评定。

表 1-17　电气设施设备完损等级评定

完损等级	损坏状况
①级	线路、插座、开关等齐全牢固，绝缘性能良好，可正常使用
②级	线路、插座、开关等基本齐全牢固，个别零件损坏，基本可正常使用
③级	部分电线老化，部分插座、开关损坏，影响正常使用
④级	电线普遍老化凌乱，部分插座、开关损坏，存在用电安全隐患，严重影响正常使用

11. 暖通设施设备

暖通设施设备的完损状况检查应包括下列主要内容：

(1)设施、管道及烟道的畅通性能、渗漏水情况；

(2)管材管片漆面的完整情况；

(3)设施设备的完好性和使用性情况。

暖通设施设备的完损等级应按表 1-18 评定。

表 1-18　暖通设施设备完损等级评定

完损等级	损坏状况
①级	设备、管道、烟道畅通，管材管片漆面完整，无堵、冒、漏现象，可正常使用
②级	设备、管道、烟道基本畅通，管材管片漆面基本完整，无堵、冒、漏现象，个别零件损坏，基本可正常使用
③级	设备偶发故障，管道、烟道不畅，管材管片漆面大面积脱落，有滴、冒、跑现象，影响正常使用
④级	设备频发故障，管道、烟道堵塞，管材管片漆面严重锈蚀，有滴、冒、跑现象，严重影响正常使用

三、分项及评定单元完损等级评定

1. 分项

建筑装饰部分各子项的权重系数应按表 1-19 计算。

表 1-19　建筑装饰部分各子项权重系数

分项	子项	权重系数(w)	备注
建筑装饰 部分评级	屋面(w_1)	$0.20\xi_1$	$\xi_1=4/n$；$\xi_1<0.25$ 时取 0.25； $\xi_1>1.0$ 时，取 1.0
	外立面(w_2)	$(1-w_1-w_4-w_5)/2$	—
	室内建筑装饰(w_3)	$(1-w_1-w_4-w_5)/2$	—
	门窗(w_4)	$0.20\xi_2$	ξ_2 取 0.70~1.00，门窗数量较 少时取小值，较多时取大值
	其他非结构构件及 建筑构造(w_5)	$0.20\xi_3$	ξ_3 取 0.25~1.00，非结构构件 及构造数量较少时取小值， 较多时取大值

注：w_i——表示各子项权重系数；

　　ξ_i——表示各子项权重调整系数；

　　n——表示房屋层数，包括地下室层数。

建筑装饰部分的完损等级，应根据建筑装饰部分各子项完损等级与对应权重系数，分别求出①级～④级子项的权重系数和，并应按下列规定进行评定：

(1)1级：无③、④级子项，②级子项权重系数和不应超过0.2。

(2)2级：无③、④级子项，②级子项权重系数和超过0.2。无④级子项，有③级子项且权重系数和不应超过0.3。

(3)3级：无④级子项，③级子项权重系数和超过0.3。有④级子项且权重系数和不应超过0.2。

(4)4级：④级子项权重和超过0.2。

结构部分、设施设备部分的完损等级，应根据相应子项的评定结果，按其中较低等级确定。

2. 评定单元

评定单元的完损等级，一级到四级应分别表示完好房、基本完好房、一般损坏房、严重损坏房。

评定单元的完损等级，根据分项的评定结果，应按下列规定评级：

(1)一般情况下，应根据建筑装饰部分、结构部分的评定结果，按其中较低等级确定。

(2)当评定单元的完损等级评为一级或二级，且设施设备部分的完损等级为3级或4级时，可根据实际情况将评定单元所评等级降低1～2级，但最后所定的等级不得低于三级。

四、评定报告

房屋完损等级评定报告宜包括下列内容：

(1)评定的目的、范围、依据及日期；

(2)房屋的建筑、结构概况，以及目前的使用情况等；

(3)房屋周边存在的不利影响源和房屋使用过程中遇到的相邻地下工程的施工、对房屋可能造成损害的特殊用途、各类灾害事故等特殊情况；

(4)调查与检测结果、分析及评定过程；

(5)评定结论及建议；

(6)相关附件。

评定报告中，应对各分项中③、④级子项的损坏部位、类型及程度等做出说明。

课堂小提示

当房屋完损等级评定过程中发现房屋存在安全隐患时，应在评定报告中进行明确，并应提出进一步检测鉴定的建议。根据房屋具体损坏部位、类型及程度，应结合房屋适修性提出合理建议。

单元三 房屋查勘鉴定

一、房屋查勘鉴定的概念

房屋查勘鉴定是指按照有关技术文件，对房屋的结构、装修和设备进行检查、测试、验算，并对房屋的完损状况给予综合判断。

房屋查勘鉴定是经营管理单位掌握所管房屋的完损状况的基础工作，是拟定房屋修缮设计或修缮方案，编制房屋修缮计划的依据。

二、房屋查勘鉴定的分类

房屋查勘鉴定分为定期查勘鉴定、季节性查勘鉴定和工程查勘鉴定三类。

1. 定期查勘鉴定

房屋定期查勘鉴定即每隔 1～3 年，由专业人员对所管房屋进行逐幢逐层的查勘，全面掌握完损状况，评定房屋完好等级。查勘鉴定宜在每年第四季度进行，定期查勘鉴定的结果是编制维修计划的依据。

定期查勘鉴定前应拟定好每个时期的检查重点和要求，制订全面的检查计划。检查要逐幢、逐层、逐项地进行，深入细致。对检查出的各种问题，根据维修工程分类规定，按轻重缓急，分别纳入大、中、小修计划中处理。对危及安全及严重漏雨、漏水、漏电的房屋建筑，应组织技术鉴定，进行必要的加固应急处理。全部检查结束后，应全面分析技术状态的变化情况，制定房屋整治规划，为确定下一年度维修工作项目提供基础资料。

2. 季节性查勘鉴定

房屋季节性查勘鉴定即根据一年四季的特点，结合地区的气候特征（雨季、台讯、大雪、山洪等），着重对维修房、严重损坏房进行检查，及时抢险解危，避免发生塌房伤人事故。房屋季节性查勘项目包括：屋架能否承受雨雪的荷载；砖墙能否承受风压积水浸泡；窗扇、雨篷、广告牌等是否会下坠伤人；排水设施排水是否畅通，是否会造成积水等。

3. 工程查勘鉴定

工程查勘鉴定即定项检查，对房屋需要维修项目的安全度、完损程度进行查勘鉴定，从施工角度提出具体的意见，以确定该房屋维修工程的详细方案。

三、房屋查勘鉴定的责任落实

房屋查勘鉴定的负责人，必须是取得职称的或有专业资格的技术人员。定期或季节性查勘鉴定，均由基层房屋经营管理单位组织实施，上级管理部门抽查或复查。凡需进行工程查勘鉴定，应由经营管理人员填写报告表，若因未填报而发生事故的，经营管理人员要承担责任。查勘鉴定负责人，若因工作失职而造成事故的，要承担责任。

在房屋查勘鉴定后，应按照完损情况，分轻重缓急，有计划地进行房屋维护或修缮。

课堂小提示

发生下述情况，必须先做技术鉴定：①需改变房屋使用功能时；②房屋可能发生局部或整体坍塌时；③房屋需改建、扩建或加层时；④毗邻房屋出现破损，产权双方对破损原因有异议时。

单元四　房屋维修管理

一、房屋维修管理的概念及意义

1. 房屋维修管理的概念

房屋维修管理是指物业服务企业根据国家和地方相应的标准和规定，对其经营管理的房屋进行维护、修缮等的运筹统筹性工作。房屋维修管理的目的是保证房屋的正常使用，延长房屋的使用年限，防止和消除房屋及其附属设备发生损毁，保障使用者的安全，改善住用条件。

2. 房屋维修管理的意义

在物业管理所有的工作中，房屋维修管理不仅是物业管理的主体工作和基础性工作，而且是衡量物业管理企业管理水平的重要标志，因此，房屋维修管理在物业管理全过程中占有极其重要的地位和作用。一般来说，房屋维修管理具有以下意义：

(1)从物业自身的角度看，房屋维修的根本任务是保证原房屋的使用安全和使用功能，即提高房屋的完好率，延长其使用寿命，减少资金投入，充分发挥房屋的使用价值。

(2)从房地产业的角度看，房屋维修是房地产开发在消费环节中的延续。搞好房屋维修管理，有利于房屋价值的追加，可以延缓物业的自然损耗，提高物业的价值和使用价值，从而使物业保值增值，促进房地产业生产、流通、消费各环节的良性循环。

(3)从物业管理企业的角度看，良好的房屋维修，有利于消除用户置业的后顾之忧，可以促进房屋销售和租金的提高，既增加了企业的经济效益，又可树立良好的企业形象，提高物业管理企业在社会上的信誉和在激烈的市场竞争中的竞争力。

(4)从使用者和社会的角度看，及时、良好的房屋维修还有利于逐步改善工作、生活条件，不断满足社会需求和人民居住生活的需要，有利于整个社会的稳定，逐步把城市修建成一个环境优美、生活舒适、利于生产、方便生活的经济文化中心，促进城市经济的发展和社会主义精神的建设。

二、房屋维修管理的原则

1."经济合理、安全实用"的原则

房屋维修要坚持"经济合理、安全实用"的原则。经济合理，就是要加强维修工程成本管理、维修资金和维修定额管理，合理使用人力、物力、财力，尽量做到少花钱多修房；要求制定合理的房屋维修计划和方案；安全实用，就是要通过房屋维修管理，使住户居住安全；要从实际出发，因地制宜、因房制宜地进行维修，满足用户在房屋使用功能和质量上的需求，充分发挥房屋效能。

2. "区别对待"原则

根据房屋建筑的年限，可把房屋大致分为新建房屋和旧房屋两大类。对于新建房屋，维修管理工作主要是做好房屋的日常养护，保持原貌和使用功能。对于旧房屋应依据房屋建造的历史年代、结构、住宅使用标准、环境及所在地区的特点等综合条件，综合城市总体规划要求，分别采取不同的维修改造方案。

3. "为用户服务"原则

房屋维修管理必须维护住户的合法权益，切实做到为住户服务；建立健全科学的房屋维修管理服务制度。房屋维修管理人员要真正树立为住户服务的思想，改善服务态度，提高服务质量，认真解决住户的房屋修缮问题。这是房屋维修管理的基本原则。

三、房屋维修管理的内容

房屋维修管理的主要内容包括房屋安全管理、房屋维修计划管理、房屋维修质量管理、房屋维修工程预算管理、房屋维修工程招标投标管理、房屋维修成本管理、房屋维修要素管理、房屋维修施工项目管理和房屋维修施工监理等。

1. 房屋安全管理

房屋安全管理是指定期和不定期地对房屋的使用情况和完损情况进行安全检查，评定房屋完损等级，随时掌握所管房屋的质量状况和分布，组织对危险房屋的鉴定，并确定解危方法，预防和消除房屋的安全隐患等一系列工作的总和。

物业服务企业必须做好房屋的查勘鉴定工作。查勘鉴定是掌握所管房屋完损程度的一项经常性的管理基础工作，为维护和修理房屋提供依据。在查勘鉴定的基础上，物业服务企业还要主动配合房屋安全鉴定机构做好危房的鉴定工作。

2. 房屋维修计划管理

房屋维修计划管理是指为做好房屋维修工作而进行的计划管理。它是物业服务企业计划管理的重要组成部分，其内容一般包括维修计划的编制、检查、调整及总结等一系列环节，涉及国家政策对房屋维修的工作要求、房屋完好情况和业主的实际需要，物业服务企业应积极做好计划工作的综合平衡，合理使用企业资源，提高房屋维修质量。

3. 房屋维修质量管理

通过房屋的质量管理，对现有房屋状况进行科学的鉴定，为管理房屋提供可靠的资料和为编制房屋的维修计划提供依据。因此，物业服务企业要组织有关人员对其管理的房屋定期进行检查和评定，对每幢房屋都评定出质量等级，并统计各类房屋的质量等级数量，掌握房屋的完好状况，以便科学地制订房屋维修计划和方案，进行维修的技术设计，编制维修施工的概预算，做出投资计划，正确合理地进行维修。以达到维护房屋的使用价值，合理地延长房屋的使用年限、保证房屋正常住用和安全住用的目的。

4. 房屋维修工程预算管理

房屋维修工程预算是物业服务企业开展物业管理的一项十分重要的基础工作，它同时也是维修施工项目管理中核算工程成本、确定和控制维修工程造价的主要手段。通过工程预算工作可以在工程开工前事先确定维修工程预算造价，依据预算工程造价我们可以组织维修工程招标投标并签订施工承包合同，在此基础上，一方面物业服务企业可据此编制有关资金、成本、材料供应及用工计划；另一方面维修工程施工队伍可据此编制施工计划并以此为标准进行成本控制。从造价管理的过程看，维修工程最终造价的形成是在其预算造价的基础上，依据施工承包合同及施工过程中发生的变更因素，通过增减调整后决定的。

5. 房屋维修工程招标投标管理

房屋维修工程招标投标管理是物业公管理司对内分配维修施工任务、对外选择专业维修施工单位，确保实现维修工程造价、质量及进度目标的有效管理模式。组织招标投标是物业服务企业的一项重要管理业务，一方面，通过组织招标投标构建企业内部建筑市场，通过市场竞争来实现施工任务在企业内部各施工班组之间的分配；另一方面，通过邀请企业外部专业施工单位参加公平竞争，充分发挥市场竞争的作用，实现生产任务分配的最优化。

6. 房屋维修成本管理

成本管理是物业服务企业为降低企业成本而进行的各项管理工作的总称。房屋维修成本管理是物业服务企业成本管理的重要组成部分。房屋维修成本是指耗用在各个维修工程上的人工、材料、机具等要素的货币表现形式，即构成维修工程的生产费用，把生产费用归集到各个成本项目和核算对象中，就构成维修工程成本。房屋维修成本管理是指为降低维修工程成本而进行的成本决策、成本计划、成本控制、成本核算、成本分析和成本检查等工作的总称。维修成本管理工作的好坏直接影响到物业服务企业的经济效益及业务质量。

7. 房屋维修要素管理

在房屋维修施工活动中，离不开技术、材料、机具、人员和资金这些构成房屋维修施工生产的要素。所谓房屋维修要素管理是指物业服务企业为确保维修工作的正常开展，而对房屋维修过程中所需技术、材料、机具、人员和资金等所进行的计划、组织、控制和协调工作。所以，房屋维修要素管理包括技术管理、材料管理、机具管理、劳动管理和财务管理。

8. 房屋维修施工项目管理

房屋维修施工项目管理属于物业服务企业的基层管理工作。它主要是指物业服务企业所属基层维修施工单位（或班组）对维修工程施工的全过程所进行的组织和管理工作。房屋维修施工项目管理主要包括组织管理班子，进行施工的组织与准备，在施工过程中进行有关成本、质量与工期的控制，合同管理及施工现场的协调工作。

9. 房屋维修施工监理

房屋维修施工监理是指物业服务企业将所管房屋的维修施工任务委托给有关专业维修单位，为确保实现原定的质量、造价及工期目标，以施工承包合同及有关政策法规为依据，对承包施工单位的施工过程所实施的监督和管理。

知识链接

房屋维修技术管理的主要任务

（1）监督房屋的合理使用，防止房屋结构、设备的过早损耗或损坏，维护房屋和设备的完整，提高完好率。

（2）对房屋查勘鉴定后，根据《房屋修缮范围和标准》的规定，进行修缮设计或制定修缮方案，确定修缮项目。

（3）建立房屋技术档案，掌握房屋完损状况。

（4）贯彻技术责任制，明确技术职责。

项目小结

本项目讲述的是房屋维修的基础理论知识。房屋维修是指在房屋的经济寿命期内，在对房屋进行查勘鉴定、评定房屋完损等级的基础上，对房屋进行维护和修理，使其保持或恢复原来状态或使用功能的活动。房屋完损等级是反映房屋表观及使用状况的指标，由房屋的建筑装饰、结构和设施设备三个部分的损坏程度与损坏范围综合确定。房屋查勘鉴定是经营管理单位掌握所管房屋的完损状况的基础工作，是拟定房屋修缮设计或修缮方案，编制房屋修缮计划的依据。房屋维修管理是指物业服务企业根据国家和地方相应的标准和规定，对其经营管理的房屋进行维护、修缮等的运筹统筹性工作。

课后实训

1. 实训项目

讨论房屋查勘鉴定的分类及任务。

2. 实训内容

同学们分成两组。通过讨论分析以下案例，理解并掌握房屋查勘鉴定的分类。

某住宅楼为六层砖混结构，建筑面积为 3 251.88 m²。该工程 2018 年年初动工开始建造，2018 年 12 月竣工。该工程混凝土设计强度为 C20。砌体及砂浆强度等级如下：基础：水泥砖 MU10，水泥砂浆 M10；1～3 层：水泥砖 MU10，混合砂浆 M10；4～6 层：水泥砖 MU10，混合砂浆 M7.5。该建筑南北朝向，矩形，建筑物总长为 41.88 m，各层层高均为 2.8 m，建筑物总高度为 20.10 m，室内外高差为 0.60 m。拟鉴定位置位于该建筑 2 门 602 室⑮～⑰和Ⓑ～Ⓖ范围内楼板裂缝及屋顶梁裂缝。现受某房地产开发有限公司委托，对该房屋进行安全鉴定。

请问：该房屋查勘鉴定属于哪种类型？这种房屋查勘鉴定的任务是什么？

3. 实训分析

师生共同参考对房屋查勘鉴定的分类及任务进行分析与评价。

_____

_____

_____

_____

_____

项目二

屋面防水维修

知识目标

1. 了解屋面防水基本构造、屋面防水等级和设防要求，熟悉屋面渗漏的检查方法；

2. 了解刚性防水屋面损坏的现象，熟悉刚性防水屋面损坏产生的原因，掌握刚性防水屋面损坏的预防措施及维修方法；

3. 了解卷材防水屋面损坏的现象，熟悉卷材防水屋面损坏产生的原因，掌握卷材防水屋面损坏的预防措施及维修方法；

4. 了解涂膜防水屋面损坏的现象，熟悉涂膜防水屋面损坏产生的原因，掌握涂膜防水屋面损坏的预防措施及维修方法。

技能目标

能够正确分析屋面渗漏的原因，制定出合理的维修方案，按照具体的施工要求进行维修。

素质目标

1. 能独立制订学习计划，并按计划实施学习和撰写学习体会；
2. 会查阅相关资料、整理资料，具有阅读应用各种规范的能力；
3. 培养勤于思考、做事认真的良好作风，具有分析问题、解决问题的能力；
4. 具有团队合作精神、沟通交流和语言表达能力；
5. 培养吃苦耐劳、爱岗敬业的职业精神。

案例导入

某小区住宅房屋屋面防水采用一道 80 mm 厚 C20 配筋刚性防水混凝土的做法，刚性防水面层设分格缝，缝内下部填砂，上部填专用密封膏。工程竣工后遇到第一个雨期时就发现顶层楼板有渗漏现象。

假设你在物业服务企业工程部工作，请思考：此事故的原因是什么？请提出维修方案。

单元一　屋面防水概述

一、屋面防水构造

屋面由结构层、找平层、隔气层、保温或隔热层、防水层、保护层或饰面层等构造层次组成，屋面有平屋面和坡屋面之分。当屋面坡度小于10％时称为平屋面，大于10％时称为坡屋面。平屋面构造简单，屋顶可以用作活动场所。平屋面分为上人屋面和不上人屋面两种。坡屋面主要有平瓦屋面、波形瓦屋面、油毡瓦屋面、压型钢板屋面、塑料大型坡屋面等。

从防水方法上分，屋面又可分为刚性防水屋面和柔性防水屋面，如图2-1所示。刚性防水屋面是用刚性防水材料，如防水砂浆、细石混凝土、配筋的细石混凝土等做防水层的屋面。这种屋面构造简单、施工方便、造价低廉，但易裂缝，易漏水，常用细石混凝土做防水屋面。

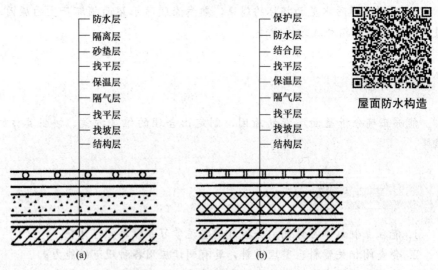

屋面防水构造

图 2-1　屋面防水构造

(a)刚性防水屋面；(b)柔性防水屋面

柔性防水屋面是以沥青、油毡等柔性材料铺设和粘结或将以高分子合成材料为主体的材料涂抹于屋面形成的防水层。柔性防水屋面较刚性防水屋面施工程序多，专业性强，基层和防水层衔接要求高。屋面所使用的防水卷材与卷材下的胶粘剂相容，粘贴效果才好，否则材料间可能发生化学反应，相互腐蚀而失去防水层的功效。

另外，根据建筑物的重要性及设防要求，也可采用刚柔结合的复合防水做法。

二、屋面防水等级和设防要求

《屋面工程技术规范》(GB 50345—2012)根据建筑物的性质、重要程度、使用年限、功能要求及防水层耐用年限等，将屋面防水分为两个等级，并按不同等级进行设防；对防水有特殊要求的建筑屋面，应进行专项防水设计。屋面防水等级和设防要求应符合表 2-1 的规定。

屋面工程技术规范

表 2-1　屋面防水等级和设防要求

防水等级	建筑类别	设防要求
Ⅰ级	重要建筑和高层建筑	两道防水设防
Ⅱ级	一般建筑	一道防水设防

课堂小提示

Ⅰ级防水层宜选用材料：合成高分子防水卷材、高聚物改性沥青防水卷材、金属板材、合成高分子防水涂料、细石防水混凝土等材料。

Ⅱ级防水层宜选用材料：高聚物改性沥青防水卷材、合成高分子防水卷材、金属板材、合成高分子防水涂料、高聚物改性沥青防水涂料、细石防水混凝土、平瓦、油毡瓦等材料。

三、屋面渗漏的检查

屋面出现的主要病害是渗水漏雨。屋面渗漏，不仅直接影响住用，而且使屋面基层潮湿，导致木构件腐朽、钢构件锈蚀、天棚损坏、墙身腐蚀、抹灰层脱落；室内的电线受潮后，还可能发生漏电，甚至起火，影响房屋寿命和使用安全。在屋面维修工程中，预防和整治屋面渗漏病害，往往占有较大的比重，特别是在雨雪期来临前，防漏工作更为重要。

屋面的渗漏，有普遍漏、局部漏、大漏和小漏等不同情况。整治屋面渗漏前，必须对屋面渗漏进行检查，找出渗漏的具体部位，然后制定出切合实际的整治方案。屋面渗漏的检查方法见表 2-2。

表 2-2　屋面渗漏的检查方法

检查内容	检查方法	说明
初步调查	首先向住用人员了解屋面渗漏的大致部位、范围和程度、何时开始渗漏，以及平时对屋面的使用和维护等情况	
室内检查	先检查室内天棚、屋面、墙面的渗漏痕迹，根据水向低处流的特点，由下向上沿着渗漏的痕迹找屋面渗漏的部位、范围和程度，并做好记录	检查时机以下雨(或雨刚停)和化雪天为好
室外检查	根据室内检查结果，再到室外屋面上相对的范围内进一步确定，因有些渗潮情况较复杂，室内外渗漏点往往不在同一位置，必要时须拆除屋面面层覆盖物进行检查	检查时机以下雨(或雨刚停)和化雪天为好

续表

检查内容	检查方法	说明
室外试验检查	对平屋面或砖拱屋面的裂缝或渗漏点，可在屋面上喷水或浇水进行试验，因渗漏处吸水多，干燥慢，可留下较明显的湿痕迹，此痕迹即为裂缝或渗漏点	必须在晴天进行
室外试验检查	对屋面的斜沟、檐沟、拱沟等的渗漏点，除采用浇水法试验外，还可用土筑小坝，然后灌水试验，此法可逐段查出沟道的裂缝或渗漏点	必须在晴天进行
室外敲、照检查	瓦屋面渗漏处，怀疑瓦有裂缝时，可把瓦片取出用小锤轻敲，发出哑声者则说明瓦有裂缝等缺陷。如无哑声，则把瓦片对着光线照，如果透亮，则说明有大砂眼，如不透亮，可浇水试验，检查是否渗水或漏水	适用于青瓦、筒瓦、平瓦(含水泥平瓦)
室外水线、冰线检查	下雪天或雪刚停时上卷材屋面查渗漏点，当屋面积雪在100 mm以内时，若发现积雪上有纵横缝条形水线或屋面水眼，或者在水线(眼)上结了一层薄冰层，此水线或冰线处对应的屋面防水层往往开裂破损，导致渗漏	此方法由江苏省建筑设计院总结
室外撒粉法检查	将屋面渗漏部位附近擦干，薄薄地撒上一层干水泥粉或石灰粉，因裂缝或渗漏处吸水多，可留下较明显的湿点或湿线，此痕迹即为裂缝或渗漏点	必须在阴天屋面潮湿时进行

📖 知识链接

屋面漏水现状

随着近年来我国建筑技术的发展，大跨度、轻型和高层建筑日益增多，屋面结构出现较大变化，而停车场、运动场、花园等屋面形式的出现，又使屋面功能大大增加，但是自20世纪80年代以来，房屋渗漏问题即成为我国工程建设中非常突出的问题。1991年，在原建设部组织的对各地区100个城市1988—1990年竣工的房屋调查中，发现屋面存在不同程度渗漏的占抽查总数的35%。我国每年仅用于屋面修缮的石油沥青卷材达2.4亿 m²，石油沥青胶结材达27万吨，修缮费用超过12亿元。房屋渗漏直接影响到房屋的使用功能与用户安全，也给国家造成巨大经济损失。在房屋渗漏治理过程中，由于措施不当，效果不好，以致出现年年漏、年年修，年年修、年年漏的现象。为解决好屋面渗漏水问题，我们需要对屋面渗漏水产生的原因和治理维修方法等方面开展研究工作，以提高屋面渗漏水治理技术水平，改善居住和工作环境。

单元二　刚性防水屋面维修

一、刚性防水屋面损坏的现象

刚性防水屋面损坏的现象主要为屋面的渗漏、屋面面层及保温隔热层的开裂空鼓等损坏情况。

刚性防水屋面的渗漏容易发生的部位主要有山墙或女儿墙、檐口、屋面板板缝或入水口穿过防水层处。

混凝土刚性屋面开裂一般分为结构裂缝、温度裂缝和施工裂缝三种。结构裂缝通常产生在屋面板拼缝上，宽度较大，并穿过防水层而上下贯通；温度裂缝一般都是有规则的、通长的，裂缝的分布比较均匀；施工裂缝常是一些不规则的、长度不等的断续裂缝，也有一些是因水泥收缩而产生的龟裂。

防水层混凝土屋面容易出现起壳、起砂及表面风化、酥松等现象。

二、刚性防水屋面损坏的原因

(一)屋面渗漏的原因

1. 材料本身的原因

混凝土是一种人造石材，它的抗压强度虽然很高，但抗拉强度却很低，大约是抗压强度的 1/10，所以混凝土一旦受拉，产生的拉应力很容易超过其抗拉强度而产生裂缝。

2. 设计方面的原因

(1)没有严格按照国家标准根据建筑物的类别和防水层合理使用年限确定防水标准和设防要求。

(2)没有根据"防排结合，刚柔相济，多道防线，共同作用"的防水设计原则，不重视排水设计，不能进行合理的排水分区，局部落水管、雨水口数量不足，一旦遇上大雨，屋面出现局部积水，为屋面渗漏埋下了祸根。

(3)结构设计不合理，在结构设计时只考虑结构的受力要求，忽视了结构的变形对屋面渗漏的影响。

(4)结构构造不合理，屋面板的支座处没有设置足够的构造钢筋。

(5)细部节点设计不合理或比较粗略，套用图集较多，没有对所设计的房屋进行回访，总结实践经验，进行必要的处理。

(6)屋面构造层次设计不合理，应结合所在地区气候条件，增设保温、隔热层，减少气温变化引起的变形。

3. 施工方面的原因

(1)没有严格按照屋面防水施工操作规程进行施工，操作工序有误，施工不规范。

(2)水泥、粗细骨料的材质较差，配合比、水胶比不当。

(3)混凝土搅拌不均匀，搅拌时间不够。

(4)混凝土浇筑不能连续进行，施工缝留设位置不合理。

(5)混凝土振捣不密实，出现漏振、欠振或超振情况。

(6)混凝土振捣后不能及时养护或养护时间不够。

(7)细部防水做法不合理。

4. 管理方面的原因

(1)对施工操作人员和管理人员没有加强培训教育或不重视培训教育，从而使从业人员素质较低。

(2)没有全面掌握材料供应信息，只重视材料价格，对材料质量重视程度不够。

(3)施工技术交底走过场，班组会议流于形式，重点部位、关键工序、薄弱环节没有引起足够重视。

(4)成品保护不重视或措施不当。

(5)没有建立一整套的质量管理体系或质量管理体系流于形式。

(二)屋面开裂的原因

刚性防水屋面开裂的原因主要有以下几个方面：

(1)基层屋面板变形导致防水层开裂。如屋面板在地基不均匀沉降、砌体不均匀压缩、荷载、温度、混凝土干缩及徐变等因素影响下，产生挠度、板端角变形及相对位移，引起防水层受拉及过大变形而产生裂缝。

(2)刚性防水层因干缩、温差而开裂。干缩开裂主要由砂浆或混凝土水化后体积收缩引起，当其收缩变形受到基层约束时，防水层便产生干缩裂缝；温差裂缝是防水层受大气温度、太阳辐射、雨、雪及人工热源等的影响，加之变形缝未设置或设置不当，便会产生温差裂缝。

(3)设计施工不当。如砂浆、混凝土配合比设计不当，施工质量差，养护不及时等原因。

课堂小提示

刚性防水屋面开裂产生的原因很多，有气候变化及太阳辐射引起屋面热胀冷缩、屋面板受力后挠曲变形、地基沉陷，以及屋面板徐变或材料变形等原因。但其中最常见的原因是热胀冷缩和受力后的挠曲。

三、刚性防水屋面开裂的预防措施

(1)由于刚性防水屋面对温差、沉降变形敏感性强，因此凡气候有剧烈变化的地区，有不均匀沉降或受振动影响较大的建筑物及有特殊用途的建筑物，如容易爆炸的车间或仓库等，均不宜采用刚性防水屋面。

(2)结构层应有足够的刚度和良好的整体性。预制板应坐浆满铺，板缝用 C20 细石混凝土灌注密实；板的排列方向力求一致，以长边平行于屋脊为宜，且不要搁置在墙或梁上，以免形成三边支承；板下的非承重墙，在板底应留有 20 mm 的间隙，待粉刷时，再用石灰砂浆局部嵌缝；靠外纵墙的板与圈梁间，靠屋脊的板与板间、板侧边与墙体间，均应保持 10～20 mm 的缝隙。

（3）在结构层与防水层之间宜加做隔离层，即采用"脱离式"防水层构造，以消除防水层与结构层之间的机械咬合和粘结作用，使防水层在收缩和温差的影响下，能自由伸缩，不产生约束变形，从而防止防水层被拉裂。隔离层可采用石灰砂浆、黄泥灰浆、中砂层加干铺油毡、塑料薄膜等铺设。施工简便而效果较好的做法，是在结构层面上抹一层 1：3 或 1：4 的石灰砂浆，厚为 15～17 mm，再抹上 3 mm 厚的纸筋石灰。

（4）在刚性防水层适当的部位设置分格缝。分格缝可以有效地防止混凝土防水层因热胀冷缩而引起的开裂，也可以避免由于屋面板挠曲变形而引起的防水层开裂。分格缝应设置在屋面板的支承端；屋面转折处、防水层与凸出屋面的交接处；预制板与现浇板相交处；排列方法不一致的预制板接缝处；类型不同的预制板拼缝处等。同时，分格缝应与屋面板缝对齐，使防水层由温差的影响、混凝土干缩结构变形等因素造成的裂缝，集中到分格缝处，以免板面开裂。分格缝的设置间距不宜过大，当大于 6 m 时，应在中部设一 V 形分格缝，分格缝深度宜贯穿整个防水层厚度。当分格缝兼作排气道时，可适当加宽，并设排气孔出气。当屋面采用石油沥青油毡做防水层时，分格缝处应加 200～300 mm 宽的油毡，用沥青胶单边点粘，分格缝内嵌填满油膏。

（5）防水层采用不低于 C25 的密实性细石混凝土整体现浇，其厚度不宜小于 40 mm，并应在其中配置 $\phi6$ mm 或 $\phi4$ mm，间距为 100～200 mm 的双向钢筋网片，钢筋宜放在混凝土防水层的中间或偏上位置，以防止混凝土收缩时产生裂缝。混凝土厚度应均匀一致，浇灌时振捣密实，滚压冒浆、抹平，收水后二次抹光，终凝后按规定洒水或蓄水养护 14 天。细石混凝土防水层中宜掺入外加剂，如膨胀剂、减水剂、防水剂等，其目的是提高混凝土的抗裂和抗渗性能。夏季施工时应避开正午，冬期施工时则应避开冰冻时间，严禁雨天施工。

四、刚性防水屋面损坏的维修

（一）屋面开裂的维修

刚性屋面防水层发现裂缝后，首先应掌握裂缝的确切情况；结合屋面结构状态，对产生裂缝的原因、裂缝的稳定程度及其可能发展的趋向等进行深入的研究分析，然后确定维修方案。选择材料时，除应考虑对裂缝的适应性外，还应考虑耐久性、施工与供应的可能性以及经济性。常用维修方法如下：

（1）刚性屋面防水层如出现结构性裂缝时，宜用化学灌浆的方法进行补强封堵，并在裂缝处 150 mm 范围内，涂刷有一层胎体增强材料的涂膜防水层，此时涂膜厚度不应小于 1.5 mm。

（2）刚性屋面防水层如出现温度裂缝时，应先在裂缝位置处用电动切割机将混凝土凿开，形成分格缝（宽度以 20～30 mm 为宜，深度宜凿至结构层表面），然后按规定嵌填密封材料。最后还应在裂缝处 200 mm 范围内，涂刷有二层胎体增强材料的涂膜防水层，此时涂层厚度不应小于 2 mm，如图 2-2 所示。

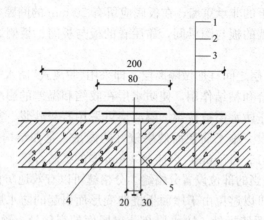

图 2-2　温度裂缝的维修
1—涂膜防水层；2—刚性防水层；3—基层；4—裂缝位置；5—凿开的分格缝

（3）刚性屋面如出现施工裂缝时，应沿裂缝方向凿成 20 mm 宽、10 mm 深的 V 形槽，将槽边清洗干净且干燥后，再用密封材料嵌填封严。并在裂缝处 150 mm 范围内，涂刷一层胎体增强材料的涂膜防水层，涂层厚度不应小于 1 mm。

（二）屋面渗漏的维修

房屋屋面渗漏维修施工前，应进行现场查勘，并应编制现场查勘书面报告。现场查勘后，应根据勘查结果编制渗漏维修方案。刚性屋面渗漏的修缮应符合《房屋渗漏修缮技术规程》(JGJ/T 53—2011)的相关规定。

1. 查勘

屋面渗漏修缮查勘应全面检查屋面防水层大面及细部构造出现的弊病及渗漏现象，并应对排水系统及细部构造重点检查。刚性屋面渗漏修缮查勘应包括下列内容：

（1）刚性防水层开裂、起砂、酥松、起壳等状况；
（2）分格缝内密封材料剥离、老化等状况；
（3）排气管、女儿墙等部位防水层及密封材料的破损程度。

🖐 **课堂小提示**

现场查勘宜采用走访、观察、仪器检测等方法。

2. 修缮方案

屋面渗漏修缮工程应根据房屋重要程度、防水设计等级、使用要求，结合查勘结果，找准渗漏部位，综合分析渗漏原因，编制修缮方案。屋面发生大面积渗漏，防水层丧失防水功能时，应进行翻修，并按现行国家标准《屋面工程技术规范》(GB 50345—2012)的规定重新设计。

（1）刚性防水层的修缮可采用沥青类卷材、涂料、防水砂浆等材料，其分格缝应采用密封材料。混凝土微细结构裂缝的修缮宜根据其宽度、深度、漏水状况，采用低压化学灌浆。

（2）刚性防水层泛水部位渗漏的维修应符合下列规定：

1）泛水渗漏的维修应在泛水处用密封材料嵌缝，并应铺设卷材或涂布涂膜附加层；

2）当泛水处采用卷材防水层时，卷材收头应用金属压条钉压固定，并用密封材料封闭严密（图2-3）。

（3）分格缝渗漏维修应符合下列规定：

1）采用密封材料嵌缝时，缝槽底部应先设置背衬材料，密封材料覆盖宽度应超出分格缝每边 50 mm 以上，如图2-4 所示。

2）采用铺设卷材或涂布有胎体增强材料的涂膜防水层维修时，应清除高出分格缝的密封材料。面层铺设卷材或涂布有胎体增强材料的涂膜防水层应与板面贴牢封严。铺设防水卷材时，分格缝部位的防水卷材宜空铺，卷材两边应满粘，且与基层的有效搭接宽度不应小于 100 mm，如图2-5 所示。

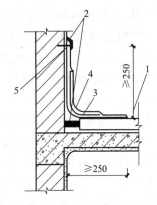

图 2-3 泛水部位的渗漏维修

1—原刚性防水层；2—新嵌密封材料；
3—新铺附加层；4—新铺防水层；
5—金属条钉压

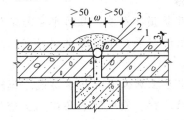

图 2-4 分格缝采用密封材料嵌缝维修

1—原刚性防水层；2—新铺背衬材料；
3—新嵌密封材料；w—分格缝上口宽度

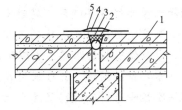

图 2-5 分格缝采用卷材或涂膜防水层维修

1—原刚性防水层；2—新铺背衬材料；
3—新嵌密封材料；4—隔离层；5—新铺卷材或涂膜防水层

（4）刚性防水层表面因混凝土风化、起砂、酥松、起壳、裂缝等原因而导致局部渗漏时，应先将损坏部位清除干净，再浇水湿润后，用聚合物水泥防水砂浆分层抹压密实、平整。

（5）刚性混凝土防水层裂缝维修时，宜针对不同部位的裂缝变异状况，采取相应的维修措施，并应符合下列规定：

1）有规则裂缝采用防水涂料维修时，宜选用高聚物改性沥青防水涂料或合成高分子防水涂料。应在基层补强处理后，沿缝设置宽度不小于 100 mm 的隔离层，再在面层涂布带有胎体增强材料的防水涂料，且宽度不应小于 300 mm。采用高聚物改性沥青防水涂料时，防水层厚度不应小于 3 mm，采用合成高分子防水涂料时，防水层厚度不应小于 2 mm。涂膜防水层与裂缝两侧混凝土粘结宽度不应小于 100 mm。

2）有规则裂缝采用防水卷材维修时，应在基层补强处理后，先沿裂缝空铺隔离层，其宽度不应小于 100 mm，再铺设卷材防水层，宽度不应小于 300 mm，卷材防水层与裂缝两侧混凝土防水层的粘结宽度不应小于 100 mm，卷材与混凝土之间应粘贴牢固、收头密封。

3）有规则裂缝采用密封材料嵌缝维修时，应沿裂缝剔凿出 15 mm×15 mm 的凹槽，基层清理后，槽壁涂刷与密封材料配套的基层处理剂，槽底填放背衬材料，并在凹槽内嵌填密封材料，密封材料应嵌填密实、饱满，防止裹入空气，缝壁粘牢封严。

4)宽裂缝维修时，应先沿缝嵌填聚合物水泥防水砂浆或掺防水剂的水泥砂浆，再按相关的规定进行维修，如图2-6所示。

(6)刚性防水屋面大面积渗漏进行翻修时，宜优先采用柔性防水层，且防水层施工应符合现行国家标准《屋面工程技术规范》(GB 50345—2012)的规定。翻修前，应先清除原防水层表面损坏部分，再对渗漏的节点及其他部位进行维修。

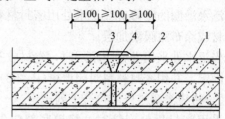

图2-6 刚性混凝土防水层宽裂缝渗漏维修
1—原刚性防水层；2—新铺卷材或有胎体增强的涂膜防水层；
3—新铺隔离层；4—嵌填聚合物水泥砂浆

知识链接

刚性防水屋面的整体翻修

如果刚性防水屋面经多年使用，混凝土碳化剥蚀，开裂损坏严重，且防水层与结构层之间有隔离层，则宜全部铲除已劣化的混凝土，重做刚性防水层，刚性防水材料宜采用补偿收缩混凝土，或改做卷材防水层、涂膜防水层。

如果刚性防水层铲除困难，就可采用在原有刚性防水层上加做卷材防水层或涂膜防水层的方法，形成刚性＋卷材(涂膜)的复合防水层。在加做卷材、涂膜防水层前应凿除原防水层表面已劣化的混凝土，表面凿毛并清理干净，浇水润潮，用聚合物水泥砂浆分层抹平压实。

3. 施工要求

刚性防水层渗漏采用聚合物水泥防水砂浆或掺外加剂的防水砂浆修缮时，其施工应符合下列规定：

(1)基层表面应坚实、洁净，并应充分湿润、无明水；

(2)防水砂浆配合比应符合设计要求，施工中不得随意加水；

(3)防水层应分层抹压，最后一层表面应提浆压光；

(4)聚合物水泥防水砂浆拌和后应在规定时间内用完，凡结硬砂浆不得继续使用；

(5)砂浆层硬化后方可浇水养护，并应保持砂浆表面湿润，养护时间不应少于14 d，温度不宜低于5 ℃。

刚性防水层渗漏采用柔性防水层修缮时，其施工应符合《房屋渗漏修缮技术规程》(JGJ/T 53—2011)第4.4.3条～第4.4.13条的规定。

屋面渗漏修缮施工严禁在雨天、雪天进行；五级风及其以上时不得施工。施工环境气温应符合现行国家相关标准的规定。当工程现场与修缮方案有出入时，应暂停施工。需变更修缮方案时应做好洽商记录。

4. 施工质量验收

各分层之间应粘结牢固，级配比符合要求；细石混凝土滚压密实，抹平压光，无明显裂缝和起砂；分仓缝设置符合查勘设计要求，灌缝严密、饱满不遗漏；坡度适宜，表面平整，无积水现象。刚性屋面质量要求应符合表 2-3 的规定。

表 2-3　刚性屋面质量要求

检查内容	质量要求/mm
表面平整度(2 m 内)	≤5
空鼓长度	≤200

单元三　卷材防水屋面维修

一、卷材防水屋面损坏的现象

防水卷材搭接动画

卷材防水屋面发生渗漏的损坏现象主要有防水层出现开裂、鼓泡、流淌、老化或细部构造损坏等。

1. 屋面开裂渗漏

屋面开裂渗漏分以下两种情况：

(1)有规则横向裂缝，即在预制屋面板上无保温层时，此裂缝往往是通长和笔直的，位置正对屋面板支座的上端；当预制屋面板有保温层时，此裂缝往往是断续、弯曲的，位于屋面板支座两边 10～50 cm。

(2)无规则裂缝，其位置、长度、形状各不相同，现浇屋面板上的油毡防水层，开裂的现象就很少。

2. 屋面流淌

屋面流淌渗漏分以下三种情况：

(1)严重流淌者，流淌面积占屋面 50％以上，大部分流淌距离超过卷材搭接长度，卷材大多褶皱、成团，垂直面卷材拉开脱空，卷材横向搭接有严重错动，在脱空和拉断处可能产生渗漏。

(2)中等流淌者，流淌面积占屋面 20％～50％，大部分流淌距离在卷材搭接长度范围之内，屋面卷材有轻微褶皱，只有天沟卷材脱空耸肩。

(3)轻度流淌者，流淌面积占屋面 20％以下，流淌距离仅 20～30 mm，在屋架端坡处和天沟处有轻微褶皱，泛水油毡稍有脱空，卷材横向错动并不明显。

3. 屋面起鼓

起鼓渗漏是卷材防水层较普遍发生的问题，且一般在施工后不久产生，尤其在高温季节。起鼓多发生在防水层与基层之间及油毡搭接处，在卷材各层之间及卷材幅面中也有发生。起鼓由小到大逐渐发展，大的直径可达 2～3 m，小的数十毫米，大小鼓泡还可能串联成片。将鼓泡切开可见内呈蜂窝状，沥青胶结材料被拉成薄壁，甚至被拉断。屋面基层带小白点或呈深灰色，还有冷凝水珠。

4. 防水层老化渗漏

卷材防水层过早老化渗漏表现为沥青胶结材料质地变脆，延伸性下降，失去粘结力，发生早期龟裂，发展为卷材外露、变色、收缩、变脆、腐烂、出现裂缝，导致屋面渗漏水。

5. 细部构造损坏渗漏

屋面构造节点损坏渗漏主要表现为凸出屋面的部位如山墙、女儿墙、烟囱、天窗墙等处漏水；天沟、变形缝、檐口等处渗漏水。

二、卷材防水屋面损坏的原因

卷材防水屋面出现渗漏的原因可归纳为以下几个方面：

（1）屋面防水设计标准不高。当前，设计人员对屋面防水工程缺乏足够的认识，没有将屋面工程作为重要的分部工程，防水设计采用一道设防，不符合《屋面工程技术规范》（GB 50345—2012）的要求；加之有些屋面设计坡度小、排水路线长，节点构造无标注、不明确，造成节点处理不规范，在大雨或暴雨情况下造成屋面积水，容易引起屋面渗漏。

（2）屋面防水材料质量不高。对于柔性屋面，防水材料处于阳光暴晒、风吹雨打、冻融循环、四季变化的复杂环境中，由于材料选择不当，所选用的防水材料不符合设计要求，偷工减料（如卷材厚度小，达不到有关规定要求）、使用假冒伪劣材料，使防水层达不到使用年限，过早老化开裂或基层处理剂选用不当，涂刷不均匀造成屋面渗漏。

（3）屋面防水施工质量不高。施工要求不严，技术力量薄弱，未严格按照施工规范进行操作。它表现在转角接头处油毡转折太大，卷材粘贴不牢，形成空隙，在外力作用下引起渗漏；搭接不良或错误，搭接长度不够，水流上方油毡反被下方油毡搭盖；玛琋脂配制和熬煮以及铺涂工艺不好，以致玛琋脂流淌、铺涂不足、粘贴不严；屋面基底不平，油毡铺不平和起鼓；屋面基层潮湿，油毡粘贴不牢靠；施工季节不当，高温施工时，基底收缩开裂超过油毡最大延伸能力，季节变化导致基层起鼓开裂，油毡裂缝起鼓。

（4）管理不到位。建筑物年久失修，屋面的天沟、入水口处被垃圾、树叶等杂物堵塞，积水不能及时排走。卷材防水层起鼓，屋顶、女儿墙及其他构筑物外饰面起壳开裂未能及时修补，导致构造节点破坏、渗漏等。或在屋顶上任意堆放杂物、乱搭乱建、架设天线或广告牌等，致使防水层被破坏引起渗漏。

知识链接

卷材防水屋面渗漏的环境影响

（1）大气方面的影响。卷材防水层常常是外露的，即使设有一定的保护层，但仍然会直接或间接地受到冻融交替、热胀冷缩、干湿变化的影响，并受到紫外线的照射和风霜雨雪冲洗、风化的影响。

（2）外界因素的影响。外力对防水层的损坏，高应力状态下的老化破坏、疲劳破坏，化学侵蚀，霉菌生物对防水层的损坏等，都将造成卷材防水层的损坏。

三、卷材防水屋面损坏的预防措施

1. 屋面开裂预防措施

（1）增强屋面的整体刚度，尽可能地遏制或减少屋面基层变形的发生。如在屋面结构设计时，应考虑屋面防水对结构变形的特殊要求，控制结构变形值，加强屋盖支撑系统，尽可能减少支座发生不均匀沉降。找平层的强度和厚度要达到规定要求，应在预制板的横缝处设分格缝，以便与防水层同时处理横缝开裂问题。

（2）提高防水层质量，增强防水层适应基层变形能力。如选用合格和质量高的卷材，条件许可时，最好采用 500 号石油沥青油毡或再生油毡。沥青胶结材料的耐热度、柔韧性、粘结力三个指标必须全部符合质量标准。在寒冷地区施工，还应考虑冷脆问题。要控制沥青胶结材料的熬制温度和时间，以防降低其柔韧性，加速材料老化。卷材铺贴前，应清理其表面，并反卷过来。

（3）采取恰当的构造措施，提高横缝处防水层的延伸能力。第一种是在屋面板横缝处加铺油毡条延伸（或缓冲）层；第二种是在横缝处先放置油毡卷或防腐草绳，利用其少量的弹性压缩，使防水层有较小的伸缩余地；第三种是马鞍形伸缩缝，即将横缝处找平层砂浆做出两长横脊，断面呈马鞍形。这种处理方法适宜北方地区无保温层屋面的防裂处理，可以适应 10 mm 以上的伸展，冷脆破坏的可能性小。

（4）加强养护维修，保持防水层的韧性和延伸性，以避免或减少裂缝的发生和发展。如按时在护面层上加涂沥青胶结材料；定时检修局部缺陷；修补散失的绿豆砂；经常清理屋面上的垃圾、拔除杂草，保持屋面排水畅通，使屋面经常处于良好的状态。

2. 屋面流淌预防措施

（1）准确地控制沥青胶的耐热度。沥青胶结材料的耐热度应按规范选用，施工用料必须严格检验，垂直面用的耐热度还应提高 5 ℃～10 ℃。除恰当地选定沥青胶结材料外，还应正确地控制熬制温度，并且逐锅检验，保证质量。

（2）严格控制沥青胶的涂刷厚度。一般为 1～1.5 mm，最厚不超过 2 mm，面层可以适当提高到 2～4 mm，以利于绿豆砂的粘结。

（3）采用恰当的油毡铺设方法。垂直于屋脊铺贴油毡，对阻止防水层流淌有利，而平行于屋脊铺贴油毡，可以利用纵向油毡较高的抗拉强度，有利于抵抗防水层开裂。规范规定，当屋面坡度＜3％时，应平行于屋脊铺贴，当屋面坡度在 3％～15％时，可平行或垂直于屋脊铺贴，视屋面各种条件综合考虑决定。当屋面坡度＞15％时应垂直于屋脊铺贴。

（4）提高保护层质量。保护层对防水层起到降温和保护的作用，有助于防止防水层流淌。

3. 屋面起鼓预防措施

（1）找平层应平整、干净、干燥，冷底子油涂刷均匀。

（2）避免在雨天、大雾、霜、雪、大风或风沙天气施工，防止基层受潮。

（3）防水层施工时，卷材表面应清扫干净，沥青胶结材料应涂刷均匀，卷材应铺平压实，以增强其与基层或下层卷材的粘结能力。

（4）防水层使用的原材料、半成品，必须防止受潮，若含水率较大时，应采取措施使其干燥后方可使用。

(5)当保温层或找平层干燥确有困难而又急于铺设防水层时，可在保温层或找平层中预留与大气连通的孔道后再铺设防水层。

(6)选用吸水率低的保温材料，以利于基层干燥，防止防水层起泡。

4. 防水层老化预防措施

卷材防水层的老化是不可避免的，但可采取一定的措施设法推迟老化现象的发生。例如，正确选择沥青胶结材料的耐热度，严格控制沥青胶结材料的熬制温度、使用温度及涂刷厚度，切实保证护面层的施工质量，加强维护保养等。

卷材防水层维护保养措施如下：

(1)经常清除屋面上的积灰、垃圾、杂草等，保持排水畅通。

(2)经常添补散失的绿豆砂。

(3)及时检修防水层的局部破损及缺陷。

课堂小提示

绿豆砂护面层2～3年涂刷沥青一次，沥青混凝土3～5年涂刷沥青一次，以便保持卷材防水层的韧性和延伸性，延缓老化时间。

四、卷材防水屋面渗漏的维修

(一)查勘

卷材防水屋面渗漏修缮查勘应包括下列内容：

(1)防水层的裂缝、翘边、空鼓、龟裂、流淌、剥落、腐烂、积水等状况。

(2)天沟、檐沟、檐口、泛水、女儿墙、立墙、伸出屋面管道、阴阳角、水落口、变形缝等部位的状况。

(二)修缮方案

1. 选材要求

(1)屋面渗漏修缮选用的防水材料应依据屋面防水设防要求、建筑结构特点、渗漏部位及施工条件选定，并应符合下列规定：

1)防水层外露的屋面应选用耐紫外线、耐老化、耐腐蚀、耐酸雨性能优良的防水材料；外露屋面沥青卷材防水层宜选用上表面覆有矿物粒料保护的防水卷材。

2)上人屋面应选用耐水、耐霉菌性能优良的材料；种植屋面宜选用耐根穿刺的防水卷材。

3)薄壳、装配式结构、钢结构等大跨度变形较大的建筑屋面应选用延伸性好、适应变形能力优良的防水材料。

4)屋面接缝密封防水，应选用粘结力强，延伸率大、耐久性好的密封材料。

(2)重新铺设的卷材防水层应符合现行国家有关标准的规定，新旧防水层搭接宽度不应小于 100 mm。翻修时，铺设卷材的搭接宽度应按现行国家标准《屋面工程技术规范》（GB 50345—2012）的规定执行。

（3）粘贴防水卷材应使用与卷材相容的胶粘材料，其粘结性能应符合表 2-4 的规定。

表 2-4　防水卷材粘结性能

项目		自粘聚合物沥青防水卷材粘合面		三元乙丙橡胶和聚氯乙烯防水卷材胶粘剂	丁基橡胶自粘胶带
		PY 类	N 类		
剪切状态下的粘合性（卷材—卷材）/(N·mm⁻¹)	标准试验条件 /(N·mm⁻¹)	≥4 或卷材断裂	≥2 或卷材断裂	≥2 或卷材断裂	≥2 或卷材断裂
粘结剥离强度（卷材—卷材）	标准试验条件 /(N·mm⁻¹)	≥1.5 或卷材断裂		≥1.5 或卷材断裂	≥0.4 或卷材断裂
	浸水 168 h 后保持率/%	≥70		≥70	≥80
与混凝土粘结强度（卷材—混凝土）	标准试验条件 /(N·mm⁻¹)	≥1.5 或卷材断裂		≥1.5 或卷材断裂	≥0.6 或卷材断裂

2. 卷材防水层裂缝维修

卷材防水层裂缝维修应符合下列规定：

（1）采用卷材维修有规则裂缝时，应先将基层清理干净，再沿裂缝单边点粘宽度不小于 100 mm 的卷材隔离层，然后在原防水层上铺设宽度不小于 300 mm 的卷材覆盖层，覆盖层与原防水层的粘结宽度不应小于 100 mm。

（2）采用防水涂料维修有规则裂缝时，应先沿裂缝清理面层浮灰、杂物，再沿裂缝铺设隔离层，其宽度不应小于 100 mm，然后在面层涂布带有胎体增强材料的防水涂料，收头处密封。

（3）对于无规则裂缝，宜沿裂缝铺设宽度不小于 300 mm 的卷材或涂布有胎体增强材料的防水涂料。维修前，应沿裂缝清理面层浮灰、杂物。防水层应满粘满涂，新旧防水层应搭接严密。

（4）对于分格缝或变形缝部位的卷材裂缝，应清除缝内失效的密封材料，重新铺设衬垫材料和嵌填密封材料。密封材料应饱满、密实，施工中不得裹入空气。

3. 卷材防水层流淌维修

卷材防水层流淌维修应符合下列规定：

（1）清扫卷材因流淌而脱空、耸肩部位，切开脱空卷材，清除原有胶粘材料及杂物，将切开的下部卷材重新粘贴，增铺一层卷材压盖下部卷材，然后将切开的上部卷材压盖增铺的卷材，与增铺卷材的搭接长度不小于 150 mm，确保压实封严。

（2）如果卷材褶皱严重或已成团，难以整平，则应切除褶皱、成团的卷材，清除原有的胶粘材料及基层污物。应用卷材重新铺贴并压入原防水层卷材 150 mm，搭接处应压实封严。

4. 卷材防水层起鼓维修

卷材防水层起鼓维修时，应先将卷材防水层鼓泡用刀割除，并清除原胶粘材料，基层应干净、干燥，再重新铺设防水卷材，防水卷材的接缝处应粘结牢固、密封。

5. 卷材防水层老化维修

卷材防水层局部龟裂、发脆、腐烂等老化现象的维修应符合下列规定：

(1)宜铲除已破损的防水层，并应将基层清理干净、修补平整；

(2)采用卷材维修时，应按照修缮方案要求，重新铺设卷材防水层，其搭接缝应粘结牢固、密封；

(3)采用涂料维修时，应按照修缮方案要求，重新涂布防水层，收头处应多遍涂刷并密封。

知识链接

卷材接缝开口、翘边的维修

卷材接缝开口、翘边的维修应符合下列规定：

(1)应清理原粘结面的胶粘材料、密封材料、尘土，并应保持粘结面干净、干燥。

(2)应依据设计要求或施工方案，采用热熔或胶粘方法将卷材接缝粘牢，并应沿接缝覆盖一层宽度不小于200 mm的卷材密封。

(3)接缝开口处老化严重的卷材应割除，并应重新铺设卷材防水层，接缝处应用密封材料密封、粘结牢固。

6. 卷材防水层细部构造维修

(1)天沟、檐沟卷材开裂渗漏修缮应符合下列规定：

1)当渗漏点较少或分布零散时，应拆除开裂破损处已失效的防水材料，重新进行防水处理，修缮后应与原防水层衔接形成整体，且不得积水(图2-7)。

2)渗漏严重的部位翻修时，宜先将已起鼓、破损的原防水层铲除、清理干净，并修补基层，再铺设卷材或涂布防水涂料附加层，然后重新铺设防水层，卷材收头部位应固定、密封。

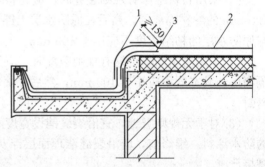

图2-7 天沟、檐沟与屋面交接处渗漏维修
1—新铺卷材或涂膜防水层；
2—原防水层；3—新铺附加层

(2)泛水处卷材开裂、张口、脱落的维修应符合下列规定：

1)女儿墙、立墙等高出屋面结构与屋面基层的连接处卷材开裂时，应先将裂缝清理干净，再重新铺设卷材或涂布防水涂料，新旧防水层应形成整体(图2-8)。卷材收头可压入凹槽内固定密封，凹槽距屋面找平层高度不应小于250 mm，上部墙体应做防水处理。

2)女儿墙泛水处收头卷材张口、脱落不严重时，应先清除原有胶粘材料及密封材料，再重新满粘卷材。上部应覆盖一层卷材，并应将卷材收头铺至女儿墙压顶下，同时应用压条钉压固定并用密封材料封闭严密，压顶应做防水处理(图2-9)。张口、脱落严重时应割除并重新铺设卷材。

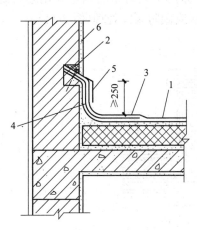

图 2-8　女儿墙、立墙与屋面
基层连接处开裂维修

1—原防水层；2—密封材料；

3—新铺卷材或涂膜防水层；4—新铺附加层；

5—压盖原防水层卷材；6—防水处理

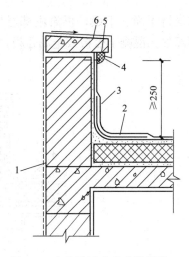

图 2-9　女儿墙泛水收头卷材张口、
脱落渗漏维修

1—原附加层；2—原卷材防水层；

3—增铺一层卷材防水层；4—密封材料；

5—金属压条钉压固定；6—防水处理

3)混凝土墙体泛水处收头卷材张口、脱落时，应先清除原有胶粘材料、密封材料、水泥砂浆层至结构层，再涂刷基层处理剂，然后重新满粘卷材。卷材收头端部应裁齐，并应用金属压条钉压固定，最大钉距不应大于 300 mm，并应用密封材料封严。上部应采用金属板材覆盖，并应钉压固定，用密封材料封严(图 2-10)。

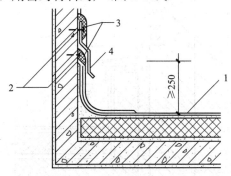

图 2-10　混凝土墙体泛水处收头卷材张口、脱落渗漏维修

1—原卷材防水层；2—金属压条钉压固定；

3—密封材料；4—增铺金属板材或高分子卷材

(3)女儿墙、立墙和女儿墙压顶开裂、剥落的维修应符合下列规定：

1)压顶砂浆局部开裂、剥落时，应先剔除局部砂浆后，再铺抹聚合物水泥防水砂浆或浇筑 C20 细石混凝土。

2)压顶开裂、剥落严重时，应先凿除酥松砂浆，再修补基层，然后在顶部加扣金属盖板，金属盖板应做防锈蚀处理。

(4)变形缝渗漏的维修应符合下列规定：

1)屋面水平变形缝渗漏维修时，应先清除缝内原卷材防水层、胶结材料及密封材料，且基层应保持干净、干燥，再涂刷基层处理剂，缝内填充衬垫材料，并用卷材封盖严密，然后在顶部加扣混凝土盖板或金属盖板，金属盖板应做防腐蚀处理(图 2-11)。

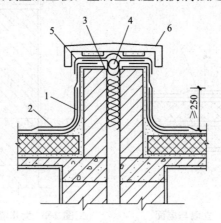

图 2-11 水平变形缝渗漏维修

1—原附加层；2—原卷材防水层；3—新铺卷材；

4—新嵌衬垫材料；5—新铺卷材封盖；6—新铺金属盖板

2)高低跨变形缝渗漏时，应先进行清理及卷材铺设，卷材应在立墙收头处用金属压条钉压固定和密封处理，上部再用金属板或合成高分子卷材覆盖，其收头部位应固定密封(图 2-12)。

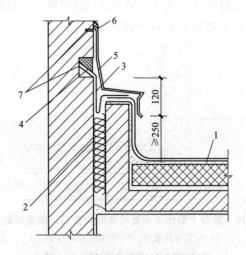

图 2-12 高低跨变形缝渗漏维修

1—原卷材防水层；2—新铺泡沫塑料；3—新铺卷材封盖；4—水泥钉；

5—新铺金属板材或合成高分子卷材；6—金属压条钉压固定；7—新嵌密封材料

3 变形缝挡墙根部渗漏应按《房屋渗漏修缮技术规程》(JGJ/T 53—2011)第 4.3.16 条第 1 款的规定进行处理。

(5)水落口防水构造渗漏维修应符合下列规定：

1)横式水落口卷材收头处张口、脱落导致渗漏时，应拆除原防水层，清理干净，嵌填密封材料，新铺卷材或涂膜附加层，再铺设防水层(图 2-13)。

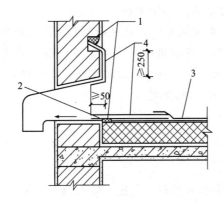

图 2-13　横式水落口与基层接触处渗漏维修

1—新嵌密封材料；2—新铺附加层；3—原防水层；4—新铺卷材或涂膜防水层

2)直式水落口与基层接触处出现渗漏时，应清除周边已破损的防水层和凹槽内原密封材料，基层处理后重新嵌填密封材料，面层涂布防水涂料，厚度不应小于 2 mm（图 2-14）。

(6)伸出屋面的管道根部渗漏时，应先将管道周围的卷材、胶粘材料及密封材料清除干净至结构层，再在管道根部重做水泥砂浆圆台，上部增设防水附加层，面层用卷材覆盖，其搭接宽度不应小于 200 mm，并应粘结牢固，封闭严密。卷材防水层收头高度不应小于250 mm，并应先用金属箍箍紧，再用密封材料封严（图 2-15）。

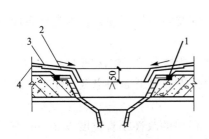

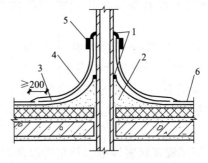

图 2-14　直式水落口与基层	**图 2-15　伸出屋面管道根部渗漏维修**
接触处渗漏维修	1—新嵌密封材料；2—新做防水砂浆圆台；
1—新嵌密封材料；2—新铺附加层；	3—新铺附加层；4—新铺面层卷材；
3—新涂膜防水层；4—原防水层	5—金属箍；6—原防水层

📖 知识链接

卷材防水层的整体翻修

卷材防水层大面积渗漏丧失防水功能时，可全部铲除或保留原防水层进行翻修，并应符合下列规定：

(1)防水层大面积老化、破损时，应全部铲除，并应修整找平层及保温层。铺设卷材防水层时，应先做附加层增强处理，并应符合现行国家标准《屋面工程技术规范》(GB 50345—

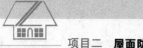

2012)的规定，再重新施工防水层及其保护层。

（2）防水层大面积老化、局部破损时，在屋面荷载允许的条件下，宜在保留原防水层的基础上，增做面层防水层。防水卷材破损部分应铲除，面层应清理干净，必要时应用水冲刷干净。局部修补、增强处理后，应铺设面层防水层，卷材铺设应符合现行国家标准《屋面工程技术规范》(GB 50345—2012)的规定。

（三）施工要求

1. 采用卷材修缮

屋面防水卷材渗漏采用卷材修缮时，其施工应符合下列规定：

（1）铺设卷材的基层处理应符合修缮方案的要求，其干燥程度应根据卷材的品种与施工要求确定。

（2）在防水层破损或细部构造及阴阳角、转角部位，应铺设卷材加强层。

（3）卷材铺设宜采用满粘法施工。

（4）卷材搭接缝部位应粘结牢固、封闭严密；铺设完成的卷材防水层应平整，搭接尺寸应符合设计要求。

（5）卷材防水层应先沿裂缝单边点粘或空铺一层宽度不小于 100 mm 的卷材，或采取其他能增大防水层适应变形能力的措施，然后再大面积铺设卷材。

2. 采用高聚物改性沥青防水卷材热熔修缮

屋面防水卷材渗漏采用高聚物改性沥青防水卷材热熔修缮时，其施工应符合下列规定：

（1）火焰加热器的喷嘴距卷材面的距离应适中，幅宽内加热应均匀，以卷材表面熔融至光亮黑色为度，不得过分加热卷材。

（2）厚度小于 3 mm 的高聚物改性沥青防水卷材，严禁采用热熔法施工。

（3）卷材表面热熔后应立即铺设卷材，铺设时应排除卷材下面的空气，使之平展并粘贴牢固。

（4）搭接缝部位宜以溢出热熔的改性沥青为度，溢出的改性沥青宽度以 2 mm 左右并均匀顺直为宜；当接缝处的卷材有铝箔或矿物粒（片）料时，应清除干净后再进行热熔和接缝处理。

（5）重新铺设卷材时应平整顺直，搭接尺寸准确，不得扭曲。

3. 采用合成高分子防水卷材冷粘修缮

屋面防水卷材渗漏采用合成高分子防水卷材冷粘修缮时，其施工应符合下列规定：

（1）基层胶粘剂可涂刷在基层或卷材底面，涂刷应均匀，不露底，不堆积；卷材空铺、点粘、条粘时，应按规定的位置及面积涂刷胶粘剂。

（2）根据胶粘剂的性能，应控制胶粘剂涂刷与卷材铺设的间隔时间。

（3）铺设卷材不得褶皱，也不得用力拉伸卷材，并应排除卷材下面的空气，辊压粘贴牢固。

（4）铺设的卷材应平整顺直，搭接尺寸准确，不得扭曲。

（5）卷材铺好压粘后，应将搭接部位的粘合面清理干净，并采用与卷材配套的接缝专用胶粘剂粘贴牢固。

（6）搭接缝口应采用与防水卷材相容的密封材料封严。

（7）卷材搭接部位采用胶粘带粘结时，粘合面应清理干净，撕去胶粘带隔离纸后应及时粘合上层卷材，并辊压粘牢；低温施工时，宜采用热风机加热，使其粘贴牢固、封闭严密。

4. 采用合成高分子防水卷材焊接和机械固定修缮

屋面防水卷材渗漏采用合成高分子防水卷材焊接和机械固定修缮时，其施工应符合下列规定：

（1）对热塑性卷材的搭接缝宜采用单缝焊或双缝焊，焊接应严密。

（2）焊接前，卷材应铺放平整、顺直，搭接尺寸准确，焊接缝的结合面应清扫干净。

（3）应先焊长边搭接缝，后焊短边搭接缝。

（4）卷材采用机械固定时，固定件应与结构层固定牢固，固定件间距应根据当地的使用环境与条件确定，并不宜大于600 mm；距周边800 mm范围内的卷材应满粘。

5. 水落口、天沟、檐沟、檐口及立面卷材收头等渗漏修缮

屋面水落口、天沟、檐沟、檐口及立面卷材收头等渗漏修缮施工应符合下列规定：

（1）重新安装的水落口应牢固固定在承重结构上；当采用金属制品时应做防锈处理。

（2）天沟、檐沟重新铺设的卷材应从沟底开始，当沟底过宽、卷材需纵向搭接时，搭接缝应用密封材料封口。

（3）混凝土立面的卷材收头应裁齐后压入凹槽，并用压条或带垫片钉子固定，最大钉距不应大于300 mm，凹槽内用密封材料嵌填封严。

（4）立面铺设高聚物改性沥青防水卷材时，应采用满粘法，并宜减少短边搭接。

（四）施工质量验收

卷材与基层和卷材与卷材之间应按设计要求粘结紧密、牢固；表面平整，不应有褶皱、空鼓、气泡、滑移、翘边和封口不严等缺陷，坡度应符合排水要求，不应有积水现象；卷材与凸出物的连接处、转角处和各种管道之间均应铺贴牢固，封闭严密；保护层应粘结牢固、均匀，不遗漏；水泥砂浆面层平整牢固；隔热板应铺平垫稳，并符合设计要求；保温层排气孔设置符合设计要求，排气孔安装牢固、封闭严密、不堵塞、不进水；泛水、变形缝等做法应符合设计要求，顺直整齐、结合严密、无渗水。卷材屋面质量要求应符合表2-5的规定。

表2-5 卷材屋面质量要求

检查内容		质量要求/mm
新做找平层表面平整度（2 m内）		5
翻做卷材表面平整（2 m内）		7
搭接长度	长边	≥80
	短边	≥150
隔热板松动（每间）		少于3处

单元四　涂膜防水屋面维修

一、涂膜防水屋面损坏的现象

涂膜防水屋面可能出现开裂、起鼓、剥离、老化等损坏现象。与卷材防水屋面一样，涂膜防水屋面会因出现规则裂缝或不规则裂缝而产生渗漏。在女儿墙、山墙根部、出屋面的烟囱和管道根部及檐沟、雨水口等部位因涂膜防水层的破损、露胎、剥落、腐烂、开裂而出现渗漏。

二、涂膜防水屋面损坏的原因

涂膜防水屋面损坏原因主要有以下几个方面：

（1）屋面结构层刚度不足，在荷载、温度、振动、地基不均匀沉降等因素影响下，板端及跨中变形较大，使防水层沿横缝及纵缝开裂渗漏。

（2）砂浆找平层因干缩、温度伸缩及结构变形而产生裂缝，进而导致防水层开裂。

（3）施工时基层未处理平整、不干净、涂料施工时温度高、涂刷过厚、基层太潮湿、涂料中有沉淀物质等，都会使防水层出现气泡。

（4）自然和人为的损坏，如防水层长期受日光曝晒和风霜雨雪的侵蚀，以及在屋面堆重物、晾晒衣物或设天线等，均可使防水层老化、开裂、破损及保护层砂子脱落。

三、涂膜防水屋面损坏的预防措施

1. 裂缝的预防措施

（1）最好选用预应力屋面板，混凝土强度等级不宜低于 C40。宜选用 32.5 级以上的普通硅酸盐水泥，石子最大粒径应小于板厚的 1/3，且颗粒级配良好。采用非预应力板时，混凝土强度等级不宜低于 C30。

（2）屋面板混凝土应振捣密实，板的迎水面（朝上的面）应抹压光滑。禁止采用翻转脱模工艺生产屋面板。

（3）混凝土应覆盖养护 7～10 d，以减少板面干缩裂缝。如必须采用蒸汽养护（降低混凝土的抗渗性能）时，应先在屋面板上涂一层经稀释的厚质涂料。

（4）运输、安装按操作规程，防止屋面板受力不均产生裂缝。

（5）加强使用管理，及时维护保养。禁止在屋面板上堆放重物、架设天线、晾晒衣物等，防止板面超载及其他损坏；并应定期对板面进行维护保养。

2. 起鼓和剥离的预防措施

（1）基层表面必须干净、平整。用 2 m 长直尺检查，基层表面与直尺间的最大空隙不宜超过 4 mm，且仅允许平缓变化。屋面坡度不小于 2%。

（2）水泥砂浆基层铺贴玻璃丝布，砂浆应有 7 d 以上龄期，强度应达到 500 N/cm² 以上。

（3）涂料施工温度以 10 ℃～30 ℃为宜，选择晴朗、干燥天气进行。不要在低温下，以及雨、雾天操作，涂刷涂料时，基层表面不允许有水珠。

（4）涂刷前，提前 20 分钟先将涂料倒入小桶，待气泡自行破裂后，再涂刷。要按单方向涂刷，不要来回涂刷，避免产生小气泡。铺贴玻璃丝布时，布幅两端每隔 1.5～2.0 m 处剪一小口，以利于拉紧铺平。要边倒涂料边推铺，边压实平整。

（5）掌握好涂刷厚度。一次成膜的干膜厚度，以 0.3～0.5 mm 为宜，湿膜厚度以 0.6～1.0 mm 为宜，每道涂层间要有 12～24 h 的间歇。

（6）不可使用已经变质失效的涂料。涂料乳液中若有沉淀的沥青粗颗粒时，需用 32 目钢丝网过滤。

课堂小提示

涂膜防水层与基层之间粘结不牢易形成剥离。一般情况下，剥离并不影响防水性能，但如剥离面积较大或处于坡面或立面部位，则易降低屋面防水性能，甚至引起渗漏。

3. 老化的预防措施

（1）严格按照设计的屋面防水等级来选用质地优良、技术性能达标的防水涂膜及胎膜等，并在施工前检查涂膜及胎膜等防水材料是否满足质量要求，如不能满足质量要求应及时调换。

（2）在施工过程中严格管理，按配料比例现场准确配料，防患于未然。

四、涂膜防水屋面损坏的维修

（一）查勘

涂膜防水屋面渗漏修缮查勘应包括下列内容：

（1）防水层的裂缝、翘边、空鼓、龟裂、流淌、剥落、腐烂、积水等状况。

（2）天沟、檐沟、檐口、泛水、女儿墙、立墙、伸出屋面管道、阴阳角、水落口、变形缝等部位的状况。

（二）修缮方案

1. 选材要求

涂膜防水层开裂的部位，宜涂布带有胎体增强材料的防水涂料。采用涂膜防水修缮时，涂膜防水层应符合现行国家有关标准的规定，新旧涂膜防水层搭接宽度不应小于 100 mm。

2. 裂缝的维修

涂膜防水层裂缝的维修应符合下列规定：

（1）对于有规则裂缝维修，应先清除裂缝部位的防水涂膜，并将基层清理干净，再沿缝干铺或单边点粘空铺隔离层，然后在面层涂布涂膜防水层，新旧防水层搭接应严密（图 2-16）；

（2）对于无规则裂缝维修，应先铲除损坏的涂膜防水层，并清除裂缝周围浮灰及杂物，再沿裂缝涂布涂膜防水层，新旧防水层搭接应严密。

3. 起鼓、老化、腐烂等维修

涂膜防水层起鼓、老化、腐烂等维修时，应先铲除已破损的防水层并修整或重做找平层，找平层应抹平压光，再涂刷基层处理剂，然后涂布涂膜防水层，且其边缘应多遍涂刷涂膜。

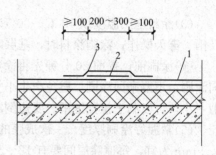

图 2-16　涂膜防水层裂缝维修

1—原涂膜防水层；2—新铺隔离层；
3—新涂布有胎体增强材料的涂膜防水层

4. 细部构造节点渗漏维修

（1）涂膜防水屋面泛水部位渗漏维修应符合下列规定：

1）应清理泛水部位的涂膜防水层，且面层应干燥、干净。

2）泛水部位应先增设涂膜防水附加层，再涂布防水涂料，涂膜防水层有效泛水高度不应小于 250 mm。

（2）天沟水落口维修时，应清理防水层及基层，天沟应无积水且干燥，水落口杯应与基层锚固。施工时，应先做水落口的密封防水处理及增强附加层，其直径应比水落口大 200 mm，再在面层涂布防水涂料。

知识链接

涂膜防水层的整体翻修

涂膜防水层翻修应符合下列规定：

（1）保留原防水层时，应将起鼓、腐烂、开裂及老化部位涂膜防水层清除。局部维修后，面层应涂布涂膜防水层，且涂布应符合现行国家标准《屋面工程技术规范》（GB 50345—2012）的规定。

（2）全部铲除原防水层时，应修整或重做找平层，水泥砂浆找平层应顺坡抹平压光，面层应牢固。面层应涂布涂膜防水层，且涂布应符合现行国家标准《屋面工程技术规范》（GB 50345—2012）的规定。

（三）施工要求

1. 一般规定

涂膜防水层渗漏修缮施工应符合下列规定：

（1）基层处理应符合修缮方案的要求，基层的干燥程度，应视所选用的涂料特性而定。

（2）涂膜防水层的厚度应符合现行国家有关标准的规定。

（3）涂膜防水层修缮时，应先做带有铺胎体增强材料涂膜附加层，新旧防水层搭接宽度不应小于 100 mm。

（4）涂膜防水层应采用涂布或喷涂法施工。

（5）涂膜防水层维修或翻修时，天沟、檐沟的坡度应符合设计要求。

（6）防水涂膜应分遍涂布，待先涂布的涂料干燥成膜后，方可涂布后一遍涂料，且前后两遍涂料的涂布方向应相互垂直。

（7）涂膜防水层的收头，应采用防水涂料多遍涂刷或用密封材料封严。

（8）对已开裂、渗水的部位，应凿出凹槽后再嵌填密封材料，并增设一层或多层带有胎体增强材料的附加层。

（9）涂膜防水层应沿裂缝增设带有胎体增强材料的空铺附加层，其空铺宽度宜为100 mm。

2. 采用高聚物改性沥青防水涂膜修缮

涂膜防水层渗漏采用高聚物改性沥青防水涂膜修缮时，其施工应符合下列规定：

（1）防水涂膜应多遍涂布，其总厚度应达到设计要求。

（2）涂层的厚度应均匀，且表面平整。

（3）涂层间铺设带有胎体增强材料时，宜边涂布边铺胎体；胎体应铺设平整，排除气泡，并与涂料粘结牢固；在胎体上涂布涂料时，应使涂料浸透胎体，覆盖完全，不得有胎体外露现象；最上面的涂层厚度不应小于 1.0 mm。

（4）涂膜施工应先做好节点处理，铺设带有胎体增强材料的附加层，然后再进行大面积涂布。

（5）屋面转角及立面的涂膜应薄涂多遍，不得有流淌和堆积现象。

3. 采用合成高分子防水涂膜修缮

涂膜防水层渗漏采用合成高分子防水涂膜修缮时，其施工应符合下列要求：

（1）可采用涂布或喷涂施工；当采用涂布施工时，每遍涂布的推进方向宜与前一遍相互垂直。

（2）多组分涂料应按配合比准确计量，搅拌均匀，已配制的多组分涂料应及时使用；配料时，可加入适量的缓凝剂或促凝剂来调节固化时间，但不得混入已固化的涂料。

（3）在涂层间铺设带有胎体增强材料时，位于胎体下面的涂层厚度不宜小于 1 mm，最上层的涂层不应少于两遍，其厚度不应小于 0.5 mm。

4. 采用聚合物水泥防水涂膜修缮

涂膜防水层渗漏采用聚合物水泥防水涂膜修缮施工时，应有专人配料、计量，搅拌均匀，不得混入已固化或结块的涂料。

（四）施工质量验收

基层应无垃圾；裂缝经涂膜修补后应粘结牢固。修补裂缝涂膜覆盖宽度超出缝边各100 mm 以上；涂膜防水层均匀一致，无漏涂、无脱皮、无空鼓、无裂缝、无气泡、无粘脚和液化等缺陷；坡度应符合排水要求，不应有积水现象；保护层应粘结牢固、平整、覆盖严密。

➤ 项目小结

本项目讲述的是屋面防水维修基础知识。屋面由结构层、找平层、隔气层、保温或隔热层、防水层、保护层或饰面层等构造层次组成。从防水方法上分，屋面又可分为刚性防水屋面和柔性防水屋面。屋面出现的主要损坏是渗水漏雨。在屋面维修工程中，预防和整治屋面渗漏损坏，往往占有较大的比重，特别是在雨雪期来临前，防漏工作更为重要。整治屋面渗漏前，必须对屋面渗漏进行检查，找出渗漏的具体部位，制订出切合实际的修缮方案。然后，按照具体的施工要求进行修缮施工，并使其符合施工质量验收标准。

课后实训

1. 实训项目
讨论房屋渗漏修缮方案。

2. 实训内容
同学们分成两组。通过讨论分析以下案例，理解并掌握房屋渗漏修缮方案的制定。

某工厂厂房由于屋内温度较高，所以厂房屋面未设保温层，屋面防水为二毡三油做法。使用到第二个雨期，正值生产期间，厂房却多处漏水，无法生产。

进行屋面检查后发现，大部分裂缝都正对屋面板支座的上端，且通长而笔直。经过分析了解，出现这样的情况是因为屋面板在温度的变化下产生了胀缩而拉裂油毡。

请问：该厂房屋面渗漏应怎样进行修缮？提出具体的修缮方案。

3. 实训分析
师生共同参考对屋面渗漏修缮的方案进行分析与评价。

_____

_____

_____

_____

项目三

装饰工程与门窗维修

知识目标

1. 了解墙面工程损坏的现象，熟悉墙面工程损坏产生的原因，掌握墙面工程损坏的维修方法；

2. 了解楼地面工程损坏的现象，熟悉楼地面工程损坏产生的原因，掌握楼地面工程损坏的维修方法；

3. 了解门窗工程损坏的现象，熟悉门窗工程损坏产生的原因，掌握门窗工程损坏的维修方法。

技能目标

能够分析装饰工程与门窗损坏产生的原因，并按正确的方法进行维修。

素质目标

1. 能独立制订学习计划，并按计划实施学习和撰写学习体会；
2. 会查阅相关资料、整理资料，具有阅读应用各种规范的能力；
3. 培养勤于思考、做事认真的良好作风，具有分析问题、解决问题的能力；
4. 具有团队合作精神、沟通交流和语言表达能力；
5. 培养吃苦耐劳、爱岗敬业的职业精神。

案例导入

某市银行三楼营业大厅，长 48 m、宽 18 m 的现浇框架结构整浇楼板，地面铺贴 10 mm×300 mm×300 mm 的彩釉陶瓷地面砖，但没有设置任何防裂的伸缩缝。该工程交付使用后的第二年，当室外气温在 −5 ℃左右时，工作人员听到地面有爆裂的响声，然后发现陶瓷地面砖向上隆起。经现场调查发现，地面砖隆起的位置在北檐框架梁到次梁之间的 6 000 mm 宽的楼面上，每隔 1 500 mm 左右就有一条基本等距离垂直于长度方向的裂缝，缝宽两端小、中间大。检查脱壳隆起的地砖，发现地砖的背面无水泥浆粘结的痕迹，结合层与结构层也有脱壳现象。地面砖、结合层、结构层三层在同一位置上有裂缝。

假设你在物业服务企业工程部工作，请思考：此事故中裂缝产生的原因是什么？怎么维修？

单元一　墙面工程维修

一、抹灰墙面的维修

抹灰墙面一般指墙面抹灰，是指在墙面上抹水泥砂浆、混合砂浆、白灰砂浆的面层工程。抹灰墙面可分为一般抹灰墙面和装饰抹灰墙面。一般抹灰以后还要再刷乳胶漆、仿瓷等；而装饰抹灰可以直接作为建筑物装饰最表层，如斩假石、水磨石、水刷石面层。

（一）抹灰墙面损坏的现象

抹灰墙面常见的损坏现象有抹灰层的开裂、空鼓、脱落和爆灰等形式。

（1）开裂是指抹灰层出现裂纹、裂缝。

（2）空鼓是指抹灰层中间、各层之间或整层与基体之间有脱离而鼓起，敲击可闻空洞声。

（3）脱落是指灰体部分剥落露出基体或里层。

（4）爆灰是指由于在灰浆中有未熟化的生石灰粒，在墙面上受潮继续熟化、体积增大使抹灰爆裂。

（二）抹灰墙面损坏的原因

1. 墙面开裂的原因

抹灰墙面开裂产生的原因主要有：

（1）地基基础的不均匀沉降，导致墙体和抹灰产生裂缝。

墙面抹灰工艺动画

（2）抹灰砂浆的水胶比过大。

（3）抹底层灰时，没有清理干净基层。

（4）底层抹灰和面层抹灰间隔时间过长时，未用水湿润，致使抹面层后，干湿收缩不一致产生裂缝。

（5）未按照质量要求严格选用材料，如水泥过期、黄沙含泥量大等。

（6）未及时压光和抹灰层太厚以及养护不善等。

（7）有水房间或上下水管道漏水，浸湿墙身，经过冬季冻胀，致使抹灰开裂。

（8）受到人为的撞击产生裂缝。

2. 墙面空鼓的原因

抹灰墙面空鼓产生的原因主要有：

（1）抹灰施工时，由于基层过于干燥，表面灰尘没有清理干净，导致施工时基层吸水太快，使抹灰砂浆与基层粘结不牢甚至脱开而产生空鼓。

（2）墙体表面不平整，使抹灰层厚度不均匀而产生空鼓。

（3）抹灰施工时没有严格按操作规程进行，没有进行分层施工，致使抹灰层太厚而产生空鼓。

（4）由于使用不当，重物撞击等原因造成抹灰层的空鼓。

3. 墙面脱落的原因

抹灰墙面脱落产生的原因主要有：

（1）墙面基层处理不干净或基层过于潮湿都会导致抹灰层脱落；抹灰砂浆的水泥用量偏少，强度等级偏低，使抹灰层与基层粘结不牢。

（2）在施工过程中未按操作规程进行操作，如底层抹灰完成后，未等凝固即进行中层抹灰或面层抹灰，这样就容易引起抹灰层脱落。

（3）由于墙面基层渗水而导致抹灰层脱落；在对空鼓进行修补时，空鼓部分铲除不彻底，新的抹灰部分与原抹灰部分接槎不实，也易出现脱落。

4. 墙面爆灰的原因

抹灰墙面爆灰产生的原因主要有：

在抹灰材料中含有未完全熟化过火石灰，在墙面抹灰完成后，这些过火石灰将吸收空气和抹灰砂浆中的水分继续熟化，在熟化过程中产生体积膨胀，从而引起抹灰面局部爆裂，形成爆灰。爆灰一般出现在施工完毕后 2 年内，也有的延续时间更长。

（三）抹灰墙面的维修

1. 一般抹灰墙面的修补

（1）墙面开裂的修补。如果是在两种不同材质交接处产生的裂缝，应在裂缝处铺钉钢丝网，两边搭接宽度不少于 100 mm，然后再用相同配合比的砂浆修补；门窗洞口的裂缝应先用小灰匙把缝用水泥砂浆填塞严密，待达到一定强度后再用水泥砂浆找平；对于由于结构损坏而引起的裂缝，应待结构处理完成以后，再按施工要求重新进行抹灰；对于一般的裂缝可在裂缝处用掺有 108 胶的水泥砂浆进行修补。

（2）墙面空鼓、脱落的修补。在修缮抹灰层的空鼓、脱落时，首先用小锤轻敲抹灰层的表面，确定修缮的范围，并用瓦刀将墙面结合不牢固的粉层面全部铲掉，直至周边坚实敲打不掉为止；再将原有粉刷面斩成倒斜口，刮掉砖缝深 10～20 mm，使抹灰能嵌入缝内；然后用毛柴扫帚或刷帚沾水湿润基层表面，并用硬砂浆或水泥石灰混合砂浆将接缝处嵌密实；最后，根据原有抹灰层的层数和厚度，重做抹灰层（先抹四周接槎处，再逐步往里抹，边抹边压实）。

由于有水房间或上下水管道漏水，墙身防潮层失效或未做好，使抹灰层产生空鼓、脱落时，先将漏水的部位或防潮层修缮好，再按前述的方法修缮抹灰层。

（3）墙面爆灰的修补。当抹灰层出现爆灰现象时，一般应待过火石灰充分熟化后，挖除爆裂处，用腻子找补刮平，最后再喷浆或刷内墙涂料。但由于石灰充分熟化所需时间较长，往往处理不够及时，在实践中还可以采用另一种方法：首先将抹灰面喷水润湿，充分焖透，使过火石灰完全熟化；然后挖去爆灰点，用腻子找补刮平；最后喷浆或刷内墙涂料，可以较早解决问题。对于严重爆灰的抹灰面，则必须全部铲去重做。

知识链接

抹灰层修补范围的确定

在修补前，必须详细检查破损情况。检查的方法如下：

（1）直观法。抹灰损坏的现象，如裂纹、龟裂、剥落等，很多是可以凭经验用肉眼直接观察到的。

（2）敲击法。检查抹灰内部损坏情况，可用一些相应工具（如小铁锤或瓦刀）轻轻敲击可疑处，通过发出的声音判断是否出现损坏，如发出空壳声，则有起壳现象。这样就可以确定修补范围，并将修补范围圈定，然后用泥刀斩出界限，再全部铲掉与墙面不密贴的抹灰面。对于一些装饰抹灰的斩除要尽可能做到方整、有规则，防止漫无边际地扩大范围。接槎处的原抹灰必须坚实牢固。

2. 装饰抹灰墙面的修补

装饰抹灰与一般抹灰不同，面层一般较厚，且刚度大，尤其是采用不掺砂粒的软灰浆做中层，与基层材料的胀缩率不一致，由于内应力的作用，容易出现空鼓、裂缝甚至脱落。下面是水刷石墙面的修补过程。

（1）将修补范围内的破损抹灰层铲除露出基层，一般采用分格成块地铲除破损部分，以便使新旧装饰面对比度不过于明显，修补的整体效果较好。混凝土基层应进行凿毛处理。

（2）清理干净后用水适度润湿，刷一遍 108 胶水泥浆（108 胶、水、水泥的配合比为 1∶4∶8）或纯水泥浆，然后抹底层灰并扫毛；待前一层灰凝结后抹罩面灰，罩面灰中石子的粒径、颜色及灰中颜料应与原墙面相同。

（3）当罩面灰七成干时用刷子蘸水刷掉表面水泥浆，使石子露出，再用铁板将露出的石子尖头轻轻拍平；待手指压试不出现指印，用刷子刷面而石子不掉下来时，一人用刷子蘸水刷表面灰浆，一人随后用喷雾器由上往下喷水，冲掉水泥浆，露出石子，最后将原水刷石墙面用水清洗干净。

二、块材墙面的维修

（一）块材墙面损坏的现象

块材墙面是指用块（片）状的天然或人造石材镶贴在墙体表面形成的装饰构造。常用的贴面材料有釉面砖、瓷砖、陶瓷马赛克、大理石、花岗石等。在施工和使用过程中块材墙面损坏的现象主要有饰面空鼓、脱落、开裂和变色腐蚀等。

（1）饰面空鼓。饰面空鼓是指块材墙面的找平层与基层之间，或饰面材料与找平层之间产生局部脱离的现象。

（2）饰面脱落。饰面脱落是指块材墙面的饰面材料从找平层脱落或找平层从基层脱落的现象。若饰面空鼓的面积过大或空鼓后受外力敲击，也会发生脱落掉块。

(3)饰面开裂。饰面开裂是指块材墙面的饰面材料上出现裂缝的现象,有的裂缝较轻微,只发生在块材的局部;有的裂缝是贯穿性的,导致块材整体断裂。

(4)变色腐蚀。变色腐蚀是指块材墙面的饰面材料表面发生变色、腐蚀及剥落的现象。

(二)块材墙面损坏发生的原因

1. 饰面空鼓、脱落的原因

(1)基层处理不当。底层灰与基层之间粘结不良,底层灰、中层灰和块材受到自重的影响,与基层之间产生剪应力,当粘结力小于剪应力时就会产生空鼓和脱落。

(2)使用劣质或储存期超过3个月或受潮结块的水泥搅拌砂浆和粘结层粘贴块材。

(3)搅拌砂浆不按配合比计量,稠度没有控制好,保水性能差;或搅拌好的砂浆停放时间超过3 h仍使用;或砂的含泥量超过3%以上等,引起不均匀干缩。

(4)块材没有按规定浸水2 h以上,且没有洗刷掉泥污就用于粘贴,或块材粘结层不饱满,或块材粘贴初凝后再去纠正偏差而松动。

2. 饰面开裂产生的原因

(1)面砖质量不好,材质松脆、吸水率大,由于湿膨胀较大,产生内应力而开裂;由于基层、结构的裂缝引起面层瓷砖的裂缝。

(2)由于受到结构裂缝或外力的影响,施工时上下空隙较小,结构变形产生拉力使饰面产生开裂;花岗石、大理石受到腐蚀性气体和湿空气侵入,造成紧固件的锈蚀,引起板面裂缝。

3. 变色腐蚀产生的原因

造成块材变色腐蚀的主要原因是大气中的有害气体或侵蚀性液体的腐蚀使饰面块材表面变色、出现麻点或剥落。

(三)面砖墙面的维修

1. 面砖墙面空鼓、脱落的修补

(1)对粘贴好的面砖进行检查,发现有空鼓时,应查明脱壳和空鼓的范围,画好周边线,用手提切割机沿线(砖缝)割开,将空鼓和脱壳部分的面砖、粘结层铲除刮净,扫刷冲洗干净。

(2)根据返修面积计算用料数量,备足水泥、中砂、108胶和面砖,并与原有面层用料相同。

(3)铺刮粘结层时要先刮墙面、后刮面砖背面,随即将砖贴上,经检查合格后勾缝。

2. 面砖墙面开裂的修补

(1)按照施工要求,使粘贴面砖的砂浆饱满,勾缝严实。

(2)严格控制水泥砂浆的配合比及其原材料,在同一施工面上采用同种配合比的砂浆。

(3)由于上下水管道渗漏和墙身防潮层未做或失效引起面砖开裂,先根治上下水管道的渗漏和增设或更换墙身防潮层,再修补面砖。

（4）由于地基基础的不均匀沉降或其他原因，墙身出现细小裂缝而拉裂面砖时，可先用环氧树脂灌补密实墙身的裂缝，再拆换损坏的面砖。

3. 面砖面层被变色腐蚀的修补

（1）面砖面层上黏附水泥浆液等污物时，可先用10%稀盐酸水溶液湿润，再用板刷蘸溶液刷洗揩拭洁净，随用清水冲洗掉溶液。操作时要戴防护手套，防止灼伤皮肤。

（2）面砖上黏附沥青、涂料时，不应用刮刀刮除，应用苯先湿润溶解，再用苯擦洗洁净，然后用清水冲洗干净。

（3）当查明有污水下淌时，必须将淌水处消除。修补、返工重做滴水线或滴水槽，以不沿面砖淌水为合格。

（四）大理石与花岗石饰面板的维修

1. 饰面板空鼓、脱落的修补

对于空鼓面积不大且空鼓位置在板边的饰面板，可先把空鼓处的缝隙部位清理干净，然后用针筒抽取适量的环氧树脂浆直接注入空鼓处即可；对于空鼓位置不在板边的饰面板，可先用直径5 mm的冲击电钻在饰面板的空鼓处钻孔，然后用针筒抽取适量的环氧树脂浆直接注入空鼓处，待环氧树脂浆硬化后再掺入与饰面板颜色相似的环氧树脂浆胶封口，硬化后用抛光机进行抛光打蜡处理；对于空鼓面积较大的饰面板应取下重新安装。安装的方法可采用环氧树脂钢螺栓锚固法。

2. 饰面板开裂的修补

如是由于结构裂缝引起的饰面开裂，应先待结构沉降稳定后再开始维修。对于不影响使用和美观的细微裂缝一般可不进行维修；对于较大的裂缝可用环氧树脂浆掺加色浆进行修补，色浆的颜色应尽量做到与饰面相接近；对于影响使用和美观的裂缝应取下重新安装。安装的方法可采用环氧树脂钢螺栓锚固法。

知识链接

环氧树脂钢螺栓锚固法操作要求

（1）钻孔：对需要修补的饰面板，确定钻孔位置和数量，先用冲击电钻钻孔，孔直径为6 mm，深为30 mm；再在钻孔处用直径5 mm的钻头在饰面板上钻入5～10 mm。钻孔时应向下呈15°的倾角，防止灌浆后环氧树脂外溢。

（2）除灰：钻孔后将孔洞内灰尘全部清理干净。

（3）环氧树脂水泥浆的配合比及配制：环氧树脂：邻苯二甲酸二丁酯：590号固化剂：水泥＝100：20：20：（100～200）。配制时先将环氧树脂和邻苯二甲酸二丁酯搅拌均匀后，加入固化剂搅匀，再加入水泥搅匀，倒入罐中待用。

（4）灌浆：灌浆时，采用树脂枪灌注，枪头应深入孔底，慢慢向外退出。

（5）安放固定件：固定件为直径6 mm，一端拧上六角螺母，另一端是带螺纹的螺栓杆。放入螺栓杆时，应经过化学除油处理，表面涂抹一层环氧树脂浆后，慢慢转入孔内。为避免水泥浆外流弄脏饰面板的表面，可用石灰堵塞洞口，待胶浆固化后，再清理堵口，对残留在饰面板表面的树脂浆用丙酮或二甲苯及时擦洗干净。

(6)砂浆封口：树脂浆灌注2～3 d后，孔洞可用108胶白水泥浆掺色封口，色浆的颜色应尽量做到与饰面相接近。

3. 饰面板变色腐蚀的修补

对大理石饰面板，不能用稀草酸水溶液清洗污迹，这是因为大理石的主要成分是碳酸钙，碳酸钙遇到酸会发生化学反应而使大理石被腐蚀。当大理石腐蚀受损后，可采用掺入108胶的白水泥浆嵌补或抹面，再磨平滑。若对装饰要求高，则只有拆除腐蚀块料，镶贴新板块。

如果花岗石面层被弄脏、污黑或失光，用水冲洗不干净时，可采用专用清洁剂(如TBC-1型清洁剂)清洗，或用稀草酸水溶液(浓度5%左右)刷洗，然后用清水冲刷干净。

三、涂料墙面的维修

(一)涂料墙面损坏的现象

涂料墙面是指利用各种涂料涂敷于基层表面，形成完整牢固的膜层，起到保护和美观墙面的一种饰面做法，是饰面装修中最简便的一种形式。涂料墙面损坏的现象主要有油性涂料的流坠、慢干与回黏、涂膜层开裂或卷皮、涂膜粉化、抹灰面涂膜层裂缝、抹灰面涂膜层起鼓或起皮、涂膜层老化等。

(二)涂料墙面损坏产生的原因

1. 油性涂料的流坠
油性涂料流坠的主要原因如下：
(1)涂料施工黏度过低，涂膜太厚。
(2)施工场所温度太低，涂料干燥缓慢。
(3)在成膜中流动性较大；油刷蘸油太多，喷枪的孔径太大。
(4)涂饰面凹凸不平，在凹处积油太多。
(5)涂料中含有密度大的颜料，搅拌不匀。
(6)溶剂挥发缓慢，周围空气中溶剂蒸发浓度高，湿度大。

2. 油性涂料的慢干与回黏
油性涂料的慢干与回黏的主要原因如下：
(1)涂料(油漆)质量低劣，配制时树脂用量少，则涂料干得慢。
(2)将不同类型的涂料混用，由于材性不相容，干燥时间不一，导致慢干等质量问题。
(3)温度和湿度的影响，如挥发性涂料在高温环境中干得慢；相对湿度使挥发性涂膜面发白；没有实干的涂膜，经烟气、煤气熏过后，会产生干燥迟缓而回黏。
(4)涂料的施工环境差，周围环境中含有盐、酸、碱等气体或液体的污染；或木构件上的干性松脂没有清除，当涂刷油性涂料后，酸、碱等逐渐渗透涂膜而导致发黏。
(5)有的操作工任意多加催干剂和稀释剂，也会造成发黏、慢干现象。
(6)有的为抢工，头度漆尚未实干就涂二度厚漆，造成外干里不干而发黏和慢干。

3. 涂膜层开裂或卷皮

涂膜层开裂或卷皮的主要原因如下：

(1)涂料质量低劣，涂料成膜后收缩脆裂。

(2)构件表面沾有油污，没有清除干净就施工，使涂膜粘结不牢而开裂。

(3)有的木装修墙面有干湿变化。

(4)底层涂层没有实干就涂刷面层，或使用油性底层涂层，而面层用挥发性涂料；面层涂料接触空气干燥快，表涂层收缩硬化，致使面层涂层开裂、卷皮、脱落。

(5)墙面涂层太厚，收缩小；或底层涂层面光滑，附着力小，容易开裂。

4. 涂膜粉化

涂膜粉化的主要原因如下：

(1)涂料质量低劣，且面涂和基体、面涂与底涂及腻子的材性不相容。

(2)直接在混凝土、水泥砂浆的面层上涂刷涂料，容易粉化。

(3)暴露在室外的构件面上，或使用高色料醇性涂料，都会导致在涂膜上沉淀出粘结颜料的粉状物质。

5. 抹灰面涂膜层裂缝

抹灰面涂膜层裂缝的主要原因如下：

(1)采用的涂料质量低劣，没有经抽样检测就使用，或涂料中的干燥剂掺量过多。

(2)基体不稳定，常因结构、干缩、温差变形造成裂缝，拉裂涂料面层。

(3)基层抹灰层操作不当，抹灰层空鼓、裂缝，影响涂膜层；或涂膜层太厚。

(4)涂料和抹灰层的材性不相容，由于涂料面层的张力使砂浆产生收缩应力，当应力大于抹灰砂浆的抗拉强度时就会产生裂缝。

6. 抹灰面涂膜层起鼓、起皮

抹灰面涂膜层起鼓、起皮的主要原因如下：

(1)基层表面不坚实、不干净，或受油污、粉尘、浮灰等杂物污染后没有清理干净。

(2)新抹水泥砂浆基层的湿度大，碱性也大，析出结晶粉末而造成起鼓、起皮。

(3)基层表面太光滑，腻子强度低，造成涂膜起皮、脱落。

7. 涂膜层老化

涂膜层老化的原因主要有：涂料饰面在紫外线、臭氧、水蒸气、酸性水、温差和干湿循环的作用下，经烟尘、二氧化硫等有害气体的污染，引起涂料面层光泽度下降、褪色、变色、粉化、析白、污染、发霉斑等。轻度老化时，涂层有粉化、变色和褪色、表面光泽降低及黏附污染灰尘的现象。中度老化时，涂层可见到裂缝、起鼓，表面有剥落和变脆现象。重度老化时，老化裂缝普遍，粘结力下降，起皮、剥落，大部与基层分离。

(三)涂料墙面的维修

1. 墙面涂料流坠的维修

对于轻微的油漆流坠，可以用砂纸将流坠油漆磨平整；对于大面积油漆流坠，应用水砂纸磨平或用铲刀铲除干净，并在修补腻子后，再满刷同种性质的油漆一至两遍。

2. 油性涂料的维修

当涂膜出现轻微慢干或回黏时，可加强通风；如温度过低可适当加温，加强保护，经观察数日，还不能干燥结膜时，则应返工重涂涂料。当涂膜多日不干或回黏严重时，要用强溶剂苯、松香水、汽油等洗掉擦净涂膜层，再重新涂刷优质涂料。

3. 涂膜层开裂或卷皮的维修

(1)将已卷皮、开裂严重的涂膜层铲除，查明卷皮、开裂的原因。清除基层面的油污，保持基层的干燥，堵塞潮湿的水源，选用同一系列的涂料，分层涂刷。

(2)局部裂缝和卷皮时，用刮刀将卷皮处刮除，用砂纸打磨裂缝和刮除处。用与原色泽相同的同一系列涂料，分层涂抹平整。

(3)墙面因涂层太厚、太光滑而产生裂缝时，将有裂缝的墙面用砂纸打磨一遍，扫刷干净，用与底层同系列同色的涂料再涂刷一遍面层。

(4)装饰涂料经使用后涂膜老化、开裂和卷皮时，应全部铲除后重涂面层涂料。

4. 涂膜粉化的维修

已粉化的涂膜必须用强溶剂苯、松香水等洗刷干净，清理基体。根据不同基体，选择适应性好的涂料、腻子，底涂和面涂的涂料都要求是同一系列的，即材性要匹配。用细砂纸打磨光洁、扫刷洁净、满批腻子，再磨平，待实干后涂底涂层，然后打磨平整、擦拭洁净，最后涂面层和罩面涂料。

5. 抹灰面涂膜层裂缝的维修

因结构、温差、收缩变形造成的裂缝，要先做结构补强，然后再处理涂膜裂缝。一般可采用化学灌浆方法封闭缝隙。表面采用和涂料面层颜色相同的涂料修补缝隙。

有裂缝又脱壳时，应铲除脱壳层，扫刷干净，重新修补抹灰层，干燥后批刮腻子，修补平整后重新涂刷与原涂料质量、颜色相同的涂料。

6. 抹灰面涂膜层起鼓、起皮的维修

(1)少量起鼓、起皮时，须铲除脱离处，再用同颜色同品种的涂料补刷一致。

(2)有大量起鼓、起皮时，须铲除并查明原因，将抹灰面打磨平整，扫干净，施涂封底涂料。待其干燥后再涂主层涂料，干燥后再施涂两遍罩面涂料。

7. 涂膜层老化的维修

(1)轻度老化时用压力水冲洗积灰，必要时要用板刷刷洗晾干后，再喷涂优质面层涂料。待涂膜硬化后，再喷涂一层硅溶胶溶液罩面，有利于保洁和防水。

(2)中度和重度老化时，应铲除已老化的涂层，再冲洗刷除基体面的残余涂膜，检查抹灰层的质量，如有空鼓和壳裂，要铲除。用钢丝板刷刷除酥松部分，用与原配合比相同的砂浆分层抹压密实，修补平整，养护 7 d 以上。

知识链接

刷浆墙面的维修

刷浆是将水质的浆喷在抹灰层的表面上，传统的浆料有石灰浆、大白浆、可赛银浆等。刷浆饰面常见的损坏及产生原因与涂料饰面基本相同。由于灰浆成膜后的耐水性、耐久性不强，时间稍长会泛黄，在维修中多做翻新处理。对于小面积饰面干裂、脱皮的修复，先把病害部分表面灰尘铲除，若基层良好，把基层清理干净，喷涂1～2遍用108胶、水按1∶9配制成的水溶液，再用由108胶、水、轻质碳酸钙粉按1∶1∶6配成的粉浆刮填凹陷处，干硬后用砂纸磨平，最后刷涂面层灰浆。

四、壁纸墙面的维修

(一)壁纸墙面损坏的现象

壁纸也称为墙纸，是一种用于裱糊墙面的室内装修材料。墙纸在使用过程中产生的缺陷主要有腻子翻边、翘边、空鼓起泡、褪色、污染等。

(二)壁纸墙面损坏产生的原因

1. 腻子翻边、翘边产生的原因

腻子翻边、翘边产生的主要原因如下：

(1)腻子调配不好，基层有灰层、油污等。

(2)基层表面粗糙、干燥、潮湿，使胶液与基层粘结不牢。

(3)墙面壁纸卷翘。

(4)胶粘剂胶性小，造成纸边翘起。

(5)在阴角和阳角处，阳角处裹过阳角的壁纸少于20 mm，未能克服壁纸的表面张力而引起翘边。

2. 壁纸裱糊空鼓起泡产生的原因

壁纸裱糊空鼓起泡产生的主要原因如下：

(1)施工时操作不当，造成胶液存留在墙纸内部，长期不能干结形成胶囊或未将墙纸内的空气全部挤出而形成气泡。

(2)基层潮湿或表面有灰尘、油污。

3. 壁纸褪色、污染产生的原因

壁纸褪色、污染产生的主要原因是由墙纸的材质不良、易褪色或者是受阳光直接照射、接触污染等因素造成的。

(三)壁纸墙面的维修

1. 腻子翻边、翘边的维修

壁纸边沿脱胶离开基层面卷翘。将翘边纸翻起来，检查原因，若基层有污物，待清除后，补刷胶液粘牢；若胶粘剂粘结力小，应换用粘结力大的胶粘剂粘贴；如果壁纸翘边已坚硬，除应使用较强的胶粘剂粘贴外，还应加压，待粘牢平整后，才可去掉压力。

2. 壁纸裱糊空鼓起泡的维修

壁纸表面出现小块凸起，用手按压时，有弹性和与基层附着不实的感觉，敲击时有鼓音。由于基层会有潮气或空气造成的空鼓，应用刀子割开壁纸，将气放出，待基层完全干燥或把鼓包空气排出后，用医用泡射针将胶液打入鼓包内压实，使粘贴牢固。还可用电熨铁加热加压，使胶液干结，但必须控制好温度，防止损坏壁纸面层。壁纸内部若有胶液过多时，可使用医用注射针穿透壁层，将胶液吸走再压实即可。

3. 壁纸褪色、污染的维修

如果褪色严重，可将褪色部分墙纸撕掉，重新铺贴。如受污染，可用热水清洗或在墙纸表面刷一层乳胶白漆。

五、外墙立面修缮的质量验收

(一)抹灰(涂装)类外墙面修缮质量

抹灰(涂装)类外墙面修缮质量验收应符合以下规定。

1. 主控项目检验

(1)外墙抹灰不渗漏；涂装不掉粉、不起皮、不漏刷、不流坠和透底。

(2)材料品种和性能应符合修缮设计及操作要求。

2. 一般项目检验

(1)各抹灰层之间及抹灰层与基体之间粘结牢固，无脱层、空鼓和爆灰等缺陷。边、角清楚，不漏抹。

(2)新旧接缝平整密实，线条横平竖直，棱角方正。

(3)拆砌、新砌的外墙粉刷不咬樘子下槛；裂缝处不空鼓。

(4)窗台、腰线、台口线等应有泛水，下沿有滴水槽(线)或倒侧口；砌粉下槛同原樘子樘宽度一致；里开门、窗应有出水槽、孔。

(5)表面光洁平整，不露筋，不露底；平顶不脱脚。

(6)一般抹灰允许偏差应符合表 3-1 的规定；一般涂装(刷浆、喷浆、弹涂)质量要求应符合表 3-2 的规定。

表 3-1　一般抹灰允许偏差

检查内容		允许偏差/mm			
		表面平整 (2 m内)	立面垂直 (2 m内)	阴阳角垂直 (2 m内)	阴阳角方正 200 mm(方尺)
内粉刷	新粉 B 级	5	7	6	6
	新粉 A 级	3	3	2	2
	斩粉修补 B 级	8	—	—	—
	斩粉修补 A 级	5	—	—	6
外粉刷	新粉 B 级	8	7	6	6
	新粉 A 级	5	3	2	2
	斩粉修补 B 级	15	—	—	—
	斩粉修补 A 级	8	—	—	—

续表

检查内容		允许偏差/mm			
		表面平整 (2 m内)	立面垂直 (2 m内)	阴阳角垂直 (2 m内)	阴阳角方正 200 mm(方尺)
裂缝宽度	水泥粉刷、A级 非水泥粉刷	0.5			
	非水泥粉刷、B级	1			

注：计点单位：阴、阳角一条为一点，墙面、台度、勒脚一间一面为一点，平顶一间一仓为一点，窗盘、雨篷一只为一点，腰线、台口线一条一间为一点，门窗头线一樘为一点，龙头块一块为一点，水盘一只为一点，水盘脚两只为一点。

表 3-2　一般涂装质量要求

检查内容	质量要求或允许偏差		
	B级	A级	备注
泛碱咬色	允许轻微不超过3处	明显处无	
喷点刷纹	1.5 m正视基本均匀通顺	1 m正视均匀通顺	
流坠、疙瘩、溅沫	允许少量，不超过5处	明显处无	
色泽、砂眼、划痕	色泽基本一致，允许 少量的砂眼划痕	正视色泽一致，无砂眼划痕	
纹理花点	—	无明显缺陷	
线条顺(5 m内)	<3 mm	<2 mm，无明显接头痕迹	
表面平整(2 m内)	—	<4 mm，正视基层无明显不平痕迹	

注：计点单位：墙面一间一面为一点，平顶一仓为一点。

(二)饰面类外墙面修缮质量验收

饰面类外墙面修缮验收应符合以下规定。

1. 主控项目检验

外墙装饰不渗漏、不起壳。

2. 一般项目检验

(1)各抹灰层之间及抹灰层与基体之间粘结牢固，无脱层、空鼓和裂缝等缺陷；边角顺直、清楚不遗漏。

(2)修补接缝严密平整，与原饰面色泽、式样基本一致。

(3)分隔条(缝)应深浅宽窄一致，位置正确，棱角整齐清晰；嵌缝严密平整，不渗漏。

(4)水刷石、干粘石石粒平整、均匀、密实、无接缝痕迹，不露底，不脱粒。

(5)水磨石表面平整光滑，石粒密实，显露均匀，无砂眼；分格清晰，无磨纹和漏磨。

(6)斩假石剁纹均匀顺直，深浅和留边宽度一致；不挂灰皮，无漏剁、乱纹和缺损。

(7)拉毛、甩毛花纹应色泽协调，斑点均匀，有规律且方向一致；不露底，新旧接槎和顺。

(8)假面砖表面平整，沟纹清晰，留缝整齐；无掉角、无脱皮和起砂等缺陷。

(9)拉条灰拉条清晰顺直，深浅一致，表面光滑洁净。

(10)喷砂表面平整，砂粒粘结牢固、均匀、密实；无漏喷、无流坠和接缝痕迹。

(11)喷涂、滚涂、弹涂色泽一致，涂点均匀，不显接槎；无漏涂、无沾污、无透底和流坠。

(12)饰面类外墙面允许偏差应符合表 3-3 的规定。

表 3-3　饰面类外墙面允许偏差

检查内容		允许偏差/mm				
		表面平整 （2 m内）	阴阳角垂直 （2 m内）	立面垂直 （2 m内）	阴阳角方正 200 mm（方尺）	分隔条、线 脚上口平直 （4 m内）
水刷石	新做、A级	3	4	5	3	3
	B级	5	—	—	4	3
水磨石	新做、A级	2	2	3	2	3
	B级	3	—	—	4	3
斩假石	新做、A级	3	3	4	3	3
	B级	4	—	—	4	4
干粘石	新做、A级	5	4	5	4	4
	B级	8	—	—	—	3
假面砖	新做、A级	4	—	5	4	—
	B级	6	—	—	—	—
喷砂	新做、A级	5	4	5	4	3
	B级	8	—	—	—	—
喷涂、 滚涂、弹涂	新做、A级	4	—	5	4	3
	B级	6	—	—	—	3
拉甩毛	新做、A级	4	4	5	4	—

注：计点单位：阴、阳角一条为一点，墙面、台度、勒脚一间一面为一点，雨篷一只为一点，腰线、台口线一条一间为一点，贴脸板一樘为一点。

单元二　楼地面工程维修

一、水泥砂浆楼地面维修

(一)水泥砂浆楼地面损坏的现象

水泥砂浆楼地面损坏的现象主要有裂缝、空鼓和起砂等。

(1)裂缝。水泥砂浆楼地面的开裂是一种常见现象，裂缝的形状有规则的也有不规则的，缝隙有宽有窄。

(2)空鼓。表面现象多发生在面层与基层之间，空鼓处用小锤敲击有空鼓声，受力极易开裂，严重时大片剥落。

（3）起砂。表面现象为光洁度差，颜色发白不结实，表面先有松散的水泥灰，随着走动增多，砂粒逐步松动，直至成片水泥硬壳剥落。

（二）水泥砂浆楼地面损坏产生的原因

1. 地面裂缝产生的原因

底层地面裂缝产生的主要原因如下：

（1）基土没有按规定分层夯填密实。仅在表面平整后夯两遍，下部根本没有夯实，在外力作用下沉陷。

（2）房心的松软土层没有按规定挖除后换土回填夯实。基土含有机杂质，不易密实或密实不均匀，不能承托地面的刚性混凝土板块，在外力作用下板块弯沉变形过大，造成刚性混凝土地面破坏和产生裂缝。

（3）垫层质量差。

（4）大面积地面没有按规定留伸缩缝。

地面不规则裂缝产生的主要原因如下：

（1）施工管理不当。基层面的灰疙瘩没有清除干净，又没有认真扫刷冲洗，导致收缩不匀而产生裂缝。

（2）大面积地面没有设置伸缩缝，在干缩和温差作用下产生不规则裂缝。

（3）材料使用不当，如水泥的安定性差；或细砂含泥量大于5％，或在搅拌砂浆时配合比不准确，在干缩、收缩时产生不规则裂缝。

2. 地面空鼓产生的原因

地面空鼓产生的主要原因如下：

（1）基层面没有清理干净，形成基层与面层的隔离层而导致脱壳。

（2）基层过分干燥，导致空鼓脱壳。

（3）基层质量低劣，表面起粉、起砂，或基层混凝土面有水泥中的游离质薄膜没有刮除，造成起鼓。

3. 地面起砂产生的原因

地面起砂产生的主要原因如下：

（1）使用的材料低劣，不符合要求。

（2）施工不当。压实抹光的时机不当，如过早抹压，水泥砂浆尚未收水，抹压不实；抹压时间过迟，如水泥砂浆已终凝硬化，导致面层酥松。

（3）使用不当。把做粉刷用的砂浆直接倒在地面上，使光洁的地面造成麻面和起砂。

（4）冬期施工保温不当，已施工好的水泥砂浆地面早期受冻，使地面面层脱皮、起砂、酥松，二氧化碳和水泥中的硅酸盐和铝酸钙等作用，使表面酥松而起砂。

（三）水泥砂浆楼地面的维修

1. 地面裂缝的维修

底层地面裂缝的维修方法如下：

（1）对破损严重的地面，先要查明造成裂缝的原因，如确实是垫层与基土松软所造成，须返工重做：挖除松软的腐殖土、淤泥，换用含水量为19％～23％的黏土，分层回填夯实，用环刀法按规定测试合格后，方可铺夯垫层，确保表面平整，然后按设计要求做好面层。

（2）对局部破损的地面，先查清楚破损范围，在地面上弹好破损周围直角线，用混凝土切割机沿线割断，凿除面层和垫层，挖除局部松软土层，重换合格的填土料分层夯填密实。铺夯垫层和重做面层必须与周围一样平整。

（3）当裂缝不多、宽度不大时，将缝隙清扫干净，用水冲洗湿润晾干，用聚合物水泥浆搅拌均匀沿缝隙灌注，灌满缝隙为好，初凝后压实抹平。

地面不规则裂缝的维修方法如下：

（1）当不规则的龟裂裂缝的宽度小于0.5 mm、不贯穿、不脱壳时，扫刷、冲洗、晾干，随用搅拌均匀的水泥浆浇筑在裂缝的地面上，用铁抹子刮塞缝中，待初凝后再刮平抹实。

（2）当不规则的裂缝缝宽大于0.5 mm、贯穿和脱壳时，须查明脱壳的范围，画好外围线，用混凝土切割机沿线切割开地面面层，凿除起壳裂缝部分。可凿除有裂缝的一个板块中的地面，扫刷冲洗干净，晾干，先刷纯水泥浆一遍，并刮平拍实，初凝收水后拍实抹平，湿养护不少于7 d，防止踩踏和振动。

（3）有的地面裂缝少，宽度大于1 mm，经检查不脱壳，可用水冲洗缝隙，灌入搅拌均匀的水泥浆，待初凝后用抹子刮平，湿养护7 d后使用。

2. 地面空鼓的维修

用小锤敲击，检查空鼓的范围，用粉笔画清界线，用切割机沿线割开，并掌握好切割深度。刮除基层面的积灰层、水泥中的游离质薄膜或基层面的酥松层，扫刷、冲洗、晾干。在面层施工前，先涂刷一遍水泥浆，随用搅拌均匀的同原面层相同的砂浆或混凝土一次铺足，用刮尺来回刮平。隔24 h喷洒水养护7 d，或在终凝压光后喷涂养护液养护。

课堂小提示

当整间楼地面大面积起鼓时，应全面凿除，重做面层，但必须控制好原材料质量达到规定要求。

3. 地面起砂的维修

（1）表面局部脱皮、露砂、酥松，应用钢丝板刷刷除地面酥松层，扫刷干净灰砂，用水冲洗，保持清洁湿润，当起砂层厚度小于2 mm时，用聚合物水泥浆满涂一遍，然后用溶液调制的水泥砂浆铺满刮平，保护28 d后方可使用。

（2）若因使用劣质水泥等造成大面积酥松，必须铲除后扫刷干净，用压力水冲洗湿润。

（3）因使用不当，表面酥松或粘有灰疙瘩，可用磨石子机配160～200号金刚石磨平、磨光。

二、现浇水磨石楼地面维修

（一）现浇水磨石楼地面损坏的现象

现浇水磨石楼地面的损坏现象主要有地面裂缝、空鼓，表面孔眼多、光亮度差等。

(1)面层裂缝。面层裂缝的现象主要表现为水磨石地面出现规则不一的细纹开裂，尤其是在分隔条附近，一般不会出现开缝很大的裂缝。

(2)面层空鼓。空鼓现象主要表现在当有物体撞击空鼓处时会发出清脆的响声，空鼓会引发整体脱落剥离，导致地面开裂等。

(3)表面砂眼多、光亮度差。地面砂眼多、光亮度差的现象主要表现在地面打磨时有明显的磨痕、因磨石颗粒过粗导致的地面毛糙、地面有较多的细小砂眼和洞孔、表面色彩暗淡、图案与分隔条不清、地面容易起砂。

(二)现浇水磨石楼地面损坏的原因

1. 面层裂缝产生的原因

现浇水磨石楼地面产生裂缝的主要原因如下：

现浇水磨石施工工艺

(1)地面裂缝主要是由于基土没有夯实，或局部有松软土层，又没有被挖除换合格的土回填夯实，导致沉降而产生裂缝。

(2)基础的大放脚顶面离室内地面太近，造成垫层厚薄不均匀，楼地面受荷载作用或温度变化较大而产生裂缝。

(3)预制板之间的裂缝主要是由于纵向和横向板缝没有按设计要求浇筑好，楼板的整体性和刚度较差，当楼地面承受过于集中的荷载时而产生的。

(4)由于建筑的结构变形、温差变形、干缩变形，造成楼地面裂缝。

(5)大面积水磨石楼地面没有按规定设置伸缩缝，在温差作用下产生拉裂和胀裂。

(6)楼板板缝内暗敷电线的管线过高，管线周围的砂浆固定不好，造成楼面面层开裂。

2. 面层空鼓产生的原因

现浇水磨石楼地面产生空鼓的主要原因如下：

(1)填土不实，垫层厚薄不一，材料收缩不稳定，暗敷管线过高。

(2)结构沉降不稳定，荷载过于集中。

(3)基层清理不干净，预制板灌缝不密实。

(4)低层灰未达到一定强度就急于抹面层。

(5)水泥石碴浆中水泥过多，骨料过少，收缩大，稳定性差，产生翘边。

3. 面层砂眼多、光亮度差产生的原因

现浇水磨石楼地面砂眼多、光亮度差产生的主要原因如下：

(1)铺设水磨石面层时，使用刮尺刮平。由于水泥石子浆中石子较多，如果用刮尺刮平，则高出部分石子给刮尺刮走，出现水泥浆和石子分布不均匀的现象，影响楼地面表面的光泽度。

(2)磨光时磨石规格不一，使用不当。水磨石楼地面的磨光遍数一般不应少于3遍(俗称"二浆三磨"，具体方法见现浇水磨石楼地面裂缝的修缮方法)，但是在施工中，金刚石砂轮的规格往往不一，对第二遍、第三遍的磨石重视不够，只要求石子、分隔条显露清晰，而忽视了对表面光泽度的要求。

(3)打蜡前，未涂刷草酸溶液除去楼地面表面的杂物或将粉状草酸撒于楼地面表面干擦，未能使草酸涂擦均匀和面层洁净一致，使楼地面表面光泽度较差。

(4)当磨光过程中出现面层洞眼孔隙时，未能采取有效的补浆方法补浆，影响楼地面的光泽度。

(5)在使用过程中，由于堆垛物品过多，搬运物品的方法不当等，损坏楼地面的面层。

(三)现浇水磨石楼地面的维修

1. 地面裂缝的维修

(1)裂缝宽度在 0.2~1 mm 以内时，可用环氧树脂液和水泥调制的灰浆修补。

(2)裂缝宽度在 0.2 mm 以内时，可用环氧树脂液对裂缝进行灌注修补。

(3)若较大面积出现不规则裂缝，修复时应按大面积空鼓维修方法进行维修。

2. 地面空鼓的维修

(1)对局部无裂缝的空鼓，可先在空鼓处钻 6~8 个小孔，小孔深入基层约 60 mm；然后将孔中尘土清除干净，保持干燥，把环氧树脂灌入，并充满空隙；再用重物压在水磨石面上，保持 24 h，最好用水泥砂浆补好钻孔，也可用环氧树脂补孔。

(2)对局部空鼓并伴有裂缝地面的修复，可沿裂缝把表层凿除，清理干净后，刷一遍水泥浆，再按原地面要求铺水泥石子浆，最后磨光面层。

(3)对于大面积出现空鼓的地面，应重做水磨石楼地面。

知识链接

现浇水磨石楼地面具体做法

(1)基层处理：先将已损坏的地面全部铲除至混凝土基层并将混凝土基层上的污物、灰尘清洗干净、充分润湿。

(2)抹底层灰：在全部基层上刷一层纯水泥浆，然后用 1 : 3 水泥砂浆找平作底层灰，抹底层灰应分层进行，应注意使接槎处密实，根据面层厚度的需要低于原楼地面，随后扫毛或划毛。

(3)抹面层：待底层水泥砂浆养护 3~5 d 后，在底层灰上浇水润湿，并涂刷一道素水泥浆，随即补抹已调配好且有一定稠度的水泥石子浆(要求与原楼地面水泥石子浆的配合比、颜色等相同)，稍干后用铁抹子压平压实，使石子大面在表面，新抹水泥石子厚度应略高于原楼地面，然后将表面水泥浆用刷帚蘸水刷掉。

(4)磨面：开磨时间应根据所用水泥、色粉的品种及气候条件而定，以石子不脱落为准，一般抹面 1~2 d 后磨石子，通常要磨 2~3 遍，并做到边磨边洒水，磨到所露出的石子比较均匀为止，每遍磨好后，用同颜色水泥刮浆，24 h 后浇水养护；磨石子时先用粗砂轮，后用中砂轮，最后用细砂轮磨。

(5)擦草酸、打蜡：磨好最后一遍，相隔 1 d 后，清除表面上的水泥浆和灰尘，晾干，然后用小扫帚蘸草酸洒在水磨石面层上，并用油石磨出白浆为止，擦净表面后，用薄布包住蜡在水磨石面上擦拭(蜡的配合比为川蜡 0.5 kg、煤油 2 kg、松节油 0.3 kg、鱼油 0.05 kg)，2 h 后用干布擦光打亮。

3. 砂眼多、光亮度差的维修

(1)铺设水磨石面层时，如果出现局部过高，应用铁抹子或铁铲将高出部分挖出一部分，然后用铁抹子将周围的水泥石子浆拍挤抹平。

(2)打磨时，磨石规格应齐全，对外观要求较高的水磨石楼地面，应适当提高第三遍的油石号数，并增加磨光遍数。

(3)打蜡之前，应涂擦草酸溶液(配合比同前述)，并用油石打磨一遍后，用清水冲洗干净。禁止采用撒粉状草酸后干擦的施工方法。

(4)当磨光过程中出现洞眼孔隙时，禁止使用刷浆的施工方法(因刷浆法仅在洞眼上口有一层薄层浆膜，打磨后仍是洞眼)，应用干布蘸上较浓的水泥浆将洞眼擦实。擦浆时，洞眼中不得有积水、杂物，擦浆后要有足够的时间等条件进行养护。

(5)在使用过程中，注意采用正确的方法堆垛物品和搬运物品。严禁直接在楼地面表面上推拉物品，以免物品摩擦楼地面，影响楼地面的光泽度。

(6)对于表面粗糙、光泽度差的水磨石楼地面，应重新用细金刚砂轮磨石或油石打磨一遍，直至表面光滑为止。

(7)现浇水磨石楼地面的洞眼较多时，应局部铲除重做或用擦补的方法补浆一遍，直至打磨后清除洞眼为止。

三、面砖与板块楼地面维修

(一)面砖与板块楼地面损坏的现象

面砖与板块楼地面损坏的现象主要表现为贴面砖(板)与基层间出现空鼓，面砖松动、开裂以及相邻板块出现接缝高低不平和错缝形式等。

(二)面砖与板块楼地面损坏产生的原因

1. 地面砖空鼓和脱落产生的原因

地面砖空鼓和脱落产生的主要原因如下：

(1)基层面没有按规定冲洗和刷干净泥浆、浮灰、积水等的隔离物质。

(2)基层强度低于M15，表面酥松、起砂，有的基层干燥，没有浇水湿润。

(3)水泥砂浆结合层搅拌计量不准，时干时湿，铺压不紧密。

(4)地面砖在铺贴前，没有按规定浸水和洗净背面的灰烬和粉尘。

(5)地面砖铺贴后，粘结层尚未硬化，就过早地在上面走动、推车、堆放重物。

2. 地面砖裂缝产生的原因

地面砖裂缝产生的主要原因如下：

(1)楼面结构变形拉裂地面砖。

(2)有的地面砖结合层采用纯水泥浆，因温差收缩系数不同，造成地面砖起鼓、爆裂。

3. 地面砖接缝高低不平和错缝产生的原因

地面砖接缝高低不平和错缝产生的主要原因如下：

(1)地面砖质量低劣，砖面的平整度和挠曲度超过规定值。

（2）操作不规范，结合层的平整度差，密实度小，且不均匀，结合层局部沉降而产生高低差。

4. 陶瓷马赛克地面空鼓、脱落产生的原因

陶瓷马赛克地面空鼓、脱落产生的主要原因如下：

（1）结合层砂浆摊铺后，没有及时铺贴陶瓷马赛克，而结合层砂浆已初凝，或使用拌和好超过 3 h 的砂浆等，造成空鼓、脱落。

（2）地面铺贴完工后，没有做好养护和成品保护工作，被人随意踩踏。

（3）铺贴完成的陶瓷马赛克，盲目采用浇水湿纸的方法。因浇水过多，有的在揭纸时，拉动砖块，水渗入砖底，使已贴好的陶瓷马赛克产生空鼓。

（4）铺刮结合层砂浆时，将砂浆中的游离物质浮在水面，被刮到低洼处凝结成薄膜隔离层，造成陶瓷马赛克脱壳。

5. 板块空鼓产生的原因

板块空鼓产生的主要原因如下：

（1）底层地面基土没有夯压密实而产生不均匀沉降，导致板块空鼓。

（2）基层面没有扫刷、冲洗洁净，泥浆、浮灰、积水成为隔离层。

（3）板块背面黏附的泥浆、粉尘等物质没有洗刷就铺贴，粘结层不粘结而空鼓。

（4）基层干燥，浇水不足，或基层面刷水泥浆过早，或已干硬再铺粘结层，或粘结层的水泥砂浆时干、时湿，铺压不均匀，局部不密实。

（三）面砖与板块楼地面的维修

1. 地面砖空鼓和脱落的维修

由内向外用小锤敲击检查。发现松动、空鼓、破碎的地面砖，画好标记，逐排逐块掀开，凿除原有结合层的砂浆，扫刷干净，用压力水冲洗、晾干；刷聚合物水泥浆（108 胶∶水∶水泥＝1∶4∶10），30 min 后即可铺粘结层水泥砂浆（水泥∶砂＝1∶2）。水泥砂浆应搅拌均匀，稠度控制在 30 mm 左右，刮平，控制平整均匀度、厚度。将地面砖背面的灰浆刮除，洗净灰尘、晾干；再刮一遍胶粘剂，压实拍平，要与周围的地面砖相平，四周的接缝要均匀。用同地面砖颜色一样的水泥色浆灌缝，待收水后擦干擦匀砖缝，用湿布擦干净地面砖上的灰浆。湿养护和成品保护至少 7 d，方可应用。

2. 地面砖裂缝的维修

（1）因结构变形拉裂地面砖，先进行结构加固处理，然后再处理地面的裂缝。

（2）因结构收缩变形和温差作用而引起地面砖起鼓和爆裂，必须将起鼓和脱壳、裂缝的地面砖铲除，沿已裂缝的找平层拉线，用混凝土切割机切缝，缝宽控制在 10～15 mm。

3. 地面砖接缝高低不平和错缝的维修

（1）当相邻两块砖接缝高低差大于 1 mm 时，宜返工纠正。方法是掀起不合格砖，铲除结合层，扫刷冲洗干净，晾干，不得有积水。刷水泥浆，隔 30 min 铺 1∶2 水泥砂浆做结合层，要掌握厚度和均匀度。用检查过平整度、几何尺寸和颜色一致的地面砖，洗净、浸泡、晾干后铺贴平整，调整缝隙均匀度。然后将缝隙擦平、擦密实。用湿纱布擦净砖面，湿养护 7 d。

（2）若接缝不均匀，在不影响使用功能和观感且数量不多时，可以不返修。但要用与地面砖颜色相同的水泥浆擦缝。如确实影响美观，须返修。

4. 陶瓷马赛克地面空鼓、脱落的维修

（1）发现局部脱落的，将脱落的陶瓷马赛克揭开，用小型快口的錾子将粘结层凿低 2～3 mm。用建筑装饰胶粘剂补贴好，养护。

（2）当大面积空鼓脱落时，必须按正确操作工艺返工重贴。

知识链接

陶瓷马赛克铺贴操作工艺

（1）基层处理：凿除粘结层的砂浆和灰疙瘩，冲洗扫刷干净，晾干，并弹好水平和坡度的标准线及陶瓷马赛克铺贴的控制线。

（2）刷浆和铺粘结层：根据分段、分块的范围，先涂刷水泥浆一遍，随后将搅拌均匀的水泥砂浆（稠度控制在 30 mm 左右）用刮尺刮平，陶瓷马赛克背面应抹素水泥浆一遍，按控制线铺贴。

（3）拍平拍实：当铺贴好一小间或一部分时，从先贴的一端开始，垫硬木平板，用木槌拍打，应拍至粘结层砂浆挤满缝隙，用靠尺检查平整度和坡度。

（4）用喷雾器喷水湿润纸皮，当纸皮胶溶化后即可揭掉纸皮。仔细检查，发现有脱落、空鼓的陶瓷马赛克随即返修，填补拨正缝隙。随后用和陶瓷马赛克颜色相同的水泥浆灌满缝隙，适当喷水，再垫木板拍打，达到平整度和观感标准。擦缝，并擦净陶瓷马赛克面的水泥浆液。

（5）养护：用干净的木屑铺 10 mm 厚，浇水湿养护 7 d，并保护铺贴好的陶瓷马赛克地面，不要让人踩踏。

四、木地板楼地面维修

（一）木地板楼地面损坏的现象

木地板楼地面在长期使用后，会发生损坏，主要现象是面层起鼓、变形和开裂、磨损；木搁栅腐朽或被白蚁蛀蚀而损坏等。

（二）木地板楼地面损坏产生的原因

1. 面层起鼓、变形产生的原因

木地板楼地面面层起鼓、变形产生的主要原因如下：

（1）面层木地板含水率偏高或偏低。偏高时，在干燥空气中失去水分，断面产生收缩，而发生翘曲变形；偏低时，铺后吸收空气中的水分而产生起拱。

（2）木龙骨之间铺填的细石混凝土或保温隔声材料不干燥，地板铺设后，造成吸收潮气起鼓、变形。

(3)未铺防潮层或地板四周未留通气孔；面层板铺设后内部潮气不能及时排出。

(4)毛地板未拉开缝隙或缝隙过少，受潮膨胀后，使面层板起鼓、变形。

2. 面层开裂、磨损产生的原因

造成木地板楼地面开裂的因素较多，主要原因如下：

(1)木地板本身的质量不佳，遇到热、光、潮等情况就会产生形变而开裂。

(2)施工时预留的缝隙不到位，当出现温度变化较大时，因热胀冷缩导致木地板楼地面企口拼缝处开裂。

(3)木地板施工中没有注意合理布置，使得部分应力集中的木地板沿顺纹处开裂。

造成木地板楼地面磨损的主要原因如下：

(1)木地板的质地疏软。

(2)没有及时做好地面的保洁，使得地面留有酸碱物质、坚硬的砂尘，加速了地板面的磨损。

(3)地板没有定期进行刷油漆、打蜡等维护，也会加快地板面的磨损。

(4)在使用过程中人们不注意保护木地板楼地面，碰撞、拖刮、划伤、踩伤、烫伤等也会造成木地板楼地面的磨损。

3. 木搁栅腐朽产生的原因

引起木地板楼地面木搁栅腐朽的主要原因有环境潮湿、过度接触酸碱物质等。其中木搁栅所处的环境长期的相对湿度过高，或者受水浸泡过久等都易导致木搁栅的变质腐朽。

(三)木地板楼地面的维修

1. 面层起鼓、变形的维修

(1)因木龙骨变形引起面板松动时，应把面板拆下，矫正或更换翘曲变形的木搁栅。

(2)因地面长期受潮引起面板松动、起拱，除更换和加固面板外，还应改善防潮措施。

(3)对于因接缝太小，无缝或没留伸缩缝造成起拱的面板，应进行重铺或小范围重铺。

(4)未设通风孔或通风通道堵塞，则应增设通风孔或清理通风通道，使地板下通风畅通。

2. 面层开裂、磨损的维修

(1)木地板因干燥而使板缝崩裂时，小缝可用固体蜡封嵌，大缝可批油灰腻子填补。

(2)木地板划痕，轻的可以用地板蜡修补，严重磨损等应更换新面板。

📻 **课堂小提示**

新面板更换时应注意以下几点：

(1)检查板下搁栅、木垫块是否有损坏或未做防腐处理。

(2)木地板靠墙处要留设 15 mm 伸缩缝，并有利于通风。在地板和踢脚板相交处，如安装封闭木压条，则应在木踢脚板上留通风孔。

(3)实铺式木板所铺设的油毡防潮层，必须与墙身防潮层连接。

3. 木搁栅腐朽的维修

(1)木搁栅端部进墙部分腐朽，可锯去腐朽部分，换一截经水柏油防腐处理的木搁栅，用两块铁夹连接加固。

(2)木搁栅端部断开，可采用铁箍绑扎加固。

(3)木搁栅腐朽断裂，可采用加搁栅的方法，即在原木搁栅旁加一根木搁栅。如腐朽严重或有白蚁蛀蚀发生，则应换上新的搁栅。

单元三　门窗工程维修

一、木门窗维修

木门窗扇的安装

(一)木门窗损坏的现象

木门窗在使用过程中损坏的现象主要有框(扇)变形、腐蚀与虫蛀等。

1. 木门窗框(扇)变形

木门窗框(扇)变形主要表现在以下几个方面：

(1)木门窗扇倾斜下垂。木门窗倾斜下垂主要表现为门窗扇倾斜、下垂，四角不成直角；门扇一角接触地面，或窗框和窗扇的接口不吻合，造成开关不灵。

(2)木门窗弯曲或翘曲。木门窗的弯曲或翘曲表现为平面内的纵向弯曲，有时是门、窗框弯曲，有时是门、窗扇的四边弯曲，使门窗变形开关不灵，或者是门窗扇纵向和横向同时弯曲，而形成翘曲，关上门窗，四周仍有很大缝隙，而且宽窄不匀，使得插销、门锁变位，不好使用。

(3)木门窗框(扇)缝隙过大。木门窗框与墙或扇与框之间的缝隙过大将影响使用，如影响保温、隔热、隔声及易进风雨。

(4)走扇。木门窗的走扇表现为门窗没有外力推动时，会自动转动而不能停止在任何位置上。

2. 木门窗腐蚀与虫蛀

木门窗经常受潮或处于暗闷、通风不良的场所，为菌类提供了滋生条件，极易腐烂。在有白蚁的建筑物中，门窗也会受到白蚁的侵袭。门窗扇容易腐烂的部位一般在以下几处：

(1)门框紧靠墙面处及扇、框子接近地面部分。

(2)凸出的线脚，拼接榫头处。

(3)外开门窗的外边梃上部及上冒头。

(4)浴室、厨房等经常受潮气及积水影响的地方。

(5)松木是白蚁喜食材料之一，采用松木制作的门窗框，容易被虫蛀。

(二)木门窗损坏产生的原因

木门窗损坏产生的主要原因如下：

(1)木材含水率超过了规定的数值。木材干燥后，引起不均匀收缩，径向、弦向干缩的差异使木材改变原来的形状，引起翘曲、扭曲等变形。

（2）选材不适当。制作门窗的木材中有迎风面，这部分木材易发生边弯、弓形翘曲等。

（3）当成品重叠堆放时，底部没有垫平。露天堆放时，表面没有遮盖，门窗框受到日晒、雨淋、风吹，发生膨胀干缩变形。

（4）门窗扇过高、过宽，而选用的木材断面尺寸太小，承受不了经常开关门窗的扭力，日久变形。

（5）制作时门窗的质量低劣，如样眼不正、开样不平正、榫肩不方等。

（6）受墙体压力或使用时悬挂重物等影响，造成门窗扇翘曲。

（7）在使用时，门窗的油漆粉化、脱落后，没有及时养护，使木材含水量经常变化，湿胀干缩，引起变形。

（8）五金规格偏小，安装不当，造成门窗扇下垂和变形。

（三）木门窗的维修

1. 木门窗扇倾斜下垂的维修

（1）修理下垂面开关不灵活的门扇时，可先将下垂一侧抬高，消除下垂量，恢复平直，再在门窗扇的四角榫槽的上下口处楔入硬木楔，挤紧即可。对于下垂严重的门窗扇，应卸下后找好平直方正，再在榫槽内加楔或加铁三角拉结牢固，重新安装使用。

（2）如因门窗框、扇的木材干缩使榫头松动造成门窗下垂，需把门窗框、扇拆下修整，在榫头上涂木工胶（聚酯酸乙烯乳胶，俗称白乳胶）后拼装，用加涂木工胶的木榫把榫头榫紧（不能用铁钉装），或再加铁三角拉结牢固后重新装上。

（3）如因合页的木螺栓松动，可更换大号合页或增加合页来修复，门扇以用三块为宜。如更换合页不便，可在原拧木螺栓的孔洞排入涂有木工胶的木条，待木工胶干固后，再把木螺栓重新装上拧实。

2. 木门窗弯曲或翘曲的维修

门窗框在立框前变形，对弓形反翘、边弯的木材可通过烘烤使其平直；立框后，可通过弯面锯口加楔子的方法，使其平直。

门窗扇翘曲的修理可采用以下方法：

（1）阳光照射法。在变形的门窗扇的凹部洒上水，使之湿润，凸面朝上，放在太阳光下直接照晒。四面的木材纤维吸收水分后膨胀。凸面的木材纤维受到阳光照晒，水分蒸发收缩，使木材得到调直，恢复门窗扇的平整状态。

（2）重力压直法。选择一块平整场地，在门窗扇弯曲的四面洒水湿润，使凸面部位朝上，并压以重物（石头或砖块）。在重力作用下，变形的门窗扇会逐渐恢复平直状态。

（3）烘烤法。将门窗扇卸下用水湿润弯曲部位，然后用火烘烤。使一端顶住不动，在另一端向下压，中间垫一个木块，看翘曲程度改变垫木和烘烤的位置，反复进行直至完全矫正为止。

3. 木门窗的走扇的维修

（1）门窗框竖立不直，向外倾斜使门窗走扇时，可将门窗框扶直。如倾斜不大，可将上面的合页稍向外移，下面的合页稍向内移，使门窗扇处于垂直状态，即不致再走扇。

（2）因合页上的木螺栓帽不平引起的走扇，更换合适的木螺栓，使合页密贴即可解决。

4. 木门窗腐蚀与虫蛀的维修

（1）门窗棱条腐朽损坏时，先将腐朽棱条锯掉拿走，把原榫眼清理干净或在附近重新打眼，按原样配好新棱条，并将其一端两侧锯掉长度约为整条棱条的1/4，锯下的排皮切断保留，将新棱条一端先插入立框的榫眼内，并使插入部分多一些，待另一端也已在扇框内时再倒退入另一个榫眼内，两端榫眼加木楔钉牢后，再用保留的样皮镶贴到原位，刮腻、刷油漆后便修复如新。

（2）门窗梃端部腐朽，一般予以换新，如冒头榫头断裂，但不腐朽，则可采用安装铁片曲尺加固。

（3）门窗冒头腐朽，可以局部接修。

![知识链接]

木门窗冒头腐烂修补方法

门窗冒头的榫头部分断裂或腐烂时，如整根更换就太浪费了，可按图 3-1 所示的方法进行接换修理。

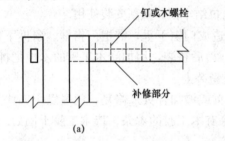
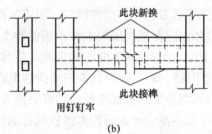

图 3-1　木门窗冒头接榫修理

二、钢门窗维修

（一）钢门窗损坏的现象

钢门窗常见的损坏现象有翘曲变形而导致开关不灵或关闭不严，锈蚀、配线残缺破损导致漏缝透风、断裂损坏等。

（二）钢门窗损坏产生的原因

1. 钢门窗变形产生的原因

钢门窗变形产生的主要原因如下：

（1）制作安装质量低劣，存在翘曲、焊接不良等情况，日久变形。

（2）安装不牢固，框与墙壁结合不严密，不坚实，导致框与墙壁产生裂缝。

（3）地基基础产生不均匀沉降，引起房屋倾斜，导致钢门窗变形。

(4)钢门窗面积过大，因温度升高没有胀缩余地；零部件强度不够，无法紧固或产生变形，造成钢门窗无法使用或耐久性不高。

(5)钢门窗上的过梁刚度或强度不足，使钢门窗承受过大压力而变形。

2. 钢门窗锈蚀、断裂产生的原因

钢门窗锈蚀、断裂产生的主要原因如下：

(1)没有适时对钢门窗涂刷油漆。

(2)外框下槛无出水口或内开窗腰头窗无坡水板。

(3)厨房、浴室等易受潮的部位通风不良。

(4)钢门窗上油漆脱漏，直接暴露在大气中。

(5)钢门窗合页卷轴因潮湿、缺油而破损。

(三)钢门窗的维修

1. 钢门窗变形的维修

(1)对于门窗框松动、翘曲等病害，应在锚固铁脚部位凿开，将铁脚取出扭正，损坏的应焊接修好，并将门窗框矫正后，用木楔固定，将墙洞清理干净，浇水，然后用强度等级高的水泥砂浆将铁脚重新锚固，将墙洞填实。待砂浆强硬后移去木楔，修嵌框与墙间的缝隙。

(2)对内框变形采用不同方法处理。内框直料向里弯曲变形时，可用衬铁校直；内框"脱角"变形时，用撬棍等工具顶至正确位置后，重新焊牢。

(3)外框凸肚时，凿空凸肚处的反面，清除铁锈，用锤击平，再用水泥砂浆把脚头嵌牢。

2. 钢门窗锈蚀、断裂的维修

(1)钢窗内框或外框锈烂时，应先锯去锈烂部分，按原截面型号选新料，焊接焊牢后，再重新安装。

(2)钢门筒子板调换或接补，可用铆钉铆合，并应装置扁钢压条，接换的筒子板形状尽可能规则和方正。

(3)对断裂损坏部位可按原截面型号，用电焊接换。

三、铝合金门窗维修

(一)铝合金门窗损坏的现象

铝合金门窗常见的损坏现象有门窗框和门窗扇变形、铝材表面污染或被腐蚀、门窗开启不灵、密封材料磨损老化、渗水等。

(二)铝合金门窗损坏产生的原因

1. 门窗框(扇)变形产生的原因

铝合金门窗框(扇)变形产生的主要原因如下：

(1)铝合金门窗在安装前受到挤压或碰撞引起变形。

铝合金金属门窗安装

（2）在施工时，没有找正就急于固定及在塞侧灰时没有进行分层塞灰，造成铝合金门窗不方正，形成使用缺陷。

2. 铝材表面污染或腐蚀产生的原因

铝合金门窗铝材表面污染或被腐蚀产生的主要原因有：使用安装过程中，铝制品表面受到化学物质的侵蚀，表面受到污染，脏污痕迹无法清除，形成门窗外观的缺陷。

3. 门窗开启不灵产生的原因

铝合金门窗开启不灵产生的主要原因如下：

（1）轨道弯曲，两个滑轮不同心，互相偏移及几何尺寸误差较大。

（2）框扇搭接量小于80%，且未做密封处理或密封条组装错误。

（3）门扇的尺寸过大，门扇下坠，使门扇与地面的间隙小于规定量2 mm。

（4）对开门的开启角度小于90°±3°，关闭时间大于3～15 s，自动定位不准确。

（5）平开窗窗铰松动、滑块脱落、外窗台超高等。

4. 门窗密封材料磨损老化产生的原因

铝合金门窗材料磨损老化产生的原因主要表现在两个方面：一是氧化膜受损；二是窗框或扇料变形。如当型材表面沾有砂浆而凝固后才做清除时，其氧化膜的表面很容易受到损伤，其次在施工中使用某些安装工具时也易划伤型材而弄破氧化膜。至于窗框和扇料，当局部受压如脚手架或横杆落在窗框上时，很容易出现棱角变形。

5. 门窗渗水产生的原因

铝合金门窗渗水产生的主要原因如下：

（1）密封处理不好，构造处理不当。

（2）外层推拉门窗下框的轨道根部没有设置排水孔。

（3）外窗台没有设排水坡或外窗台泛水反坡。

（4）窗框四周与结构有间隙，没有用防水嵌缝材料嵌缝。

（三）铝合金门窗的维修

1. 门窗框（扇）变形的维修

对于门窗框扇的变形，应予矫正，严重时应拆下进行维修，无法矫正的应局部或全部更换。

2. 铝材表面污染或被腐蚀的维修

对于表面的污浊应及时擦拭干净，安装时，应将铝合金门窗框进行包裹，避免施工过程中的污染。对于受到腐蚀性物质侵蚀的，应视腐蚀的严重程度进行修补或更换。一般腐蚀较轻时，应用砂纸仔细进行打磨，然后再修补，对于腐蚀严重而产生孔蚀时要拆除更换掉带有孔蚀的构件。

3. 门窗开启不灵的维修

对于附件、螺栓的松动、脱落等现象，松动时应及时拧紧，脱落时要进行更换或重新装配。

4. 门窗密封材料磨损老化的维修

对于密封部位，若是由于密封材料的老化、裂缝或磨损而造成门窗部分出槽或脱落，应更换有损伤的密封材料。更换时应将该部位清理干净，除去油污，选用优质胶粘剂重新粘合。另外，若是由于密封材料的剥离而造成的露缝，应在剥离部位涂上粘结材料再粘贴好。

5. 门窗渗水的维修

对最易出现渗水的横竖框相交部分，应先清理干净窗框表面，再注上防水密封胶，即使是外露的螺栓头也不应漏注。密封胶应使用中性硅酮胶，禁止使用玻璃胶或其他酸性胶。

知识链接

铝合金门窗更换的质量要求

铝合金门窗更换的质量应符合以下要求：

(1)铝合金门窗及其附件的质量符合设计要求和有关规定。

(2)安装牢固，防腐处理和预埋件数量、位置、埋设连接方法符合设计要求。

(3)框与墙体间缝隙填嵌饱满密实，表面光滑无裂缝，填塞材料及填塞方法符合设计要求。预埋件的埋设位置、埋设件的品种及数量要做好隐蔽记录。

(4)门窗框开启灵活，关闭严密，定位准确，门窗扇与门窗框搭接量符合设计要求。

(5)门窗维修后表面清洁，无明显划痕、碰伤；密封胶表面平整光滑，厚度均匀。

四、塑钢门窗维修

(一)塑钢门窗损坏的现象

塑钢门窗是将钢和塑料两种材料混合，经挤出成型，然后通过切割、焊接或螺接的方式制成的门窗框扇。塑钢门窗在使用过程中常见的损坏现象表现为门框窗松动、渗漏水等。

塑钢门窗安装

(二)塑钢门窗损坏产生的原因

1. 门框窗松动产生的原因

塑钢门窗框松动产生的原因主要有：塑钢门窗在安装固定时，间距过大，位置不符合要求或用钉直接钉入，导致安装后门窗固定不牢靠。

2. 门框窗渗漏水产生的原因

塑钢门窗渗漏水产生的主要原因如下：

(1)塑料的膨胀系数大，当塑钢窗与洞口墙体间填塞水泥砂浆后，由于气温回升高，塑钢窗膨胀挤压而出现变形；当气温降低时，塑钢窗与洞口墙体出现缝隙。

(2)塑钢窗制作质量粗糙，接缝不严密，不符合气密性、水密性及抗压的技术要求。

(3)窗台处水泥砂浆填塞不密实，窗台施工时未做出向外的坡度，窗框未做鹰嘴和滴水槽。

(三)塑钢门窗的维修

1. 门窗框松动的维修

(1)对于附件、螺钉的松动、脱落等,松动要及时拧紧,脱落要进行更换或重新装配。

(2)对由于固定片间距过大或位置不符合要求造成的门窗框松动,应拆下门窗框重新安装。

2. 门窗框渗漏水的维修

(1)塑钢窗框与洞口墙体间应采用闭孔泡沫塑料、发泡聚苯乙烯等弹性材料分层填满。外面用密封膏封严,所用密封膏应与塑料具有相容性。

(2)弹性材料要填塞严实,但不宜过紧。

(3)窗台应做出不小于15％的向外坡度,窗框要做鹰嘴和滴水槽。

项目小结

　　本项目讲述的是装饰工程与门窗维修基础知识。装饰工程主要有墙面工程和楼地面工程。墙面工程主要有抹灰墙面、块材墙面、涂料墙面和壁纸。楼地面工程主要有水泥砂浆楼地面、现浇水磨石楼地面、面砖与板块楼地面和木地板楼地面。门窗工程主要有木门窗、钢门窗、铝合金门窗和塑钢门窗。各类工程维修知识内容主要包括损坏的现象、产生的原因和维修方法。

课后实训

1. 实训项目

讨论房屋楼地面损坏的原因及维修方法。

2. 实训内容

同学们分成两组。通过讨论分析以下案例,理解并掌握房屋楼地面损坏的原因及维修方法。

　　某自行车厂的链条车间为多层框架结构,二层楼面面积为 1 080 m²,楼层地面在 6 月12 日至 23 日施工,7 月 18 日发现局部脱壳,到 9 月 17 日检查已有 80％脱壳和裂缝。

　　该事故工程概况如下:

(1)该楼面结构层为预制槽型板,板面找平层为 50 mm 厚,双向 Φ6 钢筋网片,强度等级为 C20 细石混凝土,面层为 20 mm 厚的水泥砂浆。

(2)查材料质量:水泥为 32.5 级矿渣水泥,碎石子,粒径在 15 mm 以内,用中细砂,含泥量达 5％。

(3)混凝土和砂浆为现场搅拌,按配合比计量,搅拌后浇筑。

(4)对脱壳的面层凿开检查,发现面层砂浆底和基层面都有一层泥灰粉层状物质隔离层。

请问：该工程损坏产生的原因有哪些？提出具体的维修方法。

3. 实训分析

师生共同参考房屋楼地面工程损坏的原因及维修方法进行分析与评价。

项目四

钢筋混凝土结构维修

知识目标

1. 了解钢筋混凝土结构损坏的现象，熟悉钢筋混凝土结构损坏的检测方法；

2. 熟悉钢筋混凝土结构裂缝的类型与产生的原因，掌握钢筋混凝土结构裂缝的鉴别、预防措施及维修方法；

3. 熟悉钢筋混凝土结构内钢筋腐蚀产生的原因，掌握钢筋混凝土结构内钢筋锈蚀的检测、预防措施及维修方法；

4. 熟悉混凝土缺陷、腐蚀产生的原因，掌握混凝土缺陷、腐蚀的预防措施及维修方法。

技能目标

能够分析钢筋混凝土结构损坏产生的原因，并按正确的方法进行维修。

素质目标

1. 能独立制订学习计划，并按计划实施学习和撰写学习体会；

2. 会查阅相关资料、整理资料，具有阅读应用各种规范的能力；

3. 培养勤于思考、做事认真的良好作风，具有分析问题、解决问题的能力；

4. 具有团队合作精神、沟通交流和语言表达能力；

5. 培养吃苦耐劳、爱岗敬业的职业精神。

案例导入

某办公楼外墙为现浇钢筋混凝土结构，厚度为 150 mm。房屋竣工一年后发现外墙开裂，房屋下层裂缝呈倒八字形，上层呈八字形，南面比北面严重，缝宽大多数大于 0.1 mm，最宽为 0.5 mm，由于裂缝贯穿墙身，因此，下雨时产生渗漏。该工程梁、柱等构件未开裂。

假设你在物业服务企业工程部工作，请思考：此事故中裂缝产生的原因是什么？如何修补？

单元一　钢筋混凝土结构损坏的现象与检测

一、钢筋混凝土结构损坏的现象

钢筋混凝土结构是指用配有钢筋增强的混凝土制成的结构。承重的主要构件是用钢筋混凝土建造的，是用钢筋和混凝土制成的一种结构。钢筋承受拉力，混凝土承受压力。钢筋混凝土结构具有坚固、耐久、防火性能好、比钢结构节省钢材和成本低等优点，是工程上广泛应用的结构类型。

钢筋混凝土结构在正常情况下，一般是不容易损坏的。但是，由于设计、施工和使用中的种种原因，钢筋混凝土结构会存在各种不同的质量问题；房屋功能的改变，厂房生产工艺的变化，均会增加建筑结构的荷载，以及突然发生的地震、火灾等各种因素影响，都会产生不同的损坏。常见的形式有裂缝，钢筋腐蚀，混凝土的缺陷、腐蚀等。

1. 裂缝

裂缝的存在是混凝土工程的隐患，表面细微裂缝，极易吸收侵蚀性气体和水分，会进一步扩大裂缝宽度和深度，如此循环扩大，将影响整个工程的安全；较宽的裂缝，受水分和气体的侵入，会直接锈蚀钢筋，锈点膨胀体积比原体积大数倍，会加速裂缝的发展，将引起保护层的脱落，使钢筋不能有效地发挥作用；深层裂缝会使结构整体受到破坏，裂缝的存在会明显地降低结构构件的承载力、持久强度和耐久性，有可能使结构在未达到设计要求的荷载前就造成破坏。

2. 钢筋腐蚀

钢筋受腐蚀后，受腐蚀部分的体积会有较大增长（最大可能达原体积的 6 倍），它使握裹钢筋周围的混凝土受到较大圆周方向的拉力。由于混凝土抗拉强度较小，即使钢筋表面有 0.01 mm 的锈，也足以使最薄弱的混凝土保护层处胀裂。

钢筋受腐蚀对钢筋混凝土结构的影响有以下四种表现：

(1)混凝土保护层发生沿钢筋长度方向的顺筋开裂，裂缝宽度可达 9 mm 以上。

(2)混凝土保护层局部剥落，锈蚀钢筋外露。

(3)钢筋在混凝土内有效截面减小，最严重的损失率可达 40% 以上，这时混凝土构件表面虽无明显开裂迹象，但钢筋已与混凝土脱开。

(4)由于钢筋受腐蚀截面变小，致使构件截面承载力不足，发生局部破坏或过大变形。

钢筋腐蚀常见的有掉皮、有效截面减小等。构件内钢筋严重锈蚀后，导致混凝土出现裂缝等。

3. 混凝土的缺陷、腐蚀

(1)混凝土的缺陷。混凝土的表层缺损是混凝土结构的一项通病。在施工或使用过程中产生的表层缺损有麻面、蜂窝、表皮酥松、小孔洞、露筋、缺棱掉角等。这些缺损影响观瞻，使人产生不安全感。缺损也影响结构的耐久性，增加维修费用。严重的缺损还会降低结构承载力，引发事故。

（2）混凝土的腐蚀。当混凝土长期处于有腐蚀介质（液体或气体）环境中时，水泥石中的水化物逐渐与腐蚀性介质作用，产生各种物理化学变化，使混凝土强度降低，甚至遭到破坏。混凝土受腐蚀介质的影响，大体有溶出性腐蚀和离子交换腐蚀（也称分解性腐蚀）两类。

二、钢筋混凝土结构的检测

（一）混凝土的外观、尺寸和变形检测

已有建筑结构的外观特征能大致反映出结构本身的使用状态。例如，构件由于各种原因承受不了荷载，其表面混凝土会出现裂缝或剥落；钢筋混凝土构件中的钢筋锈蚀，会在沿钢筋方向的混凝土表面上产生裂缝。这些对于准确分析作用效应和构件抗力是十分重要的，因此，应高度重视混凝土结构的外观和变形、位移的检测。

1. 混凝土构件外观质量缺陷检测

混凝土构件外观质量缺陷检测可分为蜂窝、麻面、孔洞、夹渣、露筋、裂缝、疏松区和施工缝检测等项目。通常，外观质量的严重缺陷会影响到结构性能、使用功能或耐久性，一般缺陷虽然不会影响到结构性能和使用功能，但有碍观瞻，故对外观质量缺陷均应进行处理。外观质量缺陷的检查数量为全数检查。现浇结构的外观质量缺陷应符合《混凝土结构工程施工质量验收规范》（GB 50204—2015）的规定。

2. 结构构件的外形尺寸检测

结构构件的尺寸直接关系到构件的刚度和承载力。准确地度量构件尺寸可以为结构验算提供可靠的资料。

用钢尺测量构件长度，并分别测量构件两端和中部的截面尺寸，从而确定构件的高度和宽度。构件尺寸的允许偏差应符合《混凝土结构工程施工质量验收规范》（GB 50204—2015）的规定。

3. 结构构件的变形检测

即使施工中控制了建筑结构的允许偏差，但随着时间的延长和承受荷载的变化，结构构件也会产生变形，所以要进行检测。

主要承受弯矩和剪力的梁，除检查裂缝等表面特征外，还应量度其弯曲变形，可用钢丝拉线和钢尺量测梁侧面弯曲最大处的变形，并应符合《混凝土结构工程施工质量验收规范》（GB 50204—2015）的规定。

知识链接

建筑结构检测

建筑结构检测是通过对结构物受到各种不同因素作用后状况的观测和测试，以及分析与计算，对结构物的工作性能及其可靠性进行评价，对结构物的承载能力做出正确的估计；

同时，为验证和发展理论及为新结构的研究提供可靠的具体依据。

建筑结构检测一般以真实结构物为对象，通过现场试验对结构物做出技术鉴定。这类试验可以解决以下四个方面的问题：

(1)检验已建结构的质量，进行可靠性论证。

(2)评价旧建筑结构的实际承载能力，以便为加固、改建、扩建工程提供依据。

(3)为处理工程事故提供技术性依据。

(4)为进行结构设计新理论的建立或旧理论的修改，提供具体的实际资料。

(二)混凝土强度的检测

抗压强度是混凝土各种物理力学性能指标的综合反映。混凝土的抗拉强度、轴心抗压强度、抗弯强度、抗剪强度、抗疲劳性能和耐久性都随抗压强度的变化而变化。混凝土强度的检测是在不破坏结构的前提下测得破坏的应力值。混凝土结构抗压强度测试方法较多，主要有回弹法、超声波法、超声-回弹综合法、钻芯法及拔出法等，每种方法各有其优缺点。

1. 回弹法

(1)回弹法的基本原理。回弹法是通过测定混凝土表面硬度来推算其抗压强度的一种现场检测技术。相对于各种新型的混凝土非破损检测现代化仪器和测试方法，传统的回弹法仍然不失其在现场应用的优越性。其主要优点是：仪器构造简单，测试方法易于掌握，检测效率高，费用低廉，影响因素较少，因而特别适用于在工程现场对混凝土的强度进行随机的、大量的检验。回弹法被公认为是混凝土无损检测最重要的基本方法之一。

回弹法检测混凝土
抗压强度技术规程

回弹法是用一个弹簧驱动的重锤，通过弹击杆(传力杆)弹击混凝土表面，并测出重锤被反弹回来的距离，以回弹值(反弹距离与弹簧初始长度之比)作为与强度相关的指标来推定混凝土强度的一种方法。由于测量是在混凝土表面进行的，所以属于表面硬度法的一种。回弹值在一定程度上反映了混凝土的弹性性能和塑性性能，与混凝土强度有必然的联系，可以建立回弹值与混凝土强度的相关关系方程式，即测强曲线。

通常，由于碳化混凝土表面硬度增大，使测得的回弹值偏高，且碳化深度不同对回弹值的影响程度也不同。大量的研究和现场测试表明，碳化深度能在相当程度上反映包括混凝土龄期和混凝土所处环境在内的综合影响，所以应把碳化深度作为测强曲线的另一个参数。

(2)回弹仪。《回弹法检测混凝土抗压强度技术规程》(JGJ/T 23—2011)规定：测定回弹值的仪器宜采用示值系统为指针直读式的混凝土回弹仪。回弹仪必须具有产品合格证和鉴定合格证。在水平弹击时，弹击锤脱钩的瞬间，回弹仪的标准能力应为 2.207 J；弹击锤与弹击杆碰撞的瞬间，弹击拉簧应处于自由状态，此时弹击锤起跳点应相应于指针指示刻度尺上"0"处。

回弹仪的性能应按照国家标准《回弹仪检定规程》(JJG 817—2011)的要求，通过率定定期检验。回弹仪的率定应在洛氏硬度 HRC 为 60±2 的钢砧上进行。

回弹仪率定试验宜在干燥、室温为 5 ℃～35 ℃的条件下进行。率定时，钢砧应稳固地平放在刚度大的物体上。测定回弹值时，取连续向下弹击三次的稳定回弹平均值。弹击杆应分四次旋转，每次旋转宜为 90°。弹击杆每旋转一次的率定平均值为 80±2。

2. 超声波法

(1)检测原理。超声仪器产生高压电脉冲，激励发射换能器内的压电晶体获得高频声脉冲，声脉冲传入混凝土介质，由接收换能器接收通过混凝土传来的声信号，测出超声波在混凝土中传播的时间，量取声通路的距离，计算出超声波在混凝土中传播的速度。对于配制成分相同的混凝土，强度越高，则声速越大；反之越小。两者的关系如下：

$$f_c = K \cdot v^4 \tag{4-1}$$

式中　f_c——混凝土的抗压强度(MPa)；

　　　v——超声脉冲在混凝土中传播的速度(km/s)；

　　　K——系数，混凝土的各种参数确定后，K 可以被认为常数。

(2)声速值测定。

1)超声检测的现场准备及测区布置与回弹法的相同，测点应尽量避开缺陷和内部应力较大的部位，还应避开与声路平行的钢筋，在每个测区相对的两测面选择相对的呈梅花状的 5 个测点。

超声回弹综合法
检测混凝土抗压
强度技术规程

2)对测时，要求两个换能器的中心位于同一条轴线上，然后逐个对测。为了保证混凝土与换能器之间有可靠的声耦合，应在混凝土测面与换能器之间涂上黄油作为耦合剂。

3)实测时，将换能器涂以耦合剂后置于测点并压紧，并把接收信号的首波幅度调至 30～40 mm 后测读各测点的声时值。取各测区 5 个声时值中的 3 个中间值的算术平均值作为测区声时值 t_m(μs)，则测区声速值 V(km/s)为

$$V = L/t_m \tag{4-2}$$

式中　L——超声波传播距离，可用钢尺直接在构件上量测(mm)。

3. 钻芯法

钻芯法是使用专门的钻芯机在混凝土构件上钻取圆柱形芯样，经过适当加工后在压力试验机上直接测定其抗压强度的一种局部破损检测方法。

利用钻芯法计算混凝土强度时，采用直径和高度均为 100 mm 的芯样，其强度值等同于现行规范规定的 150 mm×150 mm×150 mm 立方体的标准强度。

芯样抗压强度值随其高度的增加而降低，降低值与混凝土强度等级有关。试件抗压强度随其尺寸的增大而减少。芯样强度应按下式换算成 150 mm×150 mm×150 mm 立方体的标准强度。

$$f_c = \frac{4P}{\pi \cdot D^2 \cdot K} \tag{4-3}$$

式中　f_c——150 mm×150 mm×150 mm 立方体强度(MPa)；

　　　P——芯样破坏时的最大荷载(kN)；

　　　D——芯样直径(mm)；

　　　K——换算系数(表 4-1)。芯样尺寸为 150 mm×150 mm 时，$K=0.95$；芯样直径为 ϕ100 mm 时，K 值按芯样高度(h)和直径(d)之比及混凝土强度等级确定。

表 4-1　换算系数 K①

高径比 h/d	混凝土强度等级(f_c)/MPa		
	$35 < f_c \leqslant 45$	$25 < f_c \leqslant 35$	$15 < f_c \leqslant 25$
1.00	1.00	1.00	1.00
1.25	0.98	0.94	0.90
1.50	0.96	0.91	0.86
1.75	0.94	0.89	0.84
2.00	0.92	0.87	0.82

①h/d，为表中数值之间的值时，可用内插法求得。

课堂小提示

目前，钻芯法检测已经得到越来越广泛的应用。由于取芯数量不能很多，因而这种方法常同时结合非破损方法应用，它可修正非破损方法的精度，而取芯数目可以适当减少。

4. 拔出法

拔出法是在混凝土构件中埋一锚杆(可以预置，也可后装)，将锚杆拔出时连带拉脱部分混凝土。图 4-1 所示为拔出法示意。试验证明，这种拔出的力与混凝土的抗拉强度有密切关系，而混凝土抗拉力与抗压力是有一定关系的，据此可推测出混凝土的抗压强度。

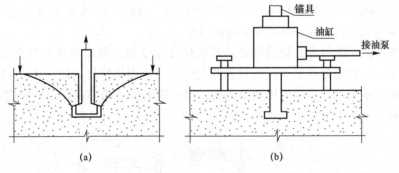

图 4-1　拔出法示意

(a)后装锚杆；(b)预置锚杆

(三)混凝土中钢筋的检测

1. 钢筋配置的检测

钢筋配置的检测可分为钢筋位置、保护层厚度、直径、数量检测等项目。钢筋位置、保护层厚度和钢筋数量宜采用非破损的雷达法或电磁感应法进行检测，必要时可凿开混凝土进行钢筋直径或保护层厚度的验证。

混凝土中钢筋
检测技术标准

（1）雷达法。探地雷达技术是随着信号处理技术和电子技术的发展而新兴的一种浅层地球物理勘探方法。探地雷达检测技术不仅快捷、无损害，而且雷达图像清晰直观，具备高分辨率特点，可以满足混凝土结构中钢筋参数测定的精度要求，不影响结构的正常使用。

探地雷达物探技术的工作过程是：由置于地面或构件表面的发射天线送入高频电磁波脉冲，当其在地下或结构物内部传播过程中遇到不同目标体样，可对各测点进行快速连续的检测，并根据反射波组的波形与强度特征，通过数据处理得到探地雷达剖面图像，从而得到钢筋参数及其变化情况。

（2）电磁感应法。我国目前主要运用的电磁式钢筋探测仪能够对混凝土中钢筋（或其他铁磁性物质）的位置、埋设深度及直径进行探测。国外在这方面研制的仪器比较多，如英国的 CM9 钢筋探测仪等。CM9 仪器由标准探头（或特殊探头）、量表和连接缆线组成，它的原理基于电磁感应现象。探头内的线圈在通电时产生电磁场，当探头沿着混凝土表面搜索时，如果在这一电磁场中存在着钢筋或其他磁性物质，磁力线将发生扭曲。由于金属存在引起的干扰使磁场强度产生局部变化，这一变化由探头监测并由量表显示，因此可以确定钢筋的位置和方向。如果对特定直径的钢筋进行适当校准，还可以确定钢筋保护层的厚度，钢筋的直径也可以估测得到。

2. 钢筋锈蚀程度的检测

钢筋锈蚀程度的检测方法主要有直接观察法与自然电位法两种。

（1）直接观察法。直接观察法是在构件表面凿去局部保护层，将钢筋暴露出来，直接观察并测量钢筋的锈蚀程度，主要是测量锈层厚度和剩余钢筋面积。这种方法直观、可靠，但会破坏构件表面，一般不宜做得太多。

（2）自然电位法。所谓自然电位，是指钢筋与其周围介质（在此为混凝土）形成一个电位，锈蚀后钢筋表面钝化膜破坏，引起电位变化。

自然电位法的基本原理是钢筋锈蚀后其电位发生变化，测定其电位变化来推断钢筋的锈蚀程度。图 4-2 所示为自然电位法现场测量示意，所用伏特计内阻为 $10^7 \sim 10^{14}$ Ω。参比电极可选用硫酸铜电极、甘汞电极或氧化汞、氧化钼电极。局部剥露的钢筋应事先打磨光，保证接触良好。

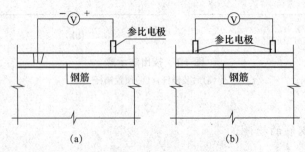

图 4-2 自然电位法现场测量示意

(a)钢筋自然电位测量；(b)电位梯度测量

在钢筋处于钝化状态时，自然电位一般处于 $-200 \sim -100$ mV 范围内（对比硫酸铜电极），若钢筋腐蚀后，自然电位向低电位变化。

课堂小提示

用自然电位法测钢筋锈蚀情况，方法简便，不用复杂设备即可快速得出结果，而且可在不影响正常生产的情况下进行。但电位易受周围环境因素干扰，且对腐蚀程度的判断比较粗略，故常与其他方法(如直接观察法)结合应用。

3. 钢筋实际应力的测定

在混凝土结构中，钢筋实际应力的测定是对结构进行承载力判断和对受力钢筋进行受力分析的一种较为直接的方法。

钢筋实际应力测定步骤如下：

(1)凿除保护层、粘贴应变片。在所选部位将被测钢筋的保护层凿掉，使钢筋表层清洁并粘贴好测定钢筋应变的应变片。

(2)削磨钢筋面积，量测钢筋应变。在与应变片相对的一侧用削磨的方法使被测钢筋的面积减小，然后用游标卡尺量测其减小量，同时用应变记录仪记录钢筋因面积变小而获得的应变增量 $\Delta\varepsilon_s$。

(3)钢筋实际应力计算。钢筋实际应力 σ_s 的计算近似可取

$$\sigma_s = \frac{\Delta\varepsilon_s E_s A_{s1}}{A_{s2}} + E_s \frac{\sum\limits_1^n \Delta\varepsilon_{si} \cdot A_{si}}{\sum\limits_1^n A_{si}} \tag{4-4}$$

式中　$\Delta\varepsilon_s$——被削磨钢筋的应变增量；

　　　$\Delta\varepsilon_{si}$——构件上被测钢筋邻近处第 i 根钢筋的应变增量；

　　　E_s——钢筋弹性模量；

　　　A_{s1}——被测钢筋削磨后的截面面积；

　　　A_{s2}——被测钢筋削磨掉的截面面积；

　　　A_{si}——构件上被测钢筋邻近处第 i 根钢筋的截面面积。

(4)重复测试，得到理想结果。重复上述步骤，当两次削磨后得到的应力值 σ_s 很接近时，便可停止削磨测试而将此时的 σ_s 作为钢筋最终要求的实际应力值。

(四)混凝土构件内部缺陷的检测

1. 混凝土构件内部均匀性检测

混凝土构件内部均匀性检测常采用网格法。

(1)对被测构件进行网格划分(200 mm 见方，两测试面上同一点要对准)。

(2)测出各点实际声时值 t_{ci}，并按下式计算出声速值：

$$v_i = l_i / t_{ci} \tag{4-5}$$

式中　v_i——第 i 测点混凝土声速值(km/s)；

　　　l_i——第 i 测点测距值(mm)。

(3)在测试记录纸上绘制出各测点位置图，记录声速值，进而描出等声速曲线。等声速

曲线反映了混凝土的均匀性。

2. 缺陷部位及位置的检测

用超声波法探测混凝土结构内部缺陷时，主要是根据声时、声速、声波衰减量、声频变化等参数的测量结果进行评判，如图 4-3 所示。对于内部缺陷部位的判断，由于无外露痕迹，如果全范围搜索，非常费时费力，效率不高。缺陷部位及位置的检测步骤与方法如下：

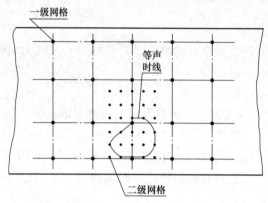

图 4-3　用超声波法测内部缺陷时的网格布置

(1)判断对质量有怀疑的部位。

(2)以较大的间距(如 300 mm)画出网格，称为第一级网格，测定网格交叉点处的声时值。

(3)在声速变化较大的区域，以较小的间距(如 100 mm)画出第二级网格，再测定网格点处的声速。

(4)将具有较大声速数值的点(或异常点)连接起来，则该区域即可初步定为缺陷区。

(5)根据声速值的变化可以判断缺陷的存在，在缺陷附近测得声时最长的点，然后用探头在构件两边进行测量，其连线应与构件垂直并通过声时最长点。按下面公式计算缺陷横向尺寸：

$$d = D + L \sqrt{\left(\frac{t_2}{t_1}\right)^2 - 1} \tag{4-6}$$

式中　d——缺陷横向尺寸；

　　　L——两探头间距离；

　　　t_2——超声脉冲探头在缺陷中心时的声时值；

　　　t_1——按相同方式在无缺陷区测得的声时值；

　　　D——探头直径。

3. 混凝土裂缝深度检测

(1)超声波检测混凝土垂直裂缝深度。混凝土中出现裂缝，裂缝空间充满空气，由于固体与气体界面对声波构成反射面，通过的声能很小，声波绕裂缝顶端通过，依次可测出裂缝深度。采用超声波法检测裂缝深度的具体要求如下：

1)需要检测的裂缝中不得充入水和泥浆。

2)当有主筋穿过裂缝且与两换能器的连线大致平行时,探头应避开钢筋,避开的距离应大于估计裂缝深度的 1.5 倍。

(2)超声波检测混凝土斜裂缝深度。混凝土斜裂缝深度是通过测试与作图相结合的方法确定的。检测时,将一只换能器置于裂缝一侧的 A 处,将另一只换能器置于裂缝另一侧靠近裂缝的 B 处,测出声波传播时间。然后将 B 处换能器向远离裂缝方向移动至 B′处,若传播时间减少,则裂缝向换能器移动方向倾斜,否则裂缝向换能器移动的反方向倾斜,如图 4-4 所示。

作图方法:先在坐标纸上按比例标出换能器及混凝土表面的裂缝位置。以第一次测量时两只换能器位置 A、B 为焦点,以 $t_1 \cdot v$ 为两动径之和作椭圆,再以第二次测量时换能器的位置 A、B′为焦点,以 $t_2 \cdot v$ 为两动径之和再作一个椭圆,两椭圆的交点即裂缝末端顶点 O。O 点到构件表面的距离 OE 即裂缝深度值,如图 4-5 所示。重复上述过程,可测得 n 组数据而得到 n 个裂缝深度值,剔除换能器间距小于裂缝深度值的情况,取余下(不少于两个)的裂缝深度值的平均值作为检测结果。

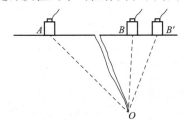

图 4-4　检测裂缝倾斜方向

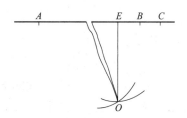

图 4-5　确定裂缝顶点

(3)超声波检测混凝土裂缝深度。

1)在大体积混凝土中,当裂缝深度在 600 mm 以上时,可先钻孔,然后放入径向振动式换能器进行检测。

2)在裂缝两侧对称地钻两个垂直于混凝土表面的孔,孔径大小以能自由放入换能器为宜,孔深至少比裂缝预计深度深 70 mm。钻孔冲洗干净后注满清水。

3)将收、发换能器分别置于两个孔中,以同样高度等间距下落,逐点测读超声波波幅值并记录换能器所处的深度。

4)当发现换能器达到某一深度,其波幅达到最大值,再向下测量波幅变化不大时,换能器在孔中的深度即裂缝的深度。

4. 混凝土内部的空洞和不密实区的检测

(1)对混凝土内部的空洞和不密实区进行检测时,先在被测构件上画出网格,用对测法测出每一点的声速值 v_i、波幅 A_i 与接收频率 f_i。若某测区中某些测点的波幅 A_i 和频率 f_i 明显偏低,可认为这些测点区域的混凝土不密实;若某测区中某些测点的声速 v_i 和波幅 A_i 明显偏低,则可认为该区域混凝土内存在空洞,如图 4-6 所示。

(2)为了判定不密实区或空洞在结构内部的具体位置,可在测区的两个相互平行的测试面上,分别画出交叉测试的两组测点位置进行测试,如图 4-7 所示。根据波幅、声速的变化即可确定不密实区或空洞的位置。

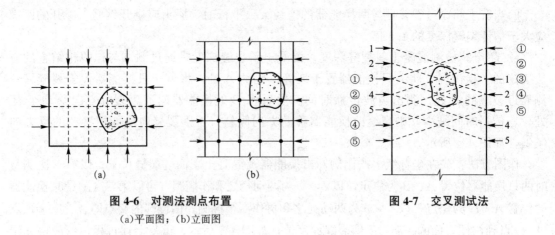

图 4-6　对测法测点布置　　　　　　　图 4-7　交叉测试法
(a)平面图；(b)立面图

(3)为了确认超声检测的正确性，可在怀疑混凝土内部存在不密实区或空洞的部位钻孔取芯，直接观察验证。

知识链接

混凝土裂缝扩展的检测

(1)贴石标板法检测：即将厚 10 mm、宽 50～70 mm、长约 200 mm 的石背板垂直于裂缝粘贴在构件表面，用 1∶2 水泥砂浆贴牢，当裂缝稍有开展，标板就脆性断裂。观察标板上裂缝的变化，即可了解到构件裂缝的开展情况。

(2)粘贴(钉)薄钢板检测：即在裂缝两侧各粘(钉)一块薄钢板，并相互搭接紧贴，在薄钢板表面涂刷油漆。当裂缝开展时，两块薄钢板被逐渐拉开，中间露出的未刷油漆部分薄钢板的宽度，即构件裂缝的开展情况。

以上两种裂缝扩展的检测方法比较粗略，但简便易行，适于采用。裂缝扩展的精确测量可采用应变计或千分表进行。

单元二　钢筋混凝土结构裂缝的维修

一、钢筋混凝土结构裂缝的类型及产生原因

1. 钢筋混凝土结构裂缝的类型

裂缝是现浇混凝土工程中常遇到的一种质量通病。裂缝的类型很多，按产生的原因有外荷载(包括施工和使用阶段的静荷载、动荷载)引起的裂缝、物理因素(包括温度、湿度变化，不均匀沉降、冻胀等)引起的裂缝、化学因素(包括钢筋锈蚀、化学反应膨胀等)引起的裂缝、施工操作(如脱模撞击、养护等)引起的裂缝；按裂缝的方向、形状有水平裂缝、垂直裂缝、纵向裂缝、横向裂缝、斜向裂缝等；按裂缝深浅有表面裂缝、深进裂缝和贯穿性

裂缝等。

裂缝产生的原因比较复杂，往往由多种综合因素所构成，除承受荷载或外力冲击形成的裂缝外，在施工过程中形成的裂缝一般有以下几种：

(1)塑性收缩裂缝。塑性收缩裂缝简称塑性裂缝，多在新浇筑的基础、墙、梁、板暴露于空气中的上表面出现。形状接近直线，长短不一，互不连贯，裂缝较浅，类似干燥的泥浆面(图4-8)，一般在混凝土初凝后(一般在浇筑后4 h左右)，当外界气温高，风速大，气候很干燥的情况下出现。

(2)沉降收缩裂缝。沉降收缩裂缝简称沉降裂缝，多沿基础、墙、梁、板上表面钢筋通长方向或箍筋上靠近模板处断续出现(图4-9)，或在埋件的附近周围出现。裂缝呈梭形，宽度为0.3~0.4 mm，深度不大，一般到钢筋上表面为止，在钢筋的底部形成空隙，多在混凝土浇筑后发生，混凝土硬化后即停止。

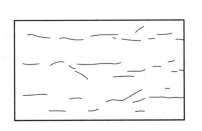

图4-8　塑性收缩裂缝图

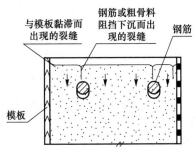

图4-9　沉降收缩裂缝

(3)干燥收缩裂缝。干燥收缩裂缝简称干燥裂缝，它的特征为表面性的，宽度较细(多为0.05~0.2 mm)，走向纵横交错，没有规律性，裂缝分布不均。对基础，墙，较薄的梁、板类结构，多沿短方向分布(图4-10)；整体性变截面结构多发生在结构变截面处，大体积混凝土在平面部位较为多见，侧面有时也出现。这类裂缝一般在混凝土露天养护完毕一段时间后，在上表面或侧面出现，并随湿度的变化而变化，表面强烈收缩可使裂缝由表及里、由小到大逐步向深部发展。

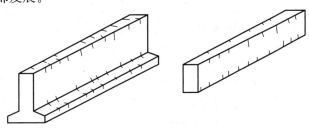

图4-10　干燥收缩裂缝

(4)温度裂缝。温度裂缝又称温差裂缝，表面温度裂缝走向无一定规律性。长度尺寸较大的基础、墙、梁、板类结构，裂缝多平行于短边；大体积混凝土结构的裂缝长，纵横交错；深进的和贯穿的裂缝，一般与短边方向平行或接近平行，沿全长分段出现，中间较密。裂缝宽度大小不一，一般在0.5 mm以下，沿全长没有多大变化。表面温度裂缝多发生在施工期间，深进的或贯穿的裂缝多发生在浇筑后2~3个月或更长时间，缝宽受温度变化影响较明显，冬季较宽，夏季较细。沿截面高度，裂缝大多呈上宽下窄状，但个别也有下宽上窄的情况，遇顶部或底板配筋较多的结构，有时也出现中间宽两端窄的梭形裂缝。

（5）撞击裂缝。裂缝有水平的、垂直的、斜向的；裂缝的部位和走向随受到撞击荷载的作用点、大小和方向而异；裂缝宽度、深度和长度不一，无一定规律性。

（6）沉陷裂缝。裂缝多在基础、墙等结构上出现，大多属深进或贯穿性裂缝，其走向与沉陷情况有关，有的在上部，有的在下部，一般与地面垂直或呈 $30°\sim45°$ 方向发展（图 4-11）。较大的贯穿性沉陷裂缝，往往上下或左右有一定的错开，裂缝宽度受温度变化影响小，因荷载大小而定，且与不均匀沉降值成比例。

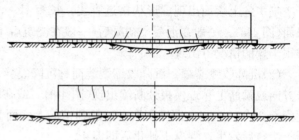

图 4-11　沉陷引起的裂缝

（7）化学反应裂缝。在梁、柱结构件或构件表面出现与钢筋平行的纵向裂缝；板式构件在板底面沿钢筋位置出现裂缝，缝隙中夹有黄色锈迹；混凝土表面呈现块状崩裂，裂缝呈大网格（图案）状，中心凸起，向四周扩散，在浇筑完成半年或更长时间内发生；混凝土表面出现大小不等的圆形或类圆形崩裂、剥落，内有白黄色颗粒，多在浇筑后两个月左右出现。

（8）冻胀裂缝。结构构件表面沿主筋、箍筋方向出现宽窄不一的裂缝，深度一般到主筋，周围混凝土酥松、剥落。

2. 钢筋混凝土结构裂缝的产生原因

钢筋混凝土结构裂缝产生的主要原因可分为结构设计失误、材料选配不当、施工违反操作规程、使用及环境条件发生变化四个方面，见表 4-2。

表 4-2　钢筋混凝土结构裂缝产生的原因

序号	类别	内容
1	结构设计失误	（1）超过设计荷载范围或设计未考虑到的作用； （2）地震、台风作用等； （3）构件断面尺寸不足、钢筋量不足、配置位置不当； （4）结构物沉降差异； （5）次应力作用； （6）对温度应力和混凝土收缩应力估计不足
2	材料选配不当	（1）水泥非正常凝结； （2）水泥非正常膨胀； （3）水泥水化热过大； （4）骨料含泥量过大； （5）骨料级配不良； （6）使用了碱活性骨料或风化岩石； （7）混凝土收缩； （8）混凝土配合比不当； （9）水泥、外加剂、掺合料匹配不当； （10）外加剂、硅灰等掺合料掺量过大

序号	类别	内容
3	施工违反操作规程	(1)拌和不均匀，搅拌时间不足或过长，拌和后到浇筑时间间隔过长； (2)泵送时增加了用水量、水泥用量； (3)浇筑顺序有误，浇筑不均匀； (4)捣实不良，坍落度过大； (5)连续浇筑间隔时间过长，接槎处理不当； (6)钢筋搭接、锚固不良，钢筋、预埋件被扰动； (7)钢筋保护层厚度不够； (8)滑模工艺不当； (9)模板变形、模板漏浆或渗水； (10)模板支撑下沉、模板拆除不当； (11)硬化前遭受扰动或承受荷载； (12)养护措施不当或养护不及时； (13)养护初期遭受急剧干燥或冻害； (14)混凝土表面抹压不及时； (15)大体积混凝土内部温度与表面温度或环境温度差异过大； (16)构件运输、吊装或堆放不当
4	使用及环境条件发生变化	(1)环境温度、湿度的变化； (2)结构构件各区域温度、湿度差异过大； (3)冻融、冻胀； (4)内部钢筋锈蚀； (5)火灾或表面遭受高温； (6)酸、碱、盐类的化学作用； (7)冲击、振动影响

表 4-2 中的原因可以相互叠加，由此形成的裂缝往往比较严重。

二、钢筋混凝土结构裂缝的鉴别及预防措施

1. 钢筋混凝土结构裂缝的鉴别

(1)裂缝位置与分布特征：裂缝发生在建筑物的第几层、出现在哪类构件(柱、墙、梁、板)上；裂缝在构件上的位置，如梁端或跨中，梁截面的上部或下部等。

(2)裂缝方向与形状：裂缝方向与主应力方向一般是互相垂直的，因此分清裂缝方向很重要，常见裂缝方向有横向、纵向、斜向、对角线及交叉等；要注意区分裂缝的形状，如一端宽一端细，或两端细中间宽，或宽度变化不大等。

(3)裂缝宽度：是指有代表性的、与裂缝方向垂直的缝宽。注意要消除温度、湿度对裂缝宽度的影响。

(4)裂缝长度：包括每条裂缝长度，裂缝是否贯穿全截面或贯通构件全长，某个构件或某个建筑物裂缝总长度、单位面积的裂缝长度等数据。其中，对梁等受弯构件的每条裂缝长度及其与截面尺寸的比值、柱等受压构件裂缝是否连通等特征尤其重要。

(5)裂缝深度：主要区别浅表裂缝、保护层裂缝、较深的甚至贯穿性裂缝。

（6）开裂时间：与裂缝性质有一定关系，因此要准确查清楚，应注意的是发现裂缝的时间不一定就是开裂时间。

（7）裂缝发展与变化：指裂缝长度、宽度、深度和数量等方面的变化，并注意这些变化与温度、湿度的关系。

（8）其他特征：混凝土有无碎裂、剥离；裂缝中有无渗水、析盐、污垢，以及钢筋是否严重锈蚀等。

材料质量差、施工工艺不当等原因造成的裂缝比较容易鉴别，结构受力、温度、收缩和地基变形所引起的裂缝因其影响因素及表现形式复杂而不易鉴别。

荷载、温度、收缩、地基变形这四类裂缝都可以通过理论计算而区分其原因。荷载裂缝可用材料实际强度、结构实际尺寸、构造和荷载，根据混凝土结构设计规范有关规定验算。温度裂缝可用温度场和温度应力的理论计算，收缩裂缝可用收缩发展有关数据和结构力学方法计算。地基变形裂缝则可根据地基实际情况计算变形，然后用结构力学方法计算应力。除通过理论验算区分不同裂缝外，还可以通过变形观测等方法鉴别，如测出地基沉降曲线、梁板挠曲变形曲线等。

课堂小提示

需要指出的是，仅就一般情况而言，将上述因素结合建筑结构特征、环境及使用条件等综合分析后，才能做出准确的鉴别。

2. 钢筋混凝土结构裂缝的预防措施

（1）荷载裂缝。防止因设计、施工错误而导致构件承载能力不足，以及产生过大变形。如因地基过大不均匀沉降则应尽早处理。

（2）温度裂缝。防止因混凝土本身与外界气温相差悬殊；处于高温环境的构件，应采取隔热措施；加强养护，尤其在气温高、风大且干燥的气候条件下更应及早喷水；对大体积混凝土，应分段浇筑、养护。

（3）干缩裂缝。严格控制混凝土中的水泥用量、水胶比和砂率，防止过大；控制骨料含砂量，不要使用过量粉砂；混凝土应浇捣密实，并在初凝后终凝前进行二次抹压板面，以减少收缩量；加强早期养护并延长养护时间；长期在外堆放的构件应覆盖以免暴晒；混凝土振捣时间不要过长，防止其表面产生过多水泥浆，加大收缩量。

（4）张拉裂缝。严格控制混凝土的配合比；保证振捣质量，以提高混凝土的密实性和强度；预应力筋张拉或放松时，混凝土必须达到规定的强度，且应力控制应准确，缓慢放松预应力筋；在板面施加一定的预应力减小反拱，提高板面抗裂度；在大型构件的端节点处，增配箍筋或钢筋网片并保证预应力筋外围混凝土有一定的厚度；在胎模端部加弹性垫层（木或橡皮），或减缓胎模端头角度，刷隔离剂，防止或减少卡模现象。

（5）沉降裂缝。对软土地基进行必要的夯压和加固处理；预制场地应夯打密实方可使用；现浇和预制构件模板应支撑牢固，保证其强度和刚度，并应按规定时间拆模；防止雨水及施工用水（养护水等）浸泡地基。

（6）施工、振动裂缝。现浇及预制构件要按设计及施工程序进行支模、制作、运输、堆放及吊装，尽量减少或避免产生裂缝。如浇捣前木模板应浇水湿透；钢、木模板应涂刷隔离剂；预制场地应坚实、平整，翻转脱模应平稳；预制构件成孔钢管应平直，抽管不宜过早或过晚；构件重叠堆放时，垫块应在一条竖直线上，并防止将构件方向反放；构件运输时应垫好绑牢，防止剧烈振动及撞击；架、柱、大梁等大型构件吊装时，应按规定设吊点，对屋架等侧向刚度差的构件，应设侧向临时加固措施，设牵引绳，以防吊装过程中振动、碰撞。

三、钢筋混凝土结构裂缝的修补方法

1. 表面修补法

对于混凝土表面龟裂，可采用在结构表面涂抹水泥净浆、喷涂水泥砂浆或细石混凝土压实抹平，涂抹环氧胶泥或粘贴环氧玻璃布，增加整体面层，钢锚栓或金属锚板缝合等加以修补、封闭裂缝。

2. 充填法

对于数量少但较宽的裂缝(宽度＞0.5 mm)或因钢筋锈胀使混凝土顺筋剥落而形成的裂缝，可用充填法(图 4-12)。常用的充填材料有环氧树脂、环氧砂浆、聚合物水泥砂浆、水泥砂浆等。填充前，将缝凿宽成槽，槽的形状有 V 形、U 形及梯形等。对于防渗漏要求高的，可加一层防水油膏。对锈胀缝，应凿到露出钢筋，去锈干净，涂上防锈涂料。

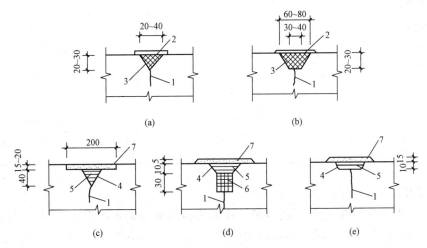

图 4-12　充填法修补裂缝

(a)V 形槽；(b)梯形槽；(c)V 形槽与矩形槽；(d)梯形槽与矩形槽；(e)矩形槽
1—裂缝；2—环氧浆液；3—环氧砂浆；4—水泥净浆 2 mm 厚；5—1∶2 水泥砂浆；
6—沥青油膏或聚氯乙烯胶泥；7—1∶2.5 水泥砂浆或刚性防水五层做法

为了增加填充料和混凝土界面间的粘结力，填缝前可于槽面涂上一层环氧树脂浆液。以环氧树脂为主剂的各种修补剂的配合比见表 4-3。

表 4-3 以环氧树脂为主剂的各种修补剂的配合比

修补剂名称	用途	质量比								
		主剂	增塑剂			稀释剂	固化剂	粉料(填料)	细骨料	粗骨料
		环氧树脂6101号(E-44)	邻苯二甲酸三丁酯	煤焦油	环氧氯丙烷	二甲苯或丙酮	乙二胺	石英粉或滑石粉	水泥	砂	石子
环氧浆液	压灌用浆液	100	10	—	—	30～40	8～12	—	—	—	—
环氧胶粘剂	封闭裂缝	100	(10)25	—	—	(40～60)	8～10	—	—	—	—
	用作修补的粘结层	100	—	—	—	15	10	—	—	—	—
环氧胶泥	固定灌浆嘴封闭裂缝	100	10～25	—	—	—	8～20	(0)100～250	(100～250)	—	—
	涂面及粘贴玻璃布	100	10	—	—	30～40	10～12	25～45	—	—	—
	修补裂缝、麻面、露筋、小块脱落	100	30～50	—	—	—	8	(0)300～400	(250～450)	—	—
环氧砂浆	修补表面裂缝	100	10～30	—	—	—	10	—	200～400	300～400	—
	修补蜂窝	100	20	—	—	—	8	—	150	650	—
	修补大蜂窝、大块脱落	100	—	50	—	—	8～10	—	200	400	—
环氧混凝土	修补大蜂窝	100	30	—	20	—	10	—	100	300	700

3. 灌浆法

灌浆法是把各种封缝浆液(树脂浆液、水泥浆液或聚合物水泥浆液)用压力方法注入裂缝深部，使构件的整体性、耐久性及防水性得到加强和提高的方法。对于混凝土结构中深度较大的裂缝，或对裂缝控制有较高要求的结构，可采用压力灌浆或负压吸入的方法进行修补。修补材料可采用水泥浆(可掺入聚乙烯醇等材料)、甲基丙烯酸树脂、环氧树脂及其他专用的混凝土修补胶等。压力灌浆的浆液要求可灌性好、粘结力强。较细的缝常用树脂类浆液，对缝宽大于 2 mm 的缝，也可用水泥类浆液。

环氧树脂浆液的配合比见表 4-4，环氧树脂浆液可灌入的裂缝宽度为 0.1 mm，粘结强度为 1.2～2.0 MPa。甲基丙烯酸酯类浆液配合比见表 4-5，这类浆液可灌入的裂缝宽度为 0.05 mm，其粘结强度为 1.2～2.2 MPa。

表 4-4　环氧树脂浆液配合比

材料名称	规格	配合比（质量比）				
		1	2	3	4	5
环氧树脂	6101 号或 6105 号	100	100	100	100	100
糠醛	工业	—	20～25	—	50	50
丙酮	工业	—	20～25	—	60	60
邻苯二甲酸二丁酯	工业	—	—	10	—	—
甲苯	工业	30～40	—	50	—	—
苯酚	工业	—	—	—	—	10
乙二胺	工业	8～10	15～20	8～10	20	20

表 4-5　甲基丙烯酸酯类浆液配合比

材料名称	代号	配合比（质量比）		
		1	2	3
甲基丙烯酸甲酯	MMA	100	100	100
醋酸乙烯	—	18	—	0～15
丙烯酸	—	—	10	0～10
过氧化二苯甲酰	BPO	1.5	1.0	1～1.5
对甲苯亚磺酸	TSA	1.0	1.0～2.0	0.5～1.0
二甲基苯胺	DMA	1.0	0.5～1.0	0.5～1.5

4. 预应力法

对结构承载性能影响较大的受力裂缝，可采用对结构裂缝区域施加预应力的措施闭合裂缝，增加承载能力，并对残余裂缝进行修补的方法进行处理，如图 4-13 所示。

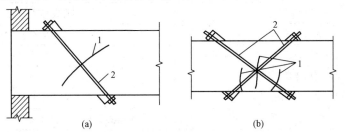

图 4-13　施加预应力法修补裂缝

(a)单向预应力筋垂直支座斜裂缝；(b)双向预应力筋与跨中裂缝斜交

1—裂缝；2—预应力钢筋螺杆

课堂小提示

选择裂缝修补方法时应考虑裂缝性质、大小、位置、环境、处理目的，以及结构受力和使用情况等。

单元三 钢筋混凝土结构内钢筋腐蚀的维修

一、钢筋混凝土结构内钢筋腐蚀的产生原因

钢筋混凝土结构内钢筋表面产生腐蚀是最常见的一种损坏现象，产生的原因如下：

(1)混凝土不密实或裂缝造成的锈蚀。

(2)混凝土碳化和侵蚀性气体、介质的侵入造成的钢筋腐蚀。

(3)施工时混凝土内掺入较多的氯盐造成钢筋的腐蚀。

(4)高强度钢筋中的应力腐蚀。

(5)杂散电流导致钢筋的锈蚀。

二、钢筋混凝土结构内钢筋锈蚀的检测及预防措施

(一)钢筋的锈蚀检测

钢筋锈蚀会减小钢筋的截面面积，减弱钢筋和混凝土之间的粘结力，降低构件的承载力。检测混凝土中钢筋锈蚀程度通常采用直接观测法和自然电位法。

1. 直接观测法

钢筋锈蚀后，锈蚀产物的体积比钢筋相应部分体积大，产生的膨胀力使混凝土的保护层开裂和剥落，因此，根据构件表面上沿钢筋方向的裂缝可以判断钢筋的锈蚀状况。构件裂缝状况与钢筋截面损失情况的大致关系见表4-6，可供检测时参考。

表4-6 构件破损状态与钢筋截面损失率

破坏状态	钢筋截面损失率/%
无顺筋裂缝	0~1
有顺筋裂缝	0.5~10
保护层局部脱落	5~20
保护层全部脱落	15~25

注：表中所指的破损状态，是指构件在长期使用下出现的情况，不包括事故造成的构件破损。

直接观测法的另一做法，是在构件表面凿去局部保护层，暴露钢筋，直接观察锈蚀程度。锈蚀严重的，应精确量取锈蚀层厚度和钢筋剩余有效截面。也可从构件上截取锈蚀钢筋样品送实验室测定钢筋的锈蚀程度。这种方法要破损构件保护层或钢筋，检测的点数不能太多。

2. 自然电位法

混凝土中的钢筋，在呈碱性的混凝土作用下处于钝化状态，并建立一个稳定的电位，称作自然电位。电位值的大小反映出钢筋所处的状态。当钢筋钝化状态破坏后，钢筋的自然电位会发生较大幅度的变化。通过测量混凝土中钢筋的电位及其变化规律判断钢筋锈蚀

程度的方法，称为自然电位法。

（二）钢筋受腐蚀的预防措施

（1）从防止钢筋混凝土构件表面过快碳化考虑，其影响因素有混凝土的密实性和渗透性（密实性差或渗透性大时碳化速度快）、空气中 CO_2 浓度、周围环境的温湿度（最适宜碳化的相对湿度为 50%～80%。湿度相同时温度越高碳化越快，频繁干湿交替的环境会加速碳化），故预防措施如下：

1）混凝土必须密实，不得有孔洞、蜂窝和麻面。如已有的，必须妥善修补后方能装修。

2）混凝土水胶比宜小，水泥用量宜多（水胶比越小，混凝土的抗渗性越好）；对混凝土的湿养护时间也与水胶比有关，如水胶比为 0.4 时湿养护时间宜为 3 d；水胶比为 0.5 时湿养护时间宜为 14 d；而水胶比为 0.6 时湿养护时间宜为 6 个月。

3）对在硅酸盐水泥中混合料（如高炉矿渣粉、粉煤灰、火山灰等）的掺入量应有限制（如处于浪溅区的港口工程，建议混合料掺量用于普通硅酸盐水泥时不大于 15%，用于矿渣硅酸盐水泥时不大于 10%）。

4）混凝土保护层的厚度必须符合相应结构的设计规范或规程的要求。

5）钢筋混凝土构件的外形宜简单，凹凸棱角越少越好（凹处易应力集中，也易积水、受潮；凸处易被侵蚀物质渗入）。

（2）从提高钝化膜抗氯离子渗透性出发考虑，可使用预防盐污染混凝土引起钢筋腐蚀的阻锈剂，如亚硝酸钠（$NaNO_2$）、亚硝酸钙[$Ca(NO_2)_2$]等。

（3）注意防冻混凝土原材料的质量。

1）水。海水可用于拌制素混凝土，但不得用于拌制钢筋和预应力混凝土。

2）砂。海砂可用于拌制素混凝土，但用于拌制钢筋混凝土时其氯离子含量不应大于0.06%（以干砂重量的百分率计），并不宜用于拌制预应力混凝土。

3）防冻剂。氯盐类防冻剂仅适用于素混凝土，含足够阻锈剂的氯盐类防冻剂可用于一般钢筋混凝土，而不能用于预应力混凝土。无氯盐类防冻剂可用于钢筋和预应力混凝土；但含硝酸盐、亚硝酸盐、碳酸盐类防冻剂不得用于预应力混凝土。掺防冻剂混凝土宜选用不过期的、强度等级不低于 42.5 级的硅酸盐或普通硅酸盐水泥。掺防冻剂混凝土的搅拌要求同冬期施工时的要求；可在规定的负温（−15 ℃～−5 ℃）条件下养护，但不得浇水，外露表面必须覆盖。

三、钢筋混凝土结构内钢筋锈蚀的修补方法

（1）当钢筋锈蚀尚不严重时，混凝土表面仅有细小裂缝或个别破损较小，则可在混凝土裂缝或破坏处用水泥砂浆环氧胶泥封闭或修补。

（2）当钢筋锈蚀严重，混凝土裂缝破裂，保护层剥离较多时，应对结构做认真检查，必要时先采取临时支撑加固，再凿除混凝土腐蚀松散部分，彻底清除钢筋上的铁锈，将需做修补的旧混凝土衔接面凿毛，对有油污处用丙酮清洗；对于钢筋腐蚀严重，有效面积减少的，应增焊相应面积钢筋补强，然后用高一级的细石混凝土修补，必要时加钢筋网补强。

（3）当钢筋腐蚀很严重，混凝土破碎范围较大时，在对锈蚀钢筋除锈补强和清除混凝土

松碎部分后，可采用压力喷浆的方法修补。采用压力喷射混凝土方法补强后，新旧混凝土粘结牢固，效果较好。

知识链接

锈蚀钢筋补强示例

锈蚀钢筋补强示例，如图4-14所示。

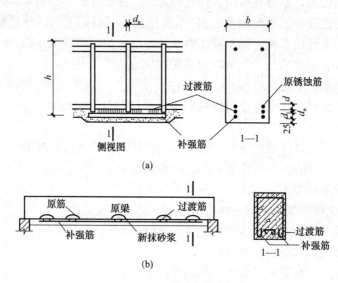

图4-14　锈蚀钢筋补强示意

（a）例一；（b）例二

单元四　混凝土缺陷、腐蚀的维修

一、混凝土缺陷、腐蚀的产生原因

1. 混凝土缺陷及其产生原因

混凝土表层缺陷是混凝土结构的一项常见损坏现象，主要表现为蜂窝、麻面、露筋、缺棱掉角、空洞、表面酥松等。

（1）蜂窝。蜂窝是指混凝土局部表面酥松，无水泥浆，形成数量或多或少的孔洞，大小如蜂窝，形状不规则，骨料间有空隙，石子出露深度大于5 mm（小于混凝土保护层厚度），不露主筋，可能露箍筋，石子间存在小于最大石子粒径的空隙，呈蜂窝状。有蜂窝处混凝土的强度很低。蜂窝有表面的、深进的和贯通的三种，也常遇到水平的、倾斜的、斜交的单独蜂窝和相连的蜂窝群。

蜂窝往往出现在钢筋最密集处或混凝土难以捣实的部位。构件（板、梁、柱、墙、基础）不同部位不同形状的蜂窝，其危害性是不同的：若板、梁、柱的受压区存在蜂窝，会影响构件的承载力，而在其受拉区存在蜂窝，则会影响构件的抗拉强度，并使钢筋锈蚀，从而影响构件的承载力和耐久性；在柱、墙一侧存在蜂窝，往往会改变构件的受力状态，而若在其内部存在深进和贯通的蜂窝，则常常是结构丧失稳定甚至倒塌的直接原因；在防水混凝土中存在蜂窝，会造成渗水、漏水隐患。

蜂窝产生的原因主要有：混凝土在浇筑时振捣不严，尤其是没有逐层振捣；混凝土在倾掷入模时，因倾落高度太大而分层；采用干硬性混凝土，或施工时混凝土材料配合比控制不严，如砂浆少石子多，尤其是水胶比太低；模板不严密，浇筑混凝土后出现跑浆现象，水泥浆流失；混凝土在运输过程中已有离析现象。

（2）麻面。麻面是指混凝土表面缺浆、起砂、掉皮的缺陷，构件表面呈现出质地疏松的无数绿豆大小的不规则的小凹点，其面积不大（≤0.5 mm²）、深度不深（≤5 mm），但无钢筋裸露现象。

麻面虽对构件承载力无大影响，但由于表面不平，在凹凸处容易发生各种物理化学作用，从而破坏构件表皮，影响结构的外观和耐久性。

麻面产生的原因主要有：模板湿润不够，吸水过多；模板支架不严，拼接缝隙间漏浆；模板表面处理不好，拆模时粘结严重，使混凝土面层剥落；振捣时发生漏浆或振捣不足，混凝土中气泡未排尽；捣固后没有很好养护。

（3）露筋。露筋是指拆模后主筋外露或孔洞中的露筋现象。露筋影响钢筋与混凝土的粘结力，使钢筋易于生锈，损害构件的抗拉强度和耐久性。梁、柱拆模后主筋露筋长度大于100 mm，累计长度大于200 mm；板、墙、基础拆模后主筋露筋长度大于200 mm，累计长度大于400 mm，均为不合格的混凝土工程。在任何情况下，梁端主筋锚固区内有露筋（或梁端1/4跨度内有大于5％跨长的主筋露筋）都为不允许。

露筋产生原因主要有：少放或漏放了钢筋垫块，或者钢筋垫块移动，都将使钢筋紧贴模板，混凝土保护层厚度不足而造成露筋；钢筋过密，混凝土浇筑不进去；模板漏浆过多，致使钢筋主要的外表面没有砂浆包裹而外露；有时也因保护层的混凝土振捣不密实或模板湿润不够、吸水过多造成掉角而露筋。

（4）缺棱掉角。缺棱掉角是指梁、柱、墙、板和孔洞处直角边上的混凝土局部残损掉落。

缺棱掉角产生的原因主要有：混凝土浇筑前模板未充分湿润，造成棱角处混凝土失水或水化不充分，强度降低，拆模时棱角受损；拆模或抽芯过早，混凝土尚未建立足够强度，致使棱角受损；起吊、运输时对构件保护不好，造成边角部分局部脱落、劈裂受损等。

（5）空洞。空洞是指混凝土结构内的空隙局部或全部没有混凝土，或混凝土表面有超过保护层厚度，但不超过截面尺寸1/3的缺陷。

空洞往往在结构构件的下列部位发现：有较密的双向配筋的钢筋混凝土板或薄壁构件中；梁下部有较密的纵向受拉钢筋处或梁的支承处；正交梁的连接处或梁与柱的连接处；钢筋混凝土墙与钢筋混凝土底板的连接处；钢筋混凝土构件中的埋设件附近。空洞不同于蜂窝，蜂窝的特征是存在着未捣实的混凝土或缺水泥浆；而空洞却是局部或全部没有混凝土。空洞的尺寸通常较大，以至于钢筋全部裸露，造成构件内贯通断缺，以致结构发生整体性破坏。

空洞产生的原因主要有：混凝土灌注时有一些部位堵塞不通，造成构件中产生空洞。

(6)表面酥松。混凝土养护时表面脱水，或在凝结过程中受冻，或受高温烘烤等原因会引起混凝土表面酥松。

2. 混凝土腐蚀的产生原因

混凝土腐蚀的外界条件是腐蚀性介质存在，其内部因素则是混凝土结构不够密实，致使腐蚀性介质易于侵入。混凝土腐蚀的产生原因主要有：酸、碱、盐类的腐蚀，地下水的侵蚀，水溶解的腐蚀，以及大气及周围环境有害气体的腐蚀。

二、混凝土缺陷、腐蚀的预防措施

1. 混凝土缺陷的预防措施

预防混凝土缺陷的措施有以下三个方面：

(1)严把质量关，混凝土中使用的水、水泥、砂、石等材料及用量必须符合设计要求，选择合适的水胶比，钢筋模板位置要准确，防止漏捣，及时养护。

(2)混凝土搅拌时，应严格控制配合比，搅拌均匀，适当延长搅拌时间；浇筑混凝土时，应分层多段振捣密实，严防漏振；模板应充分润湿、洗净，板缝拼接严密，防止漏浆；混凝土浇筑后应认真洒水养护，不应过早拆模，保证混凝土的质量。

(3)合理使用加强维护，如防止超载、防止碰撞、防止腐蚀性介质(气、液)等与构件直接接触，不任意损伤构件，及时修补破损处等；应增设防护设施，如柱角加焊角钢等，防止混凝土结构遭到破坏，预防病害的发生和发展。

2. 混凝土腐蚀的预防措施

预防混凝土腐蚀的措施有以下三个方面：

(1)提高混凝土或混凝土表面的密实性，使侵蚀性介质不能渗入混凝土内部，可以减轻或延缓腐蚀作用。这只在侵蚀介质的侵蚀性不太强时才可使用。其办法是改善配合比，将混凝土设计成密实混凝土，或者对混凝土表面进行碳化处理，使水泥石中氢氧化钙与二氧化碳作用生成质地紧密的碳酸钙($CaCO_3$)外壳保护层。

(2)在混凝土构件表面涂以防水砂浆、沥青、合成树脂等保护层，使混凝土与腐蚀介质隔离。

(3)选用恰当的水泥，如抗硫酸盐水泥、耐酸水泥等；或者在水泥中掺加活性混合材料，如粉煤灰、火山灰、水淬矿渣等。

三、混凝土缺陷、腐蚀的修补方法

对于小面积的夹渣、麻面、表面酥松等缺陷或轻微的腐蚀，检查后，清除表面松散层，清理冲洗，刷水泥浆后采用与原混凝土相同的配合比砂浆立即进行抹浆修补。当出现大面积的蜂窝、麻面、孔洞、露筋或较深的腐蚀时，必须剔除所有薄弱层和松散石子，采用置换混凝土法对其进行加固。

(1)蜂窝：蜂窝形状决定着蜂窝的具体补强方案。例如，对柱内贯通的蜂窝进行补强时，要从各个侧面按设计确定的步骤凿去疏松的混凝土，填补新的混凝土，避免在填补过程中发生不利于柱原受力状态的破坏。补强用混凝土应比原构件混凝土的强度等级高一级。

(2)麻面：麻面的处理可用钢丝刷将表面疏松处刷净，用清水冲洗，充分湿润后用水泥浆或 1∶2 水泥砂浆抹平。修补后按一般结构面层做法进行装饰。

（3）露筋：露筋的补强是将外露钢筋上的混凝土残渣和铁锈清理干净，用水冲洗湿润，再用 1∶2 水泥砂浆抹压平整；如露筋较深，应将薄弱混凝土剔除，再用高一级强度等级的细石混凝土捣实并妥善养护。

（4）缺棱掉角：缺棱掉角较小时，可将该处用钢丝刷刷净，用清水冲洗，充分湿润后用水泥砂浆抹补整齐。掉角较大时，可将不实的混凝土和凸出的骨料颗粒凿除，用水冲洗干净，充分湿润后支模，用比原强度等级高一级的细石混凝土补好，认真加以养护。

（5）空洞：空洞的补强工作比蜂窝的简单一些，可用混凝土进行一次性的补强，也可分几次进行补强。在空洞边缘的旧混凝土上，通常有带塌散骨料的疏松表面和松弱浆膜。在用新混凝土填充空洞以前，应清除所有疏松的旧混凝土，并进行冲洗，充分湿润至少 24 小时。空洞的补强可用比旧混凝土高一等级的细碎石混凝土灌注，并经仔细捣实和养护。

项目小结

本项目讲述的是钢筋混凝土结构维修基础知识。钢筋混凝土结构是指用配有钢筋增强的混凝土制成的结构。钢筋混凝土结构在正常情况下，一般是不容易损坏的。但是，由于设计、施工和使用中的种种原因，钢筋混凝土结构也会产生裂缝，钢筋腐蚀，混凝土的缺陷、腐蚀等损坏现象。为了做好钢筋混凝土结构构件的维修工作，必须先查明使用中的构件出现的各类损坏现象的性质和产生的原因，以便及时采取预防措施，并确定具体的修补方法。

课后实训

1. 实训项目
讨论钢筋混凝土结构损坏的原因及维修方案。

2. 实训内容
同学们分成两组。通过讨论分析以下案例，理解并掌握钢筋混凝土结构损坏的原因及维修方案。

某住宅楼为三层砖混结构，现浇钢筋混凝土楼盖，纵墙承重，灰土基础。施工后于 2018 年 10 月浇灌二层楼盖混凝土，11 月浇灌三层楼盖混凝土。全部主体结构于第二年的 1 月完工。在 4 月进行装修工程时，发现各层大梁均有斜裂缝，其现象如下：

（1）裂缝多为斜向，倾角为 50°～60°，且多发生在 300 mm 的钢箍间距内。近梁中部为竖向裂缝。

（2）斜裂缝两端密集，中部稀少（值得注意的是在纵筋截断处都有斜裂缝）；其沿梁高度方向的位置较多地在中和轴以下，个别贯通梁高。

（3）裂缝宽度在梁端附近 0.5～1.2 mm，近跨中 0.1～0.5 mm；裂缝深度一般小于梁宽的 1/3，个别的两面贯通；裂缝数量每根梁少则 4 根，多则 22 根，一般为 10～15 根。

请问：该工程裂缝产生的原因有哪些？提出具体的维修方案。

3. 实训分析

师生共同参考钢筋混凝土结构裂缝产生的原因及维修方案进行分析与评价。

_____

_____

_____

_____

_____

项目五

钢结构工程维修

知识目标

1. 了解钢结构的缺陷，熟悉钢结构的检测方法；
2. 熟悉钢结构锈蚀的分类及原因、检查与防护措施，掌握钢结构腐蚀的修补方法；
3. 熟悉钢结构连接病害的类型，掌握钢结构连接病害的处理方法；
4. 熟悉钢结构变形和构件病害的类型及产生原因，掌握钢结构变形和构件病害的处理方法。

技能目标

能够分析钢结构病害产生的原因，并按正确的方法进行维修。

素质目标

1. 能独立制订学习计划，并按计划实施学习和撰写学习体会；
2. 会查阅相关资料、整理资料，具有阅读应用各种规范的能力；
3. 培养勤于思考、做事认真的良好作风，具有分析问题、解决问题的能力；
4. 具有团队合作精神、沟通交流和语言表达能力；
5. 培养吃苦耐劳、爱岗敬业的职业精神。

案例导入

上海市某研究所食堂为 17.5 m 直径圆形砖墙加扶壁柱承重的单层建筑。檐口总高度为 6.4 m，中部内环部分高 4.5 m。屋盖采用 17.5 m 直径的悬索结构，主要由沿墙钢筋混凝土外环和型钢内环(直径为 3 m)及 90 根 ϕ7.5 mm 的钢绞索组成，预制钢筋混凝土异形板搭接于钢绞索上。板缝内浇筑配筋混凝土，屋面铺油毡防水层，板底平板粉刷。屋盖平面与剖面如图 5-1 所示。该工程于 1960 年建成交付使用。

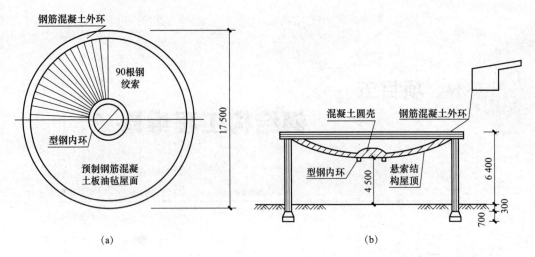

图 5-1　屋盖平面与剖面

(a)平面图；(b)剖面图

1983 年 9 月 22 日 20 时 30 分左右，值班人员突然听见一声巨响，随之大量尘垢随气流从食堂内涌出，此时屋盖已整体塌落。经检查，90 根钢绞索全部沿周边折断，门窗大部分被震裂，但周围砖墙和圈梁均无塌陷损坏迹象。因倒塌发生在晚上，无人员伤亡，但经济损失严重。

屋盖塌落后，原上海市建委会同市某局组织设计、施工、科研等 12 个单位的工程技术人员进行了现场调查，原施工单位介绍了当时的施工情况。经综合分析认为，屋盖的塌落主要与钢绞索的锈蚀有关，而钢绞索的锈蚀除与屋面渗水有关外，另一主要原因是食堂的水蒸气上升，上部通风不良，因而加剧了钢绞索的大气电化学腐蚀和某些化学腐蚀（如盐类腐蚀）。由于长时间腐蚀，钢绞索断面减小，承载能力降低，负荷超过极限承载能力后钢绞索断裂。

假设你在物业服务企业工程部工作，请思考：钢结构锈蚀产生的原因有哪些？

单元一　钢结构的缺陷与检测

一、钢结构的缺陷

钢结构实施过程中可能会存在各种缺陷。钢结构缺陷的产生主要取决于钢材的性能和成型前已有的缺陷、钢结构的加工制作和安装工艺、钢结构的使用维护方法等因素。

1. 钢材的缺陷

钢材的质量主要取决于冶炼、浇铸和轧制过程中的质量控制。如果某些环节出现问题，如碳等微量元素含量不合理、有害元素（成分）和杂质含量过高、钢锭冷却温度和时间控制不当、轧制温度和工艺控制不严等，将会使钢材质量下降并出现这样或那样的缺陷。其中，最为严重的缺陷是钢材中的各类裂纹。

2. 钢结构加工制作的缺陷

在钢结构加工制作的各个工序中，也很容易存在一些缺陷，主要如下：

(1)选用钢材的性能不合格。

(2)矫正时引起的冷热硬化。

(3)放样尺寸和孔中心的偏差。

(4)切割边未做加工或加工未达到要求。

(5)孔径误差。

(6)冲孔未做加工，存在硬化区和微裂纹。

(7)构件的冷加工引起的钢材硬化和微裂纹。

(8)构件的热加工引起的残余应力等。

3. 钢结构运输、安装和使用维护中的缺陷

钢结构运输、安装和使用维护中可能产生的缺陷有以下几个方面：

(1)运输过程中引起结构或其构件产生的较大变形和损伤。

(2)吊装过程中引起结构或其构件的较大变形和局部失稳。

(3)安装过程中没有足够的临时支撑或锚固，导致结构或其构件产生较大的变形，丧失稳定性，甚至倾覆等。

(4)施工连接(焊缝、螺栓连接)的质量不满足设计要求。

(5)使用期间由于地基不均匀沉降等原因造成的结构损坏。

(6)没有定期维护，使结构出现较严重腐蚀，影响结构的可靠性能。

知识链接

钢材生锈和腐蚀

钢材生锈和腐蚀一般可分为以下三种类型：

(1)表面腐蚀。由于潮湿空气、雨水等的长期作用，使钢材表面布满锈斑。这种锈蚀影响较小。

(2)穿透锈蚀。由于钢材表面局部遇到雨水而产生电解层，造成局部的、狭小的孔蚀，尽管孔的直径不大，但是孔深会减少钢材的横截面，因而这种锈蚀对构件受力造成影响。

(3)钢材内部晶块腐蚀破坏。由于荷载长期作用产生的应力，加上锈蚀的继续，使钢材内部的晶粒遭到破坏。这种破坏从表面看腐蚀不严重，但其内部的应力损伤很严重，有可能使构件发生断裂。

二、钢结构的检测

由于钢材在工程结构中强度最高，制成的构件具有截面小、质量小、延性好、承载能力大等优点，从而被广泛应用于单层厂房的承重骨架和起重机梁、多层和高层大跨度空间结构和高耸结构中。在使用过程中，有的钢结构要承受重复荷载的作用，有的要承受高温、低温、潮湿、腐蚀性介质的作用。

**钢结构现场检测
技术标准**

钢结构因其连接构造传递应力大，结构对附加的局部应力、残余应力、几何偏差、裂缝、腐蚀、振动、撞击效应也比较敏感，因此，须对钢结构的可靠性进行检测。

1. 构件平整度的检测

梁和桁架构件的整体变形有垂直变形和侧向变形两种。因此，要检测两个方向的平直度。柱子的变形主要有柱身倾斜与挠曲两种。

检查时，可先目测，发现有异常情况或疑点时，对梁或桁架，可在构件支点间拉紧一根细钢丝，然后测量各点的垂度与偏度；对柱子的倾斜度，则可用经纬仪检测；对柱子的挠曲度，可用线坠法测量。如超出规程允许范围，应加以纠正。

2. 构件长细比、局部平整度和损伤检测

构件的长细比在粗心的设计或施工中，以及构件的型钢代换中常被忽视而不满足要求，应在检查时重点加以复核。

构件的局部平整度可用靠尺或拉线的方法检查。其局部挠曲应控制在允许范围内。

构件的裂缝可用目测法检查，但主要用锤击法检查，即用包有橡皮的木槌轻轻敲击构件各部分，如出现声音不脆、传声不匀、有突然中断等异常情况，则必有裂缝。另外，也可用10倍放大镜逐一检查。如疑有裂缝，尚不肯定时，可用滴油的方法检查。无裂缝时，油渍呈圆弧形扩散；有裂缝时，油会渗入裂隙呈直线状伸展。

构件的裂缝也可用超声探伤仪检查，原理和方法与检查混凝土时相仿。

3. 构件连接的检测

钢结构损坏往往出现在连接处，故应将连接作为重点对象进行检查。连接的检查内容包括以下几项：

(1)检测连接板尺寸(尤其是厚度)是否符合要求。

(2)用直尺作为靠尺检查其平整度。

(3)检测因螺栓孔等造成的实际尺寸的减少。

(4)检测有无裂缝、局部缺陷等损伤。

目前焊接应用最广，出现损坏也较多，应检查其缺陷。检查焊接缺陷时，首先进行外观检查，借助10倍放大镜观察，并可用小锤轻轻敲击，细听异常声响。必要时可用超声探伤仪或射线探测仪检查。

单元二　钢结构锈蚀病害与维修

一、钢结构锈蚀的分类及产生原因

1. 钢结构锈蚀的分类

钢材由于和外界介质相互作用而产生的损坏过程称为腐蚀，又称钢材锈蚀。钢材锈蚀可分为化学腐蚀和电化学腐蚀两种。

(1)化学腐蚀是大气或工业废气中含的氧气、碳酸气、硫酸气或非电解质液体与钢材表面作用(氧化作用)产生氧化物引起的锈蚀。

（2）电化学腐蚀是由于钢材内部有其他金属杂质，具有不同电极电位，在与电解质或水、潮湿气体接触时，产生原电池作用，使钢材腐蚀。绝大多数钢材锈蚀是电化学腐蚀或化学腐蚀与电化学腐蚀同时作用形成的。

"铁锈"吸湿性强，吸收大量水分后体积膨胀，形成疏松结构，易被腐蚀性气体和液体渗入，使腐蚀继续扩展到内部。

钢材腐蚀速度与环境湿度、温度及有害介质浓度有关，在湿度大、温度高、有害介质浓度高的条件下，钢材腐蚀速度加快。

2. 钢结构锈蚀产生的原因

在长时间的外界作用下，钢结构的防腐涂层会不可避免地出现一些腐蚀缺陷，如粉化、龟裂等，甚至老化失效，这时钢材很容易与周围的大气、水等环境介质直接接触，产生电化学腐蚀，这种腐蚀发展过程很快，一旦在钢结构表面发生，腐蚀的蚀坑会由坑底向纵深迅速发展，而且这会使钢材出现应力集中现象，反之又会加重钢材的腐蚀，产生一种钢材腐蚀的恶性循环。如果不对钢材的防腐涂层进行保护，当它失去原有功能后，外界腐蚀性介质就很容易对钢结构产生不可修复的损坏。

二、钢结构锈蚀的检查与防护措施

（一）钢结构锈蚀的检查

1. 腐蚀程度的分级

锈蚀处理的工程往往是已经做过防护，涂层仍良好或发生不同程度锈蚀损坏的钢结构。要有效地处理好锈蚀的结构，必须先对结构构件锈蚀程度做仔细的检查，然后才能针对具体情况加以有效处理。

钢材的锈蚀形态可分为全面锈蚀（普遍性锈蚀）和局部锈蚀。全面锈蚀是表面均匀的腐蚀；而孔蚀、沟蚀、间隙锈蚀、接触处锈蚀、漆膜脱落锈蚀都属于局部锈蚀。

为了鉴定锈蚀损坏程度，一般将其分为五级：

A 级——良好。构件基本没有锈蚀，涂层漆膜还有光泽，个别构件可有少量锈点。

B 级——局部锈蚀。构件基本没有锈蚀，面漆有局部脱落，底漆完好，个别构件有少量锈点或构件边缘、死角、缝隙、隐蔽部分有锈蚀。

C 级——较严重。构件有局部锈蚀、面漆脱落面积达 20％左右，底漆也有局部透锈，其基本金属完好，应进行维护准备工作。

D 级——严重。构件锈蚀面积达 40％左右，面漆大片脱落，但基本金属没有破坏，应立即进行维护工作。

E 级——特别严重。构件基本金属已有腐蚀，应立即测量构件断面削弱程度，计算是否需要更换构件或采取加固措施。

2. 重点检查部位

一般而言，室外钢结构比室内易锈蚀；湿度大易积灰部分容易锈蚀；焊接节点处易锈蚀；涂层难于涂刷到的部位易锈蚀。

钢结构锈蚀检查特别要注意的部位有：埋入地下的地面附近部位；可能存积水或遭受水

蒸气侵蚀部位；经常干湿交替且未包混凝土构件；易积灰且湿度大的构件部件；组合截面净空小于 12 mm，难以涂刷油漆的部位；屋盖结构、柱与屋架节点、吊车梁与柱节点部位。

课堂小提示

钢结构在使用过程中要定期检查，如发现基本金属有锈蚀，要采用测量工具或测厚仪器查明构件断面削弱程度，通过计算确定是否要采用更换或加固措施。

(二)钢结构锈蚀的防护措施

防止钢结构锈蚀，采用各种不易锈蚀的合金钢是不易做到的，因为代价比较高昂，比较实际的措施还是涂层保护。一般室内钢结构，在正常条件下施工涂层(温湿度合适、表面处理良好、涂层质量可靠、有适当厚度)，使用年限在 20～30 年；在工业区，钢结构涂层通常能 3～5 年保持不坏，有的可达 8 年完好。另外，在有介质侵蚀环境中，只要定期检查维护，钢结构利用涂层来防腐蚀也是可行的。

涂层可形成一层致密的连续膜，起到物理性屏蔽作用，使有害介质同结构表面隔离，它的绝缘性阻止了离子移动，从而起到了防腐蚀作用。只有涂层损坏，钢材才会受腐蚀；而涂层损坏的原因多种多样，大多数是表面处理不干净，造成凹凸不平、残渣存在、留下间隙、带来气泡起鼓日久脱落，也有因光的老化作用使涂层脆裂，湿、热、霉的作用使涂层早损；还有因涂层与基层膨胀系数不一致使涂层损坏。涂层维护好了，钢结构使用寿命就能延长。

钢结构防腐蚀的方法很多，如使用耐蚀钢材、钢材表面进行氧化处理、表面用金属镀层保护和涂层涂料保护等。过去用油漆等涂料来保护钢结构，后来也有以镀锌、喷铝等方法来抗腐蚀的。近年来，人们一直在寻求一种积极的提高钢材本身抗腐蚀性能的方法，通常可在低碳钢冶炼时加入适量的磷、铜、铬和镍等元素，使之和钢材表面外的大气化学反应形成致密的防锈层，起隔离大气的覆盖层作用，且不易老化和脱落。这是目前国外金属抗腐蚀研究的发展趋势。

三、钢结构腐蚀的修补

对于已有腐蚀的钢结构腐蚀的修补处理，采用涂层防腐蚀是可以实现的；涂层防腐蚀不仅效果好，而且价廉、品种多、适用范围广、施工方便，基本不会增加结构质量，还可以赋予构件各种色彩。涂层防腐蚀在一定周期内注意维护是可耐久的，所以仍被广泛采用。

涂层(俗称油漆)能防止钢材腐蚀，是因为涂层有坚实的薄膜，使构件与周围腐蚀介质隔离，涂层有绝缘性能够阻止离子活动。防腐蚀涂层要起作用，必须在涂刷前将钢材表面腐蚀性物质和涂膜破坏因素彻底除掉。

原有钢结构的涂层防腐蚀处理较新建钢结构复杂，很难用单一涂层材料和统一处理方法来解决，必须根据实际情况选择涂层材料，决定除锈和涂刷程序；根据锈蚀面积来决定局部维护涂层还是全面维修涂层，一般锈蚀面积超过 1/3 的要全面重新做涂层；周期性的(一般视情况 3～5 年)全面涂层维修是十分必要的。

钢结构防锈蚀涂层处理包括旧漆膜处理、表面除锈处理、涂层选择。

1. 旧漆膜处理

如旧漆膜完好，只需用刷子刷去灰尘，用肥皂水或稀碱水揩抹干净，用清水冲洗抹干，打磨后涂漆；如旧漆膜大部分完好，局部有锈损，只需将局部漆膜按上述方法清除干净，再嵌批腻子、打磨、补刷涂油漆，做到与旧漆膜平整，颜色一致；如结构锈蚀面积较大，旧漆膜已脱皮起壳，则应将旧漆膜全部清除，有碱水清洗、有机溶剂清洗等清除方法。

(1)碱液清洗法。碱液清洗法是借助碱对涂层的作用，使涂层松软、膨胀，从而容易除掉。该法与有机溶剂法相比成本低、生产安全、没有溶剂污染。但需要一定的设备，如加热设备等。碱液的组成和质量比应符合表 5-1 的规定。使用时，将上述混合物以 6%～15% 的比例加水配制成碱溶液，并加热到 90 ℃左右时，即可进行脱漆。

表 5-1　碱液的组成及质量比

组成	重量比/%	组成	重量比/%
氢氧化钠	77	山梨醇或甘露醇	5
碳酸钠	10	甲酚钠	5
OP—10	3	—	—

(2)有机溶剂清除法。脱漆前应将物件表面上的灰尘、油污等附着物除掉，然后放入脱漆槽中浸泡，或将脱漆剂涂抹在物件表面上，使脱漆剂渗到旧漆膜中，并保持"潮湿"状态，否则应再涂。浸泡 1～2 h 后或涂抹 10 min 左右后，用刮刀等工具轻刮，直至旧漆膜被除净为止。有机溶剂脱漆法具有效率高、施工简单、不需加热等优点。但有一定的毒性、易燃和成本高的缺点。

有机溶剂脱漆剂有两种配方，见表 5-2。

表 5-2　有机溶剂脱漆剂配方

配方一		配方二			
甲苯	30 份	甲苯	30 份	苯酚	3 份
乙酸乙酯	15 份	乙酸乙酯	15 份	乙醇	6 份
丙酮	5 份	丙酮	5 份	氨水	4 份
石蜡	4 份	石蜡	4 份	—	—

2. 表面除锈处理

表面除锈处理是保证涂层质量的基础，包括除锈和控制钢材表面粗糙度。除锈方法有手工工具处理、机械工具处理、喷砂处理、化学剂处理等。对于已有钢结构的防腐处理往往在不停产条件下进行，喷砂和化学剂处理不大可能采用，主要采用手工和机械工具除锈。

(1)手工除锈。钢结构表面的铁锈，可用钢丝刷、钢丝布或粗砂布擦拭，直到露出金属本色，再用棉纱擦净。该法工具简单、施工方便，但生产效率低、劳动强度大、除锈质量差、影响周围环境，故只有在其他方法不宜使用时才采用。

(2)动力工具除锈。动力工具除锈是利用压缩空气或电能为动力，使除锈工具产生圆周式或往复式运动，产生摩擦或冲击来清除铁锈或氧化薄钢板等。动力工具除锈比手工除锈效率高、质量好，是目前一般常用的除锈方法。常用动力除锈工具有气动端型平面砂磨机、气动角向平面砂磨机、电动角向平面砂磨机、直柄砂轮机、风动钢丝刷、风动打锈锤、风动齿形旋转式除锈器、风动气铲等。

（3）喷砂除锈。喷砂除锈是利用经过油、水分离处理过的压缩空气将磨料带入并通过喷嘴以高速喷向钢材表面，利用磨料的冲击和摩擦力将氧化皮、锈及污物等除掉，同时使表面获得一定的粗糙度，以利于漆膜的附着。

喷砂处理的优点是质量好、效率高、操作简单；但是产生的灰尘太大，施工时应设置简易的通风装置，操作人员应戴防护面罩或风镜和口罩。经过喷砂处理后的金属结构表面，可用压缩空气进行清扫，然后用汽油或甲苯等有机溶剂清洗，待金属结构干燥后，就可进行刷涂操作。

（4）酸洗除锈。酸洗除锈也称化学除锈，其原理就是利用酸洗液中的酸与金属氧化物进行化学反应，使金属氧化物溶解，生成金属盐并溶于酸洗液中，而除去钢材表面的氧化物及锈。酸洗除锈比手工和动力机械除锈的质量高，与喷射方法除锈质量等级 Sa2 基本相当，但酸洗后的表面不能造成像喷射除锈后形成的适用于涂层附着的表面粗糙度。

除锈是涂层防腐主要环节，处理质量十分关键。经表面处理后的钢材，将产生凹凸面，称为表面粗糙度，而表面粗糙度影响涂层漆膜防腐蚀能力。表面处理应达到有关标准要求，国际上常用瑞典标准（SIS）。

知识链接

钢材表面喷砂处理注意事项

（1）喷砂所用的压缩空气不能含有水分和油脂，所以在空气压缩机的出口处，装设油水分离器。压缩空气的压力一般在 0.35～0.4 MPa。

（2）喷砂所用的砂粒应坚硬有棱角，粒度要求为 1.5～2.5 mm，除经过筛去泥土杂质外，还应经过干燥。

（3）喷砂时，应顺气流方向，喷嘴与金属表面一般呈 70°～80°夹角，距离一般在 100～150 mm。喷砂除锈要对金属表面无遗漏地进行。经过喷砂的表面，要达到一致的灰白色。

3. 涂层选择

涂层选择包括涂层材料品种选择、涂层结构选择和涂层厚度确定。

（1）涂层材料品种选择。品种选择取决于使用条件，在工业大气侵蚀下，可选用防锈漆；在有腐蚀性介质环境中应选用防腐漆；处于高温条件作用下，选用耐热漆；室外结构涂层要选有较好耐候性能的漆。

涂料（油漆）可分为底漆和面漆，中涂漆成分介于两者之间，现较少使用，而直接将面漆涂刷于底漆之上。底漆中含粉料多、基料少，成膜粗糙，与钢材表面的粘结附着力强，与面漆结合性好。面漆中粉料少、基料多，成膜有光泽，既能保护底漆，抗大气和有害介质作用，又美观，现在趋势是使用更多的合成树脂来提高涂层抗风化能力。

涂料品种繁多，性能用途各异，在选择时应重视底漆和面漆的配套使用。

1）底漆选择：底漆的功能主要是使漆膜与基层结合牢固，表面又易被面漆附着；底漆渗水性要小，要有防锈蚀性能好的颜料和填料阻止锈蚀发生。常用防锈底漆的性能和适用范围见表 5-3。

表 5-3 常用防锈底漆的性能和适用范围

名称	型号	性能	适用范围	配套要求
红丹油性防锈漆 红丹酚醛防锈漆 红丹醇酸防锈漆	Y53-1 F53-1 C53-1	防锈能力强、耐候性好、漆膜坚韧、附着力较好、含铅、有毒；红丹油性防锈漆干燥慢	适用于内外钢结构防锈打底； 不能用于铝、锌有色金属表面，因会加速铝腐蚀；与锌附着力差	与油性磁漆、酚醛磁漆和醇酸漆配套使用； 不能与过氯乙烯漆配套； C53-1 与磷化底漆配套，防锈更好
云母氧化铁底漆		热稳定性好、耐碱性好、防锈性较好、无毒、价廉	适用于室内外钢结构，在热带和湿热条件使用	可与各类面漆配套使用
硼钡酚醛防锈漆		是新型材料，防锈性能良好、附着力强、抗大气性能好、干燥快	适用于室内外钢结构	与酚醛磁漆或醇酸磁漆配套使用
无机富锌底漆		突出的耐水性及耐酸、耐油、耐干湿交替、耐盐雾作用，长期暴晒不老化，但对基层处理要求严格	适用于水下工程、水塔、水槽、油罐内外壁及海洋钢构筑物	可做面漆，与环氧磁漆、乙烯磁漆配套效果更好
磷化底漆	X06-1	附着力极强，可使金属表面形成纯漆膜，延长有机涂层寿命	只能与某些底漆（如过氯乙烯底漆）配套使用，增加附着力，不能代替底漆使用	不能与碱性涂料配套使用
铁红油性防锈漆 铁红酚醛防锈漆	Y53-2 F53-2	附着力强，防锈性次于红丹防锈漆，耐磨性差	适合防锈性要求不高、腐蚀情况不太严重的钢结构表面打底	与酚醛磁漆配套使用
铁红过氯乙烯底漆	G06-4	防锈和耐腐蚀性好，能耐海洋性及湿热带气候，防霉性能好	适用于沿海及湿热带气候条件下的钢结构	与磷化底漆和过氯乙烯磁漆配套使用
铁红环氧底漆	H06-2	漆膜坚韧，附着力强，防锈、耐水性比一般油性和醇酸底漆好	适用于沿海及湿热带气候条件下的钢结构	与磷化底漆和环氧磁漆配套使用； 与磷化底漆配套使用性能提高
铁红醇酸底漆	C06-1	附着力和防锈性能良好，在湿热性气候和潮湿条件下耐久性差	适用于一般较干燥处钢结构表面防锈打底	与硝基磁漆、醇酸磁漆和过氯乙烯漆配套使用

2)面漆选择：面漆的主要功能是保护下层底漆，所以面漆要有良好的耐气候作用，抗风化、不起泡、不龟裂、不易粉化和渗透性小。另外，面漆还应与底漆有良好结合性能，配套使用(表5-4)。对于已有钢结构涂层维修处理，涂料选择还应考虑与旧漆膜的结合性。

(2)涂层结构选择。涂层使用耐久年限，除表面处理影响外，很大程度与涂层结构是否合理有关；在设计涂层上要按10～15年来考虑涂刷周期，4～6年钢结构表面要重做防护涂层是不太经济的。法国埃菲尔铁塔平均13年涂刷普通红丹底漆一次，德国门斯登桥平均16年涂刷一次。所以，除重视涂层选料外，注意合理涂层结构、重视施工操作工艺，是能保持较长维修周期的。

表 5-4　常用防锈面漆性能和适用范围

名称	型号	性能	适用范围	配套要求
醇酸磁漆	C04-42 C04-2	耐候性和附着力良好(C04-42较C04-2更好)，漆膜坚韧，有较好光泽和机械强度	适用于室内钢结构	先涂1～2道C06-1铁红醇酸底漆，再涂两道C06-10醇酸底漆，后涂面漆
灰醇酸磁漆("66"灰色户外面漆)	C04-45	耐候性强，比C04-42年限长1～2倍，透水、透气性差，漆膜呈美术花纹、坚韧	适合大型室外钢结构表面用漆，桥梁、高压线塔用漆	先涂F53-1红丹酚醛防锈漆或F53-9防锈漆两道，再涂该面漆三道，漆膜总厚度＞200μm
酚醛磁漆	F04-1	附着力较好，光泽好，耐候性较C04-42差，漆膜坚硬	适用于室内钢结构	与红丹防锈漆、铁红防锈漆配套使用
过氯乙烯磁漆 过氯乙烯清漆	G52-1 G52-2	耐候性、耐酸碱性良好，附着力较差，配合得好可以弥补	适合防工业大气，用于室内外钢结构	与G06-4或X06-1配套使用
环氧耐酸漆	H52-3	附着力好，耐盐水性能良好，有一定耐酸、碱腐蚀能力，漆膜坚韧耐久	适合防工业大气，适用于室内外钢结构	与X06-1和H06-2配套使用
环氧硝基磁漆	H04-2	耐候性良好，有较高机械强度，耐油性好	适合防工业大气，适用于湿热气候室内外钢结构	与环氧底漆配套使用
纯酚醛磁漆	F04-11	漆膜坚硬，耐水性、耐候性和耐化学性均比F04-1好	适用于防潮和干湿交替处钢结构	各种防锈漆可配套使用
灰酚醛防锈漆	F53-2	耐候性较好，有一定耐水性和防锈能力	适用于室内外钢结构，多做面漆用	与红丹或铁红类防锈漆配套使用
沥青清漆	L01-6	耐水、耐腐蚀性能良好，耐候性能差	适用于室内钢结构，做防潮、防水、耐酸保护层	底漆兼做面漆不少于两道

名称	型号	性能	适用范围	配套要求
沥青耐酸漆 铝粉沥青漆	L50-1 L50-1 加铝粉	附着力良好，耐酸腐蚀，加铝粉后耐候性能改善	L50-1 适用于室内钢结构防腐蚀，加铝粉后可用于室外耐酸钢结构防腐	底漆兼面漆一般涂两道
醇酸烟囱漆	C83-1	耐候性较好，有一定耐热性	适用于钢烟囱表面和一般耐热构件	底漆兼面漆一般涂两道
黑酚醛烟囱漆	F83-1	短时间内能耐 400℃高温而不易脱落	适用于钢烟囱表面和一般耐热构件	底滚兼面漆一般涂 1～2 道

涂层结构要放弃过去一般采用的"一底两度"不变结构，而由底漆、腻子、两道底漆（或中涂层）和面漆组成。

第一层底漆保证可靠的粘结，起防锈、防腐、防水作用。

第二层腻子起平整表面作用。

第三层两道底漆在较高要求工程中采用，起填补腻子细孔作用。

第四层面漆保护底漆，并使表面获得要求的色泽，起装饰效果。

第五层罩光面漆，可增加光泽和耐腐蚀等作用，在面漆外再涂一层罩光清漆或面漆。

钢结构中全面统刮腻子是很少的，一般用两道底漆和两三道面漆结构，底漆道数增加可起填平基层作用，也可保证漆膜总厚度。

（3）涂层厚度确定。漆膜厚度影响防锈效果，增加漆膜厚度是延长使用年限的有效措施之一。一般钢结构防护涂层总厚度要求室内不小于 100 μm，室外应不小于 15 μm，腐蚀性环境中漆膜应加厚。漆膜厚度很难准确控制，故重要工程对各层漆膜厚度应测定。

知识链接

涂层施工注意事项

涂层质量与作业中的操作有很大关系，一般涂刷中要注意以下事项：

（1）除锈完毕应清除基层上的杂物和灰尘，在 8 h 内尽快涂刷第一道底漆，如遇表面凹凸不平，应将第一道底漆稀释后往复多次涂刷，使其浸入凹凸毛孔深部，防止空隙部分再生锈。

（2）避免在 5 ℃以下与 40 ℃以上气温及太阳光直晒下或 85％湿度以上情况下涂刷，否则易产生气泡、针孔和光泽下降等。

（3）底漆表面充分干燥以后才可涂刷次层油漆，间隔时间一般为 8～48 h，第二道底漆尽可能在第一道底漆完成后 48 h 内施工，以防第一道底漆漏涂引起生锈；对于环氧树脂类涂料，如漆膜过度硬化易产生漆膜间附着不良，必须在规定涂刷时间内做上面一层涂料。

（4）涂刷各道油漆前，应用工具清除表面砂粒、灰尘，对前层漆膜表面过分光滑或干后停留时间过长的，适当用砂布、水砂纸打磨后再涂刷上层涂料。

（5）一次涂刷厚度不宜太厚，以免产生起皱、流淌现象；应做交叉覆盖涂刷使膜厚均匀。

（6）涂料黏度过大时才使用稀释剂，稀释剂在满足操作需要情况下尽量少加或不加，掺用过多会使漆膜厚度不足，密实性下降，影响涂层质量。稀释剂使用必须与漆类型配套，一般来说，油基漆、酚醛漆、长油度醇酸磁漆、防锈漆用 200 号溶剂汽油、松节油；中油度醇酸漆用 200 号溶剂汽油与二甲苯（1∶1）混合剂；短油度醇酸漆用二甲苯；过氯乙烯漆采用溶剂性强的甲苯、丙酮。稀释剂用错会产生渗色、咬底和沉淀离析缺陷。

（7）焊接、螺栓的连接处、边角处最易发生涂刷缺陷与生锈，所以要注意不产生漏涂和涂刷不均，一般应加涂来弥补。

单元三　钢结构连接病害与处理

一、焊缝连接的病害与处理方法

钢结构焊接规范

（一）焊缝缺陷的形式

钢结构焊接过程中产生缺陷的形式如图 5-2 所示。

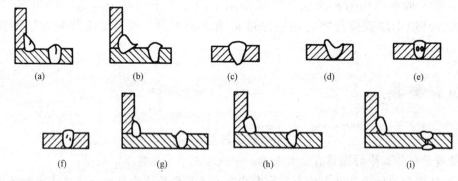

图 5-2　焊缝缺陷

(a)裂纹；(b)焊瘤；(c)烧穿；(d)弧坑；(e)气孔；(f)夹渣；(g)咬边；(h)未熔合；(i)未焊透

（二）焊缝缺陷检查方法

1. 焊缝外观检查

钢结构焊缝的外观检查主要是查看焊缝成型是否良好，焊道与焊道过渡是否平滑，焊渣、飞溅物等是否清理干净。具体应符合以下要求：

（1）焊缝外观检查时，应先将焊缝上的污垢除净后，凭肉眼目视焊缝，必要时用 5～20 倍的放大镜，看焊缝是否存在咬边、弧坑、焊瘤、夹渣、裂纹、气孔、未焊透等缺陷。

1)普通碳素钢应在焊缝冷却到工作地点温度以后进行。

2)低合金结构钢应在完成焊接 24 h 以后进行。

（2）焊缝金属表面焊波应均匀，不得有裂纹、夹渣、焊瘤、烧穿、弧坑和针状气孔等缺陷，焊接区不得有飞溅物。

（3）对焊缝的裂纹还可用硝酸酒精侵蚀检查，即将可疑处漆膜除净、打光，用丙酮洗净，滴上浓度为 5％～10％的硝酸酒精（光洁度高时浓度宜低），有裂纹即会有褐色显示，重要的焊缝还可采用红色渗透液着色探伤。

（4）二级、三级焊缝外观质量标准应符合表 5-5 的规定。

表 5-5　二级、三级焊缝外观质量标准　　　　　　　　　mm

项目	允许偏差	
缺陷类型	二级	三级
未焊满（指不满足设计要求）	≤0.2+0.02t，且≤1.0	≤0.2+0.04t，且≤2.0
	每 100.0 焊缝内缺陷总长≤25.0	
根部收缩	≤0.2+0.02t，且≤1.0	≤0.2+0.04t，且≤2.0
	长度不限	
咬边	≤0.05t，且≤0.5，连续长度≤100.0，且焊缝两侧咬边总长≤10％焊缝全长	≤0.1t 且≤1.0，长度不限
弧坑裂纹	—	允许存在个别长度≤5.0 的弧坑裂纹
电弧擦伤	—	允许存在个别电弧擦伤
接头不良	缺口深度 0.05t，且≤0.5	缺口深度 0.1t，且≤1.0
	每 1 000.0 焊缝不应超过 1 处	
表面夹渣	—	深≤0.2t，长≤0.5t，且≤20.0
表面气孔	—	每 50.0 焊缝长度内允许直径≤0.4t，且≤3.0 的气孔 2 个，孔距≥6 倍孔径

注：表内 t 为连接处较薄的板厚。

（5）对接焊缝及完全熔透组合焊缝尺寸允许偏差应符合表 5-6 的规定。

表 5-6　对接焊缝及完全熔透组合焊缝尺寸允许偏差　　　　　　　mm

序号	项目	图例	允许偏差	
			一、二级	三级
1	对接焊缝余高 C		$B<20$ 时 0～3.0	$B<20$ 时 0～4.0
			$B\geqslant20$ 时 0～4.0	$B\geqslant20$ 时 0～5.0
2	对接焊缝错边 d		$d<0.15t$，且≤2.0	$d<0.15t$，且≤3.0

（6）部分焊透组合焊缝和角焊缝外形尺寸允许偏差应符合表 5-7 的规定。

表5-7 部分焊透组合焊缝和角焊缝外形尺寸允许偏差   mm

序号	项目	图例	允许偏差
1	焊脚 尺寸 h_f		$h_f \le 6$ 时 $0 \sim 1.5$ $h_f > 6$ 时 $0 \sim 3.0$
2	角焊缝 余高 C		$h_f \le 6$ 时 $0 \sim 1.5$ $h_f > 6$ 时 $0 \sim 3.0$

注：1. $h_f > 8.0$ mm 的角焊缝，其局部焊脚尺寸允许低于设计要求值 1.0 mm，但总长度不得超过焊缝长度的 10%。
2. 焊接 H 形梁腹板与翼缘板的焊缝两端，在其两倍翼缘板宽度范围内，焊缝的焊脚尺寸不得低于设计值。

2. 焊缝无损检测

焊缝无损检测是焊缝质量检验时经常使用的方法。它的探伤速度快、效率高，轻便实用，而且对焊缝内危险性缺陷(包括裂缝、未焊透、未熔合)检验的灵敏度较高，成本也低，但是探伤结果较难判定，受人为因素影响大，且探测结果不能直接记录存档。

焊缝无损检测应符合下列规定：

(1)无损检测应在外观检查合格后进行。焊缝无损检测报告签发人员必须持有相应探伤方法的级或级以上资格证书。

(2)设计要求全焊透的焊缝，其内部缺陷的检验应符合《焊缝无损检测 超声检测 技术、检测等级和评定》(GB/T 11345—2013)的规定。

(3)焊接球节点网架焊缝的超声波探伤方法及缺陷分级应符合现行国家标准《钢结构超声波探伤及质量分级法》(JG/T 203—2007)的规定。

(4)螺栓球节点网架焊缝的超声波探伤方法及缺陷分级应符合现行国家标准《钢结构超声波探伤及质量分级法》(JG/T 203—2007)的规定。

(5)设计文件指定进行射线探伤或超声波探伤不能对缺陷性质做出判断时，可采用射线探伤进行检测、验证。

(6)射线探伤应符合现行国家标准《焊缝无损检测 射线检测 第 1 部分：X 和伽玛射线的胶片技术》(GB/T 3323.1—2019)的规定。

(7)下列情况之一应进行表面检测：

1)外观检查发现裂纹时，应对该批中同类焊缝进行 100% 的表面检测。

2)外观检查怀疑有裂纹时，应对怀疑的部位进行表面探伤。

3)设计图纸规定进行表面探伤时。

4)检查员认为有必要时。

(8)铁磁性材料应采用磁粉探伤进行表面缺陷检测。确因结构原因或材料原因不能使用磁粉探伤时，方可采用渗透探伤。

(9)磁粉探伤应符合现行国家标准《焊缝无损检测 焊缝磁粉检测 验收等级》(GB/T 26952—2011)的规定，渗透探伤应符合现行国家标准《焊缝无损检测 焊缝渗透检测 验收等级》(GB/T 26953—2011)的规定。

3. 超声波探伤

超声波探伤是利用一种人耳听不到的高频率(超过 20 kHz)的超声波在透入金属材料内部遇到异波的幅度可近似地评估缺陷的大小。其原理如图 5-3 所示。用于建筑钢结构焊缝超声波探伤的主要波型是纵波和横波。

圆管 T、K、Y 节点焊缝的超声波探伤方法及缺陷分级应符合下列规定：

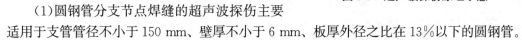

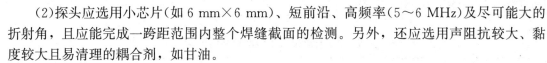

图 5-3　超声波探伤原理示意

(1)圆钢管分支节点焊缝的超声波探伤主要适用于支管管径不小于 150 mm、壁厚不小于 6 mm、板厚外径之比在 13%以下的圆钢管。

(2)探头应选用小芯片(如 6 mm×6 mm)、短前沿、高频率(5～6 MHz)及尽可能大的折射角，且应能完成一跨距范围内整个焊缝截面的检测。另外，还应选用声阻抗较大、黏度较大且易清理的耦合剂，如甘油。

(3)探伤面及探伤方法应符合下列规定：

1)T、K、Y 节点焊缝探伤应以支管表面作为探伤面，扫查时探头应与焊缝垂直。

2)可采用实测或计算机辅助计算出探伤部位的偏角 θ_B，并按下式求出该部位探测方向的曲率半径 ρ：

$$\rho = \frac{D}{2\sin^2\theta_B}$$

3)应按公称折射角 45°、60°、70°或 K 值(K_1、K_2、K_3)各自能探测的范围，将焊缝划分为若干 K 值的探头。对应于某一曲率半径的可用的最大折射角应按下式计算：

$$\beta_{max} = \sin^{-1}\left(1 - \frac{t}{\rho}\right)$$

4)应按下式计算半跨距声程修正系数 K 及水平距离修正系数 m：

$$K = \left(\frac{\rho}{t} - 1\right)\left\{\frac{\sin\left[\beta + \sin^{-1}\left(\frac{\rho}{\rho-t}\sin\beta\right)\right]}{\tan\beta}\right\}$$

$$m = \left[-\beta - \sin^{-1}\left(\frac{\rho}{\rho-t}\sin\beta\right)\right]\frac{\rho}{t}\cos\beta$$

式中　β——探头折射角；

　　　t——管壁厚。

(4)缺陷位置的判定方法应符合下列要求：

1)半跨距点和一跨距点的声程 $W_{0.5}$、$W_{1.0}$ 及探头与焊缝的距离 $Y_{0.5}$、$Y_{1.0}$ 分别按下式计算：

$$W_{0.5} = (t/\cos\beta)k$$
$$W_{1.0} = 2W_{0.5}$$
$$Y_{0.5} = (t/\tan\beta)m$$
$$Y_{1.0} = 2Y_{0.5}$$

2)探头与缺陷的距离 Y 及缺陷深度 d 根据读取的声程 W 按比例由下式近似求出：

当 $W < W_{0.5}$ 时，　　　　　　　　$Y = Y_{0.5} \times W/W_{0.5}$
$$d = t \times W/W_{0.5}$$

当 $W_{0.5} < W < W_{1.0}$ 时，
$$Y = Y_{0.5} \times W/W_{0.5}$$
$$d = 2t - t \times W/W_{0.5}$$

（5）全焊透焊缝中上部体积性缺陷的评定应符合表 5-8 的规定，根部缺陷的评定应符合表 5-9 的规定。

表 5-8　全焊透焊缝中上部缺陷的评定

级别	允许的最大缺陷指示长度
Ⅰ	小于或等于 $t/3$，最小为 10 mm 的Ⅱ区缺陷
Ⅱ	小于或等于 $2t/3$，最小为 15 mm 的Ⅱ区缺陷，点状的Ⅲ区缺陷
Ⅲ	小于或等于 t，最小为 20 mm 的Ⅱ区缺陷，小于或等于 10 mm 的Ⅲ区缺陷
Ⅳ	超过Ⅲ级者

表 5-9　全焊透焊缝根部缺陷的评定

级别	允许的最大缺陷指示长度	
	波高为Ⅱ区的缺陷	波高为Ⅲ区的缺陷
Ⅰ	小于或等于 $t/3$，最小可为 10 mm	小于或等于 10 mm
Ⅱ	小于或等于 10%周长	小于或等于 $2t/3$，最小可为 15 mm
Ⅲ	小于或等于 20%周长	小于或等于 t，最小可为 20 mm
Ⅳ	超过Ⅲ级者	超过Ⅲ级者

4. 射线探伤

钢结构焊缝射线探伤有 X 射线和 γ 射线两种。X 射线适用于厚度不大于 30 mm 的焊缝，大于 30 mm 者可用 γ 射线。X 射线可以有效地检查出整个焊缝透照区内所有缺陷，缺陷定性及定量迅速、准确，相片结果能永久记录并存档。

建筑钢结构 X 射线检验质量标准见表 5-10。

表 5-10　X 射线检验质量标准

项次	项目		质量标准	
			一级	二级
1	裂纹		不允许	不允许
2	未熔合		不允许	不允许
3	未焊透	对接焊缝及要求焊透的 K 形焊缝	不允许	不允许
		管件单面焊	不允许	深度≤10%δ，但不得大于 1.5 mm；长度≤条状夹渣总长
4	气孔和点状夹渣	母材厚度/mm	点数	点数
		5.0	4	6
		10.0	6	9
		20.0	8	12
		50.0	12	18
		120.0	18	24

续表

项次	项目		质量标准	
			一级	二级
5	条状夹渣	单个条状夹渣	$\delta/3$	$2\delta/3$
		条状夹渣总长	在 12δ 的长度内,不得超过 δ	在 6δ 的长度内,不得超过 δ
		条状夹渣间距/mm	$6L$	$3L$

点数是指计算指数,是 X 射线底片上任何 10 mm×50 mm 焊缝区域内(宽度小于 10 mm 的焊缝,长度仍用 50 mm)允许的气孔点数。母材厚度在表中所列厚度之间时,其允许气孔点数用插入法计算取整数。各种不同直径的气孔应按表 5-11 换算点数。

表 5-11 不同直径的气孔点数换算

气孔直径 /mm	<0.5	0.6～1.0	1.1～1.5	1.6～2.0	2.1～3.0	3.1～4.0	4.1～5.0	5.1～6.0	6.1～7.0
换算点数	0.5	1	2	3	5	8	12	16	20

5. 焊缝破坏性检验

(1)折断面检验。为了保证焊缝在剖面处断开,可预先在焊缝表面沿焊缝方向刻一条沟槽,槽深约为厚度的 1/3,然后用拉力机或锤子将试样折断。在折断面上能发现各种内部肉眼可见的焊接缺陷,如气孔、夹渣、未焊透和裂缝等,还可判断断口是韧性破坏还是脆性破坏。

焊缝折断面检验具有简单、迅速、易行和不需要特殊仪器和设备的优点,可在生产和安装现场广泛采用。

(2)钻孔检验。对焊缝进行局部钻孔检查,是在没有条件进行非破坏性检验下才采用,一般可检查焊缝内部的气孔、夹渣、未焊透和裂纹等缺陷。

(3)金相组织检验。焊接金相检验主要是研究、观察焊接热过程所造成的金相组织变化和微观缺陷。金相检验可分为宏观金相检验与微观金相检验。

金相检验的方法是在焊接试板(工件)上截取试样,经过打磨、抛光、侵蚀等步骤,然后在金相显微镜下进行观察。必要时可把典型的金相组织摄制成金相照片,以供分析研究。

通过金相检验可以了解焊缝结晶的粗细程度、熔池形状及尺寸、焊接接头各区域的缺陷情况。

📻 **课堂小提示**

动力荷载和交变荷载及拉力可使有缺陷的焊缝迅速开裂,造成严重后果,所以,对受动力荷载和交变荷载作用的结构,以及构件上拉应力区域,应严加检查,以防止出现遗漏。

(三)焊缝缺陷返修

焊缝检出缺陷后,必须明确标定缺陷的位置、性质、尺寸、深度部位,制定相应的焊缝返修方法。

1. 钢结构焊缝缺陷排除方法

钢结构焊缝缺陷排除方法见表5-12。

表 5-12　焊接缺陷排除方法

常见缺陷	特征	产生原因	检验方法	排除方法
焊缝形状以及尺寸不合要求	由于焊接变形造成焊缝形状翘曲或尺寸超差	(1)焊接顺序不当; (2)焊接前未留收缩余量	(1)目视检验; (2)通过量具检查	用机械方法或加热方法校正
咬边	沿焊缝的母材部位产生沟槽或凹陷	(1)焊接工艺参数选择不当; (2)焊接角度不当; (3)电弧偏吹; (4)焊接零件位置安放不当	(1)目视检查; (2)宏观金相检验	轻微的咬边可以用机械方法修锉,严重的可以进行补焊
焊瘤	熔化金属流淌到缝之外未熔化的母材形成金属瘤	(1)焊接工艺参数选择不当; (2)立焊时运条不当; (3)焊件的位置不当	(1)目视检查; (2)宏观金相检验	通过手工或机械的方法除去多余的堆积金属
烧穿	熔化金属从坡口背面流出、形成穿孔	(1)焊件装配不当; (2)焊接电流过大; (3)焊接速度过缓; (4)操作技术不熟练	(1)目视检查; (2)X射线探伤	消除烧穿孔洞边的残余金属,补焊填平孔洞

2. 外观缺陷返修

外观缺陷的返修比较简单,当焊缝表面缺陷超过相应质量验收标准时,对气孔、夹渣、焊瘤、余高过大等缺陷应用砂轮打磨、铲凿、钻、铣等方法去除,必要时应进行焊补;对焊缝尺寸不足、咬边、弧坑未填满等缺陷应进行焊补。

3. 无损检测缺陷返修

经无损检测确定焊缝内部存在超标缺陷时,应进行返修。返修应符合下列规定:

(1)返修前应由施工企业编写返修方案。

(2)应根据无损检测确定的缺陷位置、深度,用砂轮打磨或碳弧气刨清除缺陷。缺陷为裂纹时,碳弧气刨前应在裂纹两端钻止裂孔并清除裂纹及其两端各 50 mm 长的焊缝或母材。

(3)清除缺陷时,应将刨槽加工成四侧边斜面角大于 10° 的坡口,并修整表面、磨除气刨渗碳层。必要时,应用渗透探伤或磁粉探伤方法确定裂纹是否彻底清除。

(4)焊补时应在坡口内引弧,熄弧时应填满弧坑。多层焊的焊层之间接头应错开,焊缝长度应不小于 100 mm;当焊缝长度超过 500 mm 时,应采用分段退焊法。

(5)返修部位应连续焊成,如中断焊接时,应采取后热、保温措施,防止产生裂纹。再次焊接前宜用磁粉或渗透探伤方法检查,确认无裂纹后方可继续补焊。

(6)焊接修补的预热温度应比相同条件下正常焊接的预热温度高,并应根据工程节点的实际情况确定是否需要采用超低氢型焊条焊接或进行焊后消氢处理。

(7)焊缝正、反面各作为一个部位，同一部位返修不宜超过2次。

(8)对两次返修后仍不合格的部位应重新制订返修方案，经工程技术负责人审批并报监理工程师认可后方可执行。

(9)返修焊接应填报返修施工记录及返修前后的无损检测报告，作为工程验收及存档资料。

二、铆钉、螺栓连接的病害与处理方法

(一)铆钉、螺栓连接常见缺陷

铆钉连接常见的缺陷有铆钉松动、钉头开裂、铆钉被剪断、漏铆，以及个别铆钉连接处贴合不紧密。

高强度螺栓连接常见的缺陷有螺栓断裂、摩擦型螺栓连接滑移、连接盖板断裂、构件母材断裂。

(二)铆钉、螺栓连接缺陷检查方法

铆钉与螺栓连接检查，着重于铆钉和螺栓是否在使用阶段切断、松动和掉头，同时也要检查建造时留下的缺陷。

(1)铆钉检查采用目测或敲击，常用方法是两者相结合，所用工具有手捶、塞尺、弦线和10倍以上的放大镜。

(2)螺栓质量缺陷检查除目测和敲击外，尚需用扳手测试，对于高强度螺栓，要用测力扳手等工具测试。

(3)要正确判断铆钉和螺栓是否松动或断裂，需要有一定的实践经验，故对重要的结构检查，至少换人重复检查1或2次，并做好记录。

(三)铆钉、螺栓连接缺陷处理

1. 处理原则

发现铆钉松动、钉头开裂、铆钉剪断、漏铆等应及时更换、补铆，或用高强度螺栓更换(应计算做等强代换)，不得采用焊补、加热再铆方法处理有缺陷的铆钉。

2. 铆钉更换

(1)更换铆钉时，应首先更换损坏严重的铆钉，为避免风铲的振动削弱邻近的铆钉连接，局部更换时宜用气割割除铆钉头，但施工时，应注意不能烧伤主体金属，也可锯除或钻去有缺陷的铆钉。

(2)取出铆钉杆后，应仔细检查钉孔并予以清理。若发现有错孔、椭圆孔、孔壁倾斜等情况，当用铆钉或精制螺栓修复时，上述钉孔缺陷必须消除。为消除钉孔缺陷，应按直径增大一级予以扩钻，用直径较大级铆钉重铆，精制螺栓的直径应根据清孔和扩孔后的孔径确定。

(3)需扩孔时，若铆钉间距、行距及边距均符合扩孔后铆钉或螺栓直径的现行规范规定，扩孔的数量不受限制，否则扩孔的数量宜控制在50%范围内。如发现个别铆钉连接处

贴合不紧，可用防腐蚀的合成树脂填充缝隙。

（4）当在负荷状况下更换铆钉时，应根据具体情况分批更换。在更换过程中，铆钉的应力不得超过其强度。一般不容许同时去掉占总数 10% 以上的铆钉，铆钉总数在 10 个以下时，仅容许一个一个地更换。

3. 螺栓连接缺陷处理方法

（1）紧固后的螺栓伸出螺母处的长度不一致的处理。紧固后的螺栓伸出螺母处的长度不一致这一缺陷即使不影响连接承载力，至少也影响螺栓的外观质量和连接的结构尺寸，故应做适当处理。处理时，应首先判明其发生的原因，根据不同情况采取相应的处理方法。

（2）螺栓孔移位、无法穿过螺栓的处理。对普通螺栓，可用机械扩孔法调整位移，禁止用气割扩孔。对高强度螺栓，应先采用不同规格的孔量规分次进行检查：第一次用比孔公称直径小 1.0 mm 的量规检查，应通过每组孔数的 85%；第二次用比螺栓公称直径大 0.2～0.3 mm 的量规检查，应全部通过。对二次不能通过的孔应经主管设计同意后，采用扩孔或补焊后重新钻孔来处理。

（3）摩擦型高强度螺栓连接滑移处理。对于承受静载结构，如连接滑移是因螺栓漏拧或扭紧不足造成的，可采用补拧并在盖板周边加焊的方法来处理；对于承受动载结构，应使连接在卸荷状态下更换接头板和全部高强度螺栓，原母材连接处表面重做接触面处理。

对于连接处盖板或构件母材断裂，必须在卸荷情况下进行加固或更换。

（4）高强度螺栓断裂处理。如此缺陷是个别断裂，一般仅做个别替换处理，并加强检查；如螺栓断裂发生在拧紧后的一段时期，则断裂与材质密切相关，称高强度螺栓延迟（滞后）断裂，这类断裂是材质问题，应拆换同一批号全部螺栓；拆换螺栓要严格遵守单个拆换和对重要受力部位按先加固（或卸荷）后拆换的原则进行。

课堂小提示

　　如果钢结构上的螺栓和铆钉损害程度大，需更换的数量较多，为确保安全，修复时，应在卸载状态下进行。

单元四　钢结构变形和构件病害与处理

一、钢结构变形产生原因及处理

（一）钢结构变形的类型

钢结构的变形可分为总体变形和局部变形两类。总体变形是指整个结构的外形和尺寸发生变化，出现弯曲、畸变和扭曲等，如图 5-4 所示；局部变形是指结构构件在局部区域内出现变形，如构件凹凸变形、板边褶皱波浪变形、端面的角变位等，如图 5-5 所示。

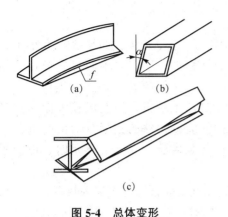

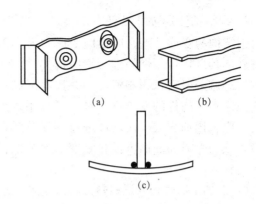

图 5-4　总体变形

(a)弯曲；(b)畸变；(c)扭曲

图 5-5　局部变形

(a)凹凸变形；(b)褶皱波浪变形；(c)角变位

总体变形与局部变形在实际的工程结构中有可能单独出现，但更多的是组合出现。无论何种变形都会影响到结构的美观，降低构件的刚度和稳定性，给连接和组装带来困难，尤其是附加应力的产生，将严重降低构件的承载力，影响整体结构的安全。

(二)钢结构变形损坏产生的原因

(1)原材料变形。钢厂出来的材料少数可能受不平衡热过程作用或其他人为因素影响而存在一些变形，所以，制作结构构件前应认真检查材料、矫正变形，不允许超出材料规定的变形范围。

(2)冷加工时变形。剪切钢板产生变形，一般为弯扭变形，窄板和厚板变形会大一点。刨削以后产生弯曲变形，薄板和窄板变形大一点。

(3)焊接、火焰切割变形。电焊参数选择不当，焊接顺序和焊接遍数不当，是产生焊接变形的主要原因。焊接变形有弯曲变形、扭曲变形、畸变、褶皱和凹凸变形。

(4)制作、组装变形。制作操作台不平、加工工艺不当、组装场地不平、支撑不当、组装方法不正确等是钢结构制作中变形的主要原因。组装引起的变形有弯曲、扭曲和畸变。

(5)运输、堆放、安装变形。吊点位置不当，堆放场地不平和堆放方法错误，安装就位后临时支撑不足，尤其是强迫安装，均会使结构构件变形明显。

(6)使用过程中变形。长期高温的使用环境、使用荷载过大(超载)、操作不当使结构遭到碰撞、冲击，都会导致结构构件变形。

(三)钢结构变形损坏的处理

1. 钢结构变形损坏处理原则

(1)碳素结构钢在温度低于－16 ℃，低合金结构钢在温度低于－12 ℃时，不得进行冷矫正。

(2)碳素结构钢和低合金结构钢在加热矫正时，加热温度应根据钢材性能选定，但不得超过 900 ℃。低合金钢在加热矫正后应缓慢冷却。

(3)当构件变形不大时，可采用冷加工矫正和热加工矫正，当变形较大又很难矫正时，应采用加固或调换新件进行修复。

2. 钢结构变形损坏处理方法

钢结构的变形处理，应根据变形的大小采取不同的处理方法。如果变形大小未超过容许破坏程度，可不做处理。钢结构构件的容许破坏程度，应针对不同材质通过使用情况的大量调查研究，积累资料，并按实际破坏情况进行必要的验算和试验工作后，综合分析拟定；当构件的变形不大时，可采用冷加工和热加工矫正；当变形较大而又很难矫正时，应采用加固或调换新件进行修复。对变形构件应按构件的实际变形情况进行强度验算，截面上局部变形可按扣除变形部分的截面进行强度验算，强度不足时，也应采取加固措施。

(1)热加工法矫正变形。热加工法是采用乙炔气和氧气混合燃烧火焰为热源，对变形结构构件进行加热，使其产生新的变形，来抵消原有变形的方法。正确控制火焰和温度是关键。加热方式有点状加热、线状加热(有直线、曲线、环线、平行线和网线加热)和三角形加热。采取热加工矫正方法时，首先要了解变形情况，分析变形原因，测量变形大小，做到心中有数；其次确定矫正顺序，原则上是先整体变形矫正，后局部变形矫正，矫正后要对构件进行修整和检查。

(2)冷加工法矫正变形。钢结构冷加工法矫正变形可分为手工矫正和机械矫正。

1)手工矫正。采用大锤和平台为工具，适合于尺寸较小的零件局部变形矫正，也可作为机械矫正和热矫正的辅助矫正方法。手工矫正是用锤击使金属延伸达到矫正变形的目的。

2)机械矫正。采用简单弓架、千斤顶和各种机械来矫正变形。表 5-13 是机械矫正变形的几种方法及其适用范围。

表 5-13　机械矫正变形方法

矫正方法		示意图	适用范围
拉伸机矫正			薄板凹凸及翘曲矫正，型材扭曲矫正，管材、线材、带材矫直
压力机矫正			管材、型材、杆件的局部变形矫正
辊式机矫正	正辊	角钢	板材、管材矫正，角钢矫直
	斜辊		圆截面管材及棒材矫正
弓架矫正		变形型钢	型钢弯曲变形(不长)矫正

续表

矫正方法	示意图	适用范围
千斤顶矫正	垫梁　千斤顶	杆件局部弯曲变形矫正

课堂小提示

冷加工矫正方法必须保证杆件和板件无裂纹、缺口等损伤，利用机械使力逐渐增加，变形消失后应使压力保持一段时间。

二、钢构件裂纹产生原因及处理

(一)钢构件裂纹产生原因

钢结构构件裂缝在钢结构制作、安装和使用阶段都会出现，原因大致有以下几种：
(1)构件材质差。
(2)荷载或安装、温度和不均匀沉降作用，产生的应力超过构件承载能力。
(3)金属可焊性差或焊接工艺不妥，在焊接残余应力下开裂。
(4)构件在动力荷载和反复荷载作用下疲劳损伤。
(5)构件遭受意外冲撞。

(二)钢结构构件裂缝处理措施

1. 裂缝处理基本要求

在全面、细致地对同批同类构件进行检查后，还要对裂缝附近构件的材质和制作条件进行综合分析，只有在钢材和连接材料都符合要求，且裂缝又是少数的情况下，才能对裂缝进行常规修复；如果裂缝产生归因于材料本身或裂缝较大且相当普遍，则必须对构件做全面分析，找出事故原因，慎重对待，要采用加固或更新构件方法处理，不能修补了事。

2. 较小裂缝处理

较小裂缝可按下述方法处理：
(1)用电钻在裂缝两端各钻一直径为 12～16 mm 的圆孔(直径大致与钢材厚度相等)，裂缝尖端必须落入孔中，减小裂缝处应力集中。
(2)沿裂缝边缘用气割或风铲加工成 K 形(厚板为 X 形)坡口。
(3)裂缝端部及缝侧金属预热到 150 ℃～200 ℃，用焊条(Q235 钢用 E4316，16Mn 钢用 E5016)堵焊裂缝，堵焊后用砂轮打磨平整为佳。
(4)除上述常规方法外，铆接构件铆钉附近裂缝，在其端部钻孔后，用高强度螺栓封住。

3. 较大裂缝处理

如果裂缝较大，或出现网状、分叉裂纹区，甚至出现破裂时，应进行加固修复，一般采用加拼接板或更换有缺陷部分的措施。对局部破裂构件应采取加固修复措施，如起重机梁腹板局部破裂，可用两侧加拼接板以电焊或高强度螺栓连接，拼接板的总厚度不得小于梁腹板的厚度，焊缝厚度与拼接板板厚相等。修复可按下列顺序进行：割除已破坏的部分→修理可保留的部分→用新制的插入件修补割去的破坏部分。

项目小结

本项目讲述的是钢结构工程维修基础知识。钢结构实施过程中可能会存在各种缺陷，钢结构缺陷的产生主要取决于钢材的性能和成型前已有的缺陷、钢结构的加工制作和安装工艺、钢结构的使用维护方法等因素。在使用过程中，有的钢结构要承受重复荷载的作用，有的要承受高温、低温、潮湿、腐蚀性介质的作用。钢结构因其连接构造传递应力大，结构对附加的局部应力、残余应力、几何偏差、裂缝、腐蚀、振动、撞击效应也比较敏感，因此，须对钢结构的可靠性进行检测。为了做好钢结构的维修工作，必须先查明使用中的钢结构及构件出现的各类损坏病害产生的原因，以便及时采取预防措施，并确定具体的修补方法。

课后实训

1. 实训项目

讨论钢结构构件病害与维修方案。

2. 实训内容

同学们分成两组。通过讨论分析以下案例，理解并掌握钢结构构件病害产生原因及维修方案。

某钢厂均热炉车间内设特重级钳式起重机两台（20/30 t）。厂房建成使用 10 年左右，发现运锭一侧一列柱子的 39 根中，有 26 根（占 67%）在起重机肢柱头部位出现严重裂缝，如图 5-6 所示。多数裂缝开始于加劲肋下端，然后向下、向左右展开，有的裂缝已延伸到柱的翼缘，甚至有的翼缘全宽度

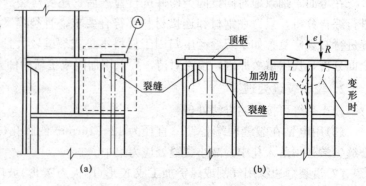

图 5-6　钢柱起重机肢柱头裂缝损坏

(a)起重机肢柱头裂缝；(b)Ⓐ处放大

裂透；有的裂缝延伸至顶板，并使顶板开裂下陷。

请问：该工程裂缝损坏产生的原因有哪些？提出具体的维修方案。

3. 实训分析

师生共同参考钢结构构件病害产生的原因及维修方案进行分析与评价。

_____

_____

_____

_____

_____

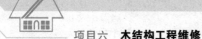

项目六

木结构工程维修

知识目标

1. 了解木结构损坏的现象，熟悉木结构损坏的原因；
2. 熟悉木结构损坏的检查方法，掌握木结构损坏的预防措施；
3. 掌握木结构的日常维护及加固维修方法。

技能目标

能够分析木结构损坏产生的原因，并根据木结构的使用特点进行必要的维护和采取相应的加固维修措施。

素质目标

1. 能独立制订学习计划，并按计划实施学习和撰写学习体会；
2. 会查阅相关资料、整理资料，具有阅读应用各种规范的能力；
3. 培养勤于思考、做事认真的良好作风，具有分析问题、解决问题的能力；
4. 具有团队合作精神、沟通交流和语言表达能力；
5. 培养吃苦耐劳、爱岗敬业的职业精神。

案例导入

某俱乐部 20 m 跨木屋架，因下弦使用了倾斜率达 18.3% 的斜纹木材，造成木材干裂折断事故，其断裂情况如图 6-1 所示。

假设你在物业服务企业工程部工作，请思考：此事故中裂缝产生的原因是什么？如何修补？

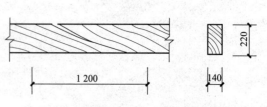

图 6-1　屋架斜纹木材下弦断裂情况

单元一 木结构损坏的检查及预防

　　木结构在正常的使用条件下，是耐久而可靠的，但由于受到设计、施工、使用、维护、材质等因素的影响，会产生腐朽、虫蛀、裂缝、倾斜、变形过大、缺陷、腐蚀等多种病害而过早破坏。因此，在使用过程中需要对木结构进行定期检查，加强预防，适时维修，以保证结构安全，延长其使用寿命。

一、木结构损坏的现象及产生原因

　　木结构的损坏现象主要为腐朽、蛀蚀、变形开裂、腐蚀、燃烧。

1. 腐朽

　　木材腐朽是指木材因木腐菌（真菌）的侵害而引起糟烂、解体的现象。真菌分霉菌、变色菌和腐朽菌三种。前两种菌对木材影响较小，但腐朽菌影响很大。腐朽菌寄生在木材的细胞壁中，它能分泌出一种酵素，把细胞壁物质分解成简单的养分，供自身摄取生存，从而致使木材产生腐朽，遭受彻底破坏。

2. 蛀蚀

　　木材除受真菌的侵蚀而被腐朽外，还会遭受昆虫的蛀蚀。昆虫在树皮内或木材细胞中产卵，孵化成幼虫，幼虫蛀蚀木材，形成大小不一的虫孔。蛀蚀木结构的昆虫主要是白蚁和木蜂。世界上已知危害房屋建筑的白蚁约 100 多种，主要危害品种有47 种。我国常见危害房屋建筑的白蚁有 6 种，包括黄胸散白蚁、家白蚁、木白蚁、黑翅土白蚁等。

3. 变形开裂

　　木材在干燥过程中，因为水分蒸发而产生变形开裂。木材干裂的规律是：一般裂缝均为径向，由表及里地向髓心发展。一般密度较大的木材，因其收缩变形较大而易于开裂。制作时含水率低的木材，干缩裂缝较轻微。有髓心的木材，裂缝较严重；没髓心的木材，裂缝较轻微。制作时，可采用"破心下料"的方法，将木材从髓心处锯开，获得径向材，减小木材干缩时的内应力，大大降低裂缝出现的可能性。

4. 腐蚀

　　许多工厂都需要使用或生产具有强腐蚀性的酸、碱、盐或有机溶剂等化工原料和产品。此外，有些工业生产过程中，还有腐蚀性的废气、废液或废渣排放出来。这些具有腐蚀性的物质浸入木材内部，就会使厂房建筑中的木结构受到腐蚀而发生破坏。

5. 燃烧

　　木材本身可以燃烧，而且在燃烧过程中产生热量，助长火焰的发展。这对木结构的防火是十分不利的。木材的燃烧，是由外向内使木材逐渐碳化，减小了构件的有效截面面积，使结构失去承载力。

课堂小提示

腐朽是木结构最严重的一个病害，木结构的使用寿命主要取决于腐朽的速度。调查表明，因腐朽造成的事故占木结构事故的一半以上。

二、木结构损坏的检查

为了做好木结构的维修工作，使其处于正常工作状态，必须定期对木结构进行检查，以便及时地发现问题，采取相应的预防措施。损坏严重者，应立即进行修缮处理，以确保房屋的正常、安全住用。

(一)木结构损坏检查方式

1. 全面的检查

木结构工程在交付使用前应进行一次全面的检查，应着重检查下列各项：

(1)构件支座节点和构件连接节点均应逐个检查，凡是松动的螺栓均应拧紧。

(2)跨度较大的梁和架的起拱位置和高度是否与设计相符。

(3)全部圆钢拉杆和螺栓应逐个检查，凡松动的螺栓应拧紧，并应检查丝扣部分是否正常，螺纹净面积有无过度削弱的情况，是否有防锈措施等。

2. 常规检查

在工程交付使用后的两年内，业主或物业管理部门应根据当地雪期、雨期和风期前后的气候特点每年安排一次常规检查。两年以后的检查，可视具体情况予以安排，但进行常规检查的时间间隔不应大于5年。

常规检查应着重检查下列各项：

(1)木屋架支座节点是否受潮、腐蚀或被虫蛀；天沟和天窗是否漏水或排水不畅；木屋架下弦接头处是否有拉开现象，夹板的螺孔附近是否有裂缝。

(2)木屋架是否明显下垂或倾斜；拉杆是否锈蚀，螺帽是否松动，垫板是否变形。

(3)构件支座和连接等部位木材是否有受潮或腐朽迹象。

(4)构件之间连接节点是否松动。当采用金属连接件时，固定用的螺帽是否松动，金属件是否有化学性侵蚀迹象。

(5)轻型木架的齿板表面是否有严重的腐蚀，齿板是否松动和脱落。

(6)对于暴露在室外或者经常位于潮湿环境中的木构件，构件是否有严重的开裂和腐朽迹象。

(7)木构件之间或木构件与建筑物其他构件之间的连接处，应检查隐藏面是否出现潮湿或腐朽。

(二)木结构损坏检查方法

木结构损坏情况的检查方法见表6-1。

表6-1　木结构损坏情况的检查方法

检查方法	检查内容
看	(1)看木构件有无过大的变形(弯曲变形、异常变形)、倾斜及材质缺陷； (2)看木构作有无受潮、腐朽虫蛀及腐蚀的迹象，看室内通风是否良好； (3)看木构件有无危害性较大的裂缝(干裂、劈裂、断裂)； (4)看木结构的构造是否符合要求，如木屋架的端节点、上下弦接头、支撑、保险螺栓的根数、直径； (5)看木结构中各种铁件有无锈蚀及锈蚀程度； (6)看木结构各受力构件的工作状况及整体稳定性
敲	(1)用小锤轻敲木构件，听声音是否低哑沉闷，以判断是否有腐朽、虫蛀、腐蚀、裂缝等； (2)用小锤轻敲各种铁件，以检查是否松动及其锈蚀程度
钻	用小木钻在损坏部位钻孔，从木屑的颜色和木材的强度来判别构件内部有无腐朽、虫蛀、腐蚀，以及腐朽、虫蛀、腐蚀的范围、深度和程度等

(三)木材缺陷的检查

木材由于本身构造上自然形成的某些缺陷，或由于保管不善受到损伤等，致使材质受到影响，降低了木材的使用价值，甚至完全不能使用。

木材的主要缺陷有节子、变色、腐朽、虫害、裂纹、夹皮、斜纹、钝楞等。为了合理加工使用木材，必须认识木材的各种缺陷及其对材质的影响，以便量材使用，提高木材利用率。

1. 节子

树木生长期间，生长在树上的活枝条或死枝条的基部，称为节子。节子的存在破坏了木材的完整性和均匀性，在许多情况下，降低了木材的力学强度，增大了切削阻力，使木材的使用受到一定影响。

节子按其断面形状分为圆形节、条状节和掌状节；按其和周围木材的结合程度又分为活节、死节和漏节。

(1)圆形节。节子断面呈圆形或椭圆形。圆形节多表现在原木的表面和成材的弦切面上。

(2)条状节。成单行排列的长条状。多呈现在成材的径切面上，多由散生节经纵割而成。

(3)掌状节。成两相对称排列的长条状。呈现在成材的径切面上，多由轮生节经纵割而成。

(4)活节。节子与周围木材全部紧密相连，节子的质地坚硬，构造正常，对木材的使用影响较小。

(5)死节。节子与周围木材部分脱离或完全脱离，节子质地有的坚硬(死硬节)、有的松软(松软节)；有的节子已开始腐朽，但还没有透入树干内部(腐朽节)。死节稍微用力敲击或锯割时撞击很容易从木材中脱出。

(6)漏节。其本身结构已大部分破坏，而且与木材内部腐朽相连。

死节和漏节对木材的使用影响很大，必须予以剔除或修补。

2. 虫害(虫眼)

有害昆虫寄生于木材中形成的孔道称为虫眼。根据蛀蚀程度，虫害可分为表皮虫沟、小虫眼和大虫眼三种。

(1)表皮虫沟是指昆虫蛀蚀木材的深度不足10 mm的虫沟或虫害，多数由小蠹虫蛀蚀而成。

(2)小虫眼是指虫孔的最大直径不足3 mm的虫眼，多数由小� 蛴虫(吉丁虫)等蛀蚀而成。

(3)大虫眼是指虫孔的最小直径为3 mm的虫眼，多由大蛴虫(大黑天牛、云杉天牛等的幼虫)蛀蚀而成。

表皮虫沟和小虫眼对木材的影响不大，因此不作为木材的评等标准。大虫眼由于孔洞大、蛀蚀较深，对木材的使用影响较大，木材评等级时需要考虑。

3. 变色和腐朽

木材受木腐菌的侵蚀，其正常材色发生变化，叫作变色。它是木材腐朽的初级阶段。变色有多种多样，最常见的有青皮和红斑。青皮是一种浅青灰色的变色，这种缺陷是木材伐倒后干燥迟缓或保管不善，受木材青变菌侵蚀而成；红斑是呈红棕色斑点，一般在立木内部形成。木材保管不善也有红斑发生。

青皮对木材的力学性能和使用没什么影响。红斑除对木材的冲击强度有所降低外，对木材的其他力学性能基本上没有什么影响。有的红斑木材耐久性比健全木材稍差。

木材受木腐菌的侵蚀，颜色发生变化，而且结构松软易碎，最后变成筛孔状或粉末状的软块，这就是木材的腐朽。木材腐朽不但改变了木材的颜色、容重和含水率，而且使木材的硬度和强度显著降低。因此，腐朽是评定木材等级的重要依据之一。木材腐朽轻者降低木材的等级，重者完全失去使用价值。

> **知识链接**

木结构腐朽的常见部位及外观检查

木结构腐朽的常见部位主要有以下几项：

(1)处于通风不良及经常受潮的部位。

(2)木材时干时湿的部位。

(3)温度、湿度较高房屋中的木构件。

(4)结构使用的木材易受菌害，耐腐性差，如马尾松、桦木等。

木材腐朽的外观检查主要有以下几项：

(1)颜色。由黄变深，年代越久越深，最后呈黑褐色。

(2)外形。木材干缩，龟裂成块，呈碎粉状，自然脱落，使木材断面缩小。

4. 弯曲

木材弯曲分为原木生长的自然弯曲和由于干燥不均或堆积不良引起的弯曲两种。

原木的自然弯曲只影响锯材的出材率，采用合理下锯法仍能得到合格的板方材。

因堆积不良和干燥不均匀引起的成材弯曲分为顺弯、横弯和翘弯三种。

(1)顺弯，即上下弯曲，为弓形弯曲(材面和材边同时弯曲)。

(2)横弯，即左右弯曲，为在平面内的横向弯曲(仅板边弯曲，板面不弯曲)。

(3)翘弯,为在材宽方向成卷瓦状的反翘(仅材面弯曲,板边不弯曲)。

成材弯曲增加了锯木加工工作量,降低了木材的利用率。

5. 钝楞和斜纹

成材边楞的欠缺称为钝楞。钝楞在有些产品部件上是允许的,但不能超过一定的限度。有些部件上不允许有钝楞,必须加以剔除或修补。

斜纹是木材纤维排列不正常而出现的木纹倾斜。斜纹在原木中呈螺旋状扭转,在成材的径切面上纹理呈倾斜方向。在锯割原木时,因下锯方向不对,即使通直正常的原木也可锯割出斜纹理板材,这就是人为斜纹理。

斜纹理对木材的力学性能影响较大,纵向收缩加大,干燥时易翘曲变形。

6. 裂纹和夹皮

树木生长期间或伐倒后,由于受到外力或温湿度变化的影响,致使木材纤维之间发生脱离的现象,称为裂纹。按开裂部位和方向的不同,裂纹可分为径裂、轮裂和干裂三种。

(1)径裂是木材横断面内沿半径方向的开裂。

(2)轮裂是木材横断面内沿年轮开裂的裂纹。轮裂有成整圈的(环裂)和不成整圈的(弧裂)两种。

(3)干裂是由于木材干燥不均而引起的纹裂。干裂按其在成材中的不同部位又分为端裂、面裂和内裂。

裂纹破坏了木材的完整性,降低了木材的强度。裂纹对锯材原木的影响,取决于锯材的用途,即对材质的要求。一般对成材影响较大,对出材率影响较小,对旋切或刨切单板影响较大。裂纹增加了工艺的复杂性,影响产品质量,降低了木材的利用率。

夹皮是树木受伤后继续生长,将受伤部位包入树干而形成的。夹皮有内夹皮和外夹皮两种。受伤部位还未完全愈合的叫作外夹皮;受伤部位完全被木质部包围的叫作内夹皮。

夹皮破坏了木材的完整性,并使木材带有弯曲年轮。夹皮随种类、形状、数量、尺寸及分布位置不同,对木材使用有不同的影响。

三、木结构损坏的预防措施

1. 防止腐朽措施

(1)限制木腐菌生长的条件。木材腐朽是由于木腐菌寄生繁殖所致,所以,可以通过破坏木腐菌在木材中的生存条件,达到防止腐朽的目的。温度:木腐菌能够生长的适宜温度是 25 ℃~30 ℃,当温度高于 60 ℃时,木腐菌不能生存,在 5 ℃以下一般也停止生长。含水率:通常木材含水率超过 20%~25%,木腐菌才能生长,但最适宜生长的含水率为 40%~70%,也有少量木腐菌的含水率为 25%~35%。不同的木腐菌对适宜生长有不同的要求。一般情况,木材含水率在 20%以下木腐菌就难以生长。

(2)构造上的防腐措施。屋架、大梁等承重构件的端部,不应封闭在砌体或其他通风不良的环境中,周围应留出不小于 5 cm 的空隙,以保证具有适当的通风条件。同时,为了防止受潮腐朽,在构件支座下,还应设防潮层或经防腐处理的垫木。木柱、木楼梯等与地面接触的木构件,都应设置石块垫脚,使木构件高出地面,与潮湿环境隔离。

(3)防腐的化学处理。木结构在使用过程中,若不能用构造措施达到防腐目的,则可采用化学处理的方法进行防腐。木材防腐剂的种类一般分为水溶性防腐剂、油溶性防腐剂、油类防腐剂和浆膏防腐剂。木材防腐的处理方法有涂刷法、常温浸渍法、热冷槽浸注法、压力浸渍法。

1）涂刷法适用于现场处理。

2）常温浸渍法把木材浸入常温防腐剂中处理。

3）热冷槽浸注法采用热、冷双槽交替处理。

4）压力浸渍法将需要处理的木材放入密闭压力罐中，充入防腐剂后密封施加压力（一般为 1～1.4 MPa），强制防腐剂注入木材中。

2. 防白蚁危害措施及施工要求

（1）防白蚁危害措施。防白蚁危害措施主要有以下两种方法：

1）生态预防，如改革房屋设计，改变环境条件，控制白蚁的生存条件。对于受白蚁危害地区的建筑物，设计上要注意通风、防潮、防漏和透光；选用具有抗御白蚁的树种，避免木材与土壤直接接触；房屋周围的木材、杂物等应及时清理，保持清洁，以防白蚁滋生。

2）药物处理，使木材能够抵抗白蚁的侵害。在白蚁危害严重的地区，对外露的木结构墙缝和木材裂缝，要用砂浆和腻子嵌填，以防止白蚁进入繁殖；对房屋易受白蚁蛀蚀的部位如木楼梯下、木柱脚、木梁、木屋架端节点等处，应喷洒或涂刷杀虫剂进行预防；对于新建房屋易受白蚁侵蚀的部位，可涂刷和浸渍防蚁药物进行处理。

（2）防白蚁危害施工要求。木结构工程防白蚁危害施工应符合以下要求：

1）木结构建筑受白蚁危害的区域划分应根据白蚁危害程度按表 6-2 确定。

表 6-2　白蚁危害区域划分

白蚁危害区域等级	白蚁危害程度
Z1	低危害地带
Z2	中等危害地带，无白蚁
Z3	中等危害地带，有白蚁
Z4	严重危害地带，有白蚁

2）当木结构建筑施工现场位于白蚁危害区域等级为 Z2、Z3 和 Z4 区域内时，木结构建筑的施工应符合下列规定：

①施工前应对场地周围的树木和土壤进行白蚁检查和灭蚁工作；

②应清除地基土中已有的白蚁巢穴和潜在的白蚁栖息地；

③地基开挖时应彻底清除树桩、树根和其他埋在土壤中的木材；

④施工木模板、废木材、纸质品及其他有机垃圾，应及时清理干净；

⑤进入现场的木材、其他林产品、土壤和绿化用树木，均应进行白蚁检疫，施工时不应采用任何受白蚁感染的材料；

⑥应按设计要求做好防治白蚁的其他各项措施。

3）当木结构建筑位于白蚁危害区域等级为 Z3 和 Z4 区域内时，木结构建筑应符合下列规定：

①直接与土壤接触的基础和外墙，应采用混凝土或砖石结构；

②当无地下室时，底层地面应采用混凝土结构；

③由地下通往室内的设备电缆缝隙、管道孔缝隙、基础顶面与底层混凝土地坪之间的

接缝，应采用防白蚁物理屏障或土壤化学屏障进行局部处理；

④外墙的排水通风空气层开口处应设置连续的防虫网，防虫网格栅孔径应小于 1 mm；

⑤当地基的外排水层或外保温绝热层高出室外地坪时，应采取局部防白蚁处理技术措施。

4)在白蚁危害区域等级为 Z3 和 Z4 的地区应采用防白蚁土壤化学处理和白蚁诱饵系统等防虫措施。土壤化学处理和白蚁诱饵系统应使用对人体和环境无害的药剂。

5)当木结构建筑位于白蚁危害区域等级为 Z4 区域时，结构用木材应使用防腐处理木材。

知识链接

白蚁的灭治方法

(1)喷粉法：药粉应喷到白蚁身上或喷在主巢、副巢、诱集箱、分飞孔、蚁路、被害物上等。应多点施药，并应保持预防对象的原貌、蚁路畅通、施药环境干燥。

(2)诱杀法：当在蚁路去向不清楚，不易找到蚁巢、白蚁活体时，宜采用诱杀法杀灭白蚁，并可采用下列方式：

1)诱杀箱：多用于室内，可用规格为 40 cm×30 cm×30 cm 的松木箱或纸箱，箱内应竖向放置饵料，箱面应进行覆盖。诱杀箱应置于发现蚁患的地方，待白蚁诱集较多时，将箱内饵料掀起，采用喷粉法进行杀灭。

2)诱杀坑：多用于野外土壤中，可先挖出规格为 50 cm×40 cm×30 cm 的坑，再在坑内放置饵料，并用防水材料覆盖，然后覆盖一定的土壤，待诱集到白蚁时，采用喷粉法等手段进行杀灭。

3)同步诱杀法：应将灭蚁药物和有较强引诱作用的饵料等制成饵剂，然后埋放在白蚁活动的地方，任其自行取食。

4)监测控制装置灭杀法：应将监测控制装置(地上型或地下型)安装在发现蚁患的地方，当发现有白蚁入侵数量较多时，可采用喷粉法或者投放饵剂的方法杀灭白蚁。

(3)挖巢法：应根据白蚁蚁巢外露迹象，准确判断出巢位，掌握开挖季节，彻底清除主、副巢。

3. 防腐蚀措施

(1)木结构应根据使用环境采取相应的化学防腐处理措施，在下列使用环境条件下，结构用木材应进行防腐处理：

1)浸在水中；

2)直接与土壤、砌体、混凝土接触；

3)长期暴露在室外；

4)长期处于通风不良且潮湿的环境中。

(2)木构件的机械加工应在防腐防虫药剂处理前进行；当对防腐木材做局部修整时，应对机械加工后的木材暴露表面，按设计要求涂刷同品牌同品种的药剂。

(3)木结构中使用的钢材、连接件与紧固件的防腐保护应符合下列规定：

1)板厚小于 3 mm 的钢构件及连接件应采用不锈钢或采用镀锌层单位质量不小于 275 g/m²

的镀锌钢板制作。

2)对于处于下列环境状态下的承重钢构件及连接件，应采用具有相应等级的耐腐性能的不锈钢、耐候钢等材料制作，或采取耐腐性能相当的防腐措施：

①潮湿环境；

②室外环境且对耐腐蚀有特殊要求的；

③在腐蚀性气态和固态介质作用下工作的。

3)与防腐处理木材或防火处理木材直接接触的钢构件及连接件，应采取镀锌处理或采用不锈钢、耐候钢等具有耐腐蚀性能的材料制作。镀锌层厚度或耐腐蚀性材料的等级应符合设计要求。

（4）木结构桥梁采用的结构用木材应做防腐处理，木构件在结构设计工作年限内应满足耐久性的规定；同时应采取减少水分和太阳辐射等影响的措施及自然通风措施。

4. 防火措施

（1）木结构应进行构件的耐火极限设计和结构的防火构造设计。

（2）木结构的防火应符合下列规定：

1)木结构构件应满足燃烧性能和耐火极限的要求；

2)木结构连接的耐火极限不应小于所连接构件的耐火极限；

3)木结构应满足防火分隔要求；

4)管道穿越木构件时，应采取防火封堵措施，防火封堵材料的耐火性能不低于相关构件的耐火性能；

5)木结构建筑中配电线路应采取防火措施。

（3）木结构施工现场堆放木材、木构件、木制品及其他易燃材料应远离火源，存放地点应在火源的上风向。严禁明火操作。

（4）木结构工程施工现场应采取防火措施或配置消防器材。

单元二　木结构的日常维护

一、结构安全使用的维护

（1）防止木结构超载。如改变房屋用途增加荷载；更换或增设较大、较重的设备；增加屋面盖材、吊顶、保温层；在木屋架、木梁等结构上悬挂重物等。

（2）防止任意削弱构件截面及连接点。如不得在承重结构上钻孔、打眼、砍削，以及随意拆改构件节点与连接点。

（3）禁止将一般木结构房屋改为高温、高湿的生产车间，以及改作有强侵蚀性介质（如酸、碱、盐、酸雾）的生产用房，不得任意增设具有强烈振动的机械设备。

（4）严格控制火源（取暖火炉、火盆、炊事照明用火、烟火、电线短路起火、大功率灯泡等），防止其与木构件靠近或采取防火构造措施，防止白蚁等害虫对木构件的蛀蚀。

（5）当发现木结构的危险症害时，应及时采取处理措施，如临时支撑、减荷、加固等。

二、受力构件正常工作的维护

（1）检查桁架上的钢拉杆和其他连接螺栓是否牢固，如有松动，势必会影响连接的受力，应及时拧紧。许多实例表明，及时维护钢拉杆和螺栓的正常工作，对防止木结构过度变形和延长木结构的寿命，具有重要的作用。

（2）及时处理节点承压面出现的离缝现象，恢复压杆的正常工作。

（3）锚固松脱的支撑杆件。

（4）补齐缺损的连接件。

三、结构防潮防腐的维护

（1）及时修补屋面局部渗漏，防止屋面木结构及木基层受潮。

（2）采取通风干燥和隔离的构造措施。如涂刷油漆或防腐剂，木结构与地面、砖墙等接触部位设置防潮层；木地板下和屋面与吊顶间设通风洞、通风窗，以便对流通风。

（3）采取隔汽或保温措施，以防水汽或结露对木结构的影响。

（4）及时削补或处理已腐朽的木构件。对严重腐朽者，可进行削补加固；对轻微腐朽者，可涂刷防腐剂，以防腐朽的扩大蔓延。

（5）钢拉杆及所有钢铁连接件应定期除锈并刷油漆。

课堂小提示

木结构的日常维护需要与检查工作相结合，当发现有可能危及木结构安全的情况时，应及时进行维护或加固。构件需进行结构性破坏的维修时，应经过专门设计才能进行。业主或物业管理部门宜对木结构建筑建立检查和维护的技术档案。对于木结构公共建筑和工业建筑应建立健全检查和维护的技术档案。

单元三　木结构的加固维修

一、木结构加固维修基本要求

木结构加固维修应符合以下基本要求：

（1）木结构的加固维修，应在对结构进行检查鉴定的基础上进行。

（2）对整个结构基本完好，仅在局部范围或个别部位有病害、破损的结构，应尽量在原有位置上，对原结构进行局部的维修与加固，对破损的杆件进行更换。

（3）只有在结构普遍严重损坏，或整体的承载能力不足的情况下，并经多种方案综合比较后，才能采取整个结构翻修或换新的方法。

（4）对木结构进行加固维修施工时，要尽量减少或避免对原有结构的影响。加固工作往往是在荷载作用下进行的，首先应设置牢固可靠的临时支撑，同时要避免较大的振动或撞击，以防产生不利影响。

（5）新增设的杆件、铁杆、夹板等应选材合理、构造符合要求，主要部位应按结构计算，以确定增设杆件、铁杆等的截面尺寸及配置数量。

二、木梁和檩条的加固维修

1. 构件端部腐朽的加固维修

先将构件临时支撑好后，锯掉已腐朽的端部，代以短槽钢，用螺栓连接。槽钢可放在梁的底部或顶部，螺栓通过计算确定其数量和直径，如图 6-2 所示。

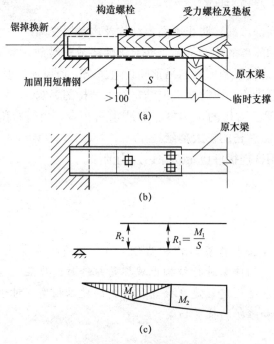

图 6-2　梁端底部用短槽钢替换加固图

（a）立面图；（b）平面图；（c）弯矩图

2. 构件刚度不足或跨中强度不够的加固维修

（1）增设斜撑的加固。斜撑的加设，可增加构件的支撑点，减小计算跨度，对构件承载力的增大起到一定作用。一般可采取在构件两侧对撑的方法进行加固，如图 6-3 所示。

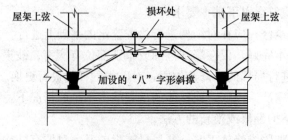

图 6-3　斜撑加固构件

（2）对挠度过大及需要提高承载力的梁，可在梁底设置钢拉杆，钢拉杆可利用两端螺母拉紧，也可在拉杆中设置花篮螺栓来拉紧，并通过短木撑与梁共同组成组合结构，如图 6-4 所示。

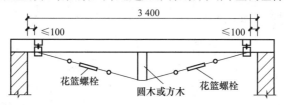

图 6-4　梁的钢拉杆加固

三、柱子的加固维修

（一）柱子弯曲的加固维修

1. 侧向弯曲的矫直与加固

（1）对侧向弯曲不太严重的柱，如为整料柱子，可从柱的一侧增设刚度较大的方木，以螺栓与原柱绑紧。并通过拧紧螺栓时产生的侧向力，来矫正原柱的弯曲，使加固后的柱子恢复平直并具有较大的刚度，如图 6-5（a）、（b）所示。如为组合柱，可在肢杆间填嵌方木或在外侧加方木增强刚度，进行加固，如图 6-5（c）所示。

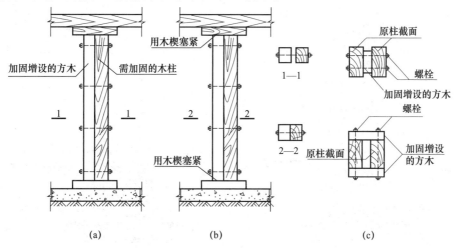

图 6-5　木柱侧向弯曲的矫正和加固图

（a）矫正前情况；（b）加固矫直后情况；（c）组合柱加固截面图

（2）对于侧向弯曲严重，拧紧螺栓不易矫直的木柱，用千斤顶矫直后，柱侧增设方木和螺栓加固，如图 6-6 所示。在部分卸荷的情况下，先用千斤顶和大方木将原柱矫直，而后增设方木和螺栓加固。

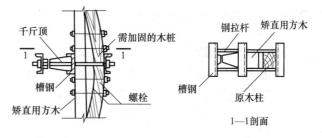

图 6-6　用千斤顶矫直木柱的弯曲示意图

2. 柱底腐朽的加固维修

（1）柱子腐朽高度不大时，可将柱底腐朽部分全部锯掉，换以砖砌或混凝土作柱脚。两者间用钢夹板及螺栓连接，如图 6-7 所示。

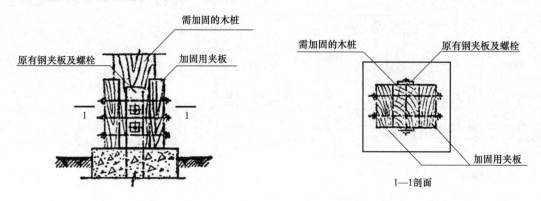

图 6-7　轻度腐朽的木柱脚加固图

（2）柱子腐朽高度较大（超过 80 cm），则可锯除整段腐朽部分，用相同截面的新材接换，两者连接部位用钢夹板或木夹板及连接螺栓固定，如图 6-8 所示。对于防潮及通风条件较差或易受振动的木柱，也可用预制钢筋混凝土柱接换，如图 6-9 所示。

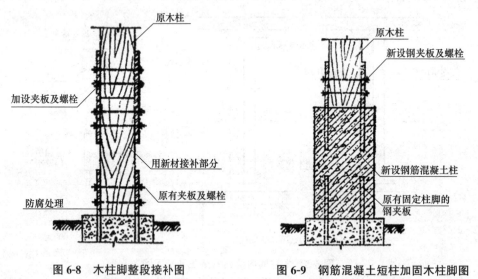

图 6-8　木柱脚整段接补图　　　　图 6-9　钢筋混凝土短柱加固木柱脚图

四、桁架的加固维修

1. 上弦杆加固维修

上弦杆常出现挠曲变形、腐朽开裂等破损现象。

（1）挠曲变形：可用圆木或方木支撑在节间，两侧用铁板钉牢夹紧，如图 6-10 所示。上弦有凸曲可用方木和螺栓拧紧矫正，如图 6-11 所示。

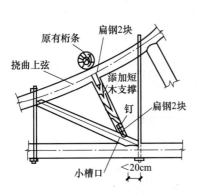

图 6-10　上弦挠曲用短木加固

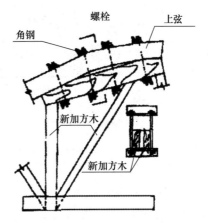

图 6-11　上弦凸曲用螺栓夹板加固矫正图

（2）断裂、腐朽：用新添夹板加固，如图 6-12 所示。

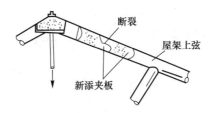

图 6-12　上弦断裂用新添夹板加固图

课堂小提示

支撑加固必须注意以下几项：

（1）定位：使用最少的杆件，但应防止各个方向的可能移动。选择临时支柱的支撑点要恰当，并注意结构受力体系是否会因此而临时改变，如改变则必须进行相应的处理。

（2）牢固：竖直方向用木楔（俗称"对拔槔"）或千斤顶顶紧，横向用搭头拖牢。

（3）顶起高度：临时顶撑向上抬起的高度应与桁架的挠度相应，不能抬得过高，否则在更换或加固后将使构件产生附加应力。

（4）预留施工的位置，便于修理操作。

2. 下弦杆加固维修

（1）下弦整体存在缺陷、损坏或承载力不足时，可采用钢拉杆加固的方法。钢拉杆的装置一般由拉杆及其两端的锚固件所组成，如图 6-13 所示。

（2）下弦受拉接头裂缝或断裂，或下弦杆因木材缺陷（木节、斜纹等）而局部断裂的情况，可采用钢拉杆、木（钢）夹板和螺栓加固，如图 6-14 所示。

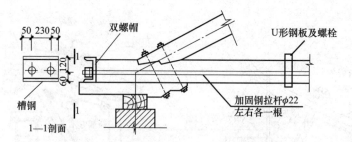

图 6-13　屋架下弦加固钢拉杆端部锚固图

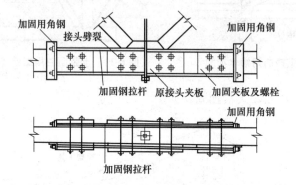

图 6-14　下弦受拉接头用钢拉杆加固图

3. 节点的加固维修

(1)端节点腐朽或损坏的加固方法，如图 6-15 所示。

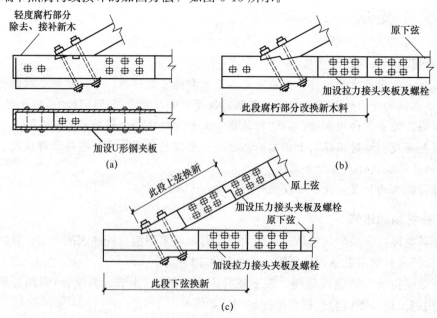

图 6-15　屋架端节点的加固

(a)端部轻度腐朽用 U 形钢板加固；(b)下弦端部腐朽较重，整段换新加固；(c)端部腐朽较重，整段上下弦加固

（2）屋架端节点受剪范围内出现危险性裂缝时，可在裂缝附近设木夹板，再用钢拉杆与设在端部的抵承角钢连接进行加固。必要时可用铁箍箍紧受剪面，限制裂缝的发展，如图 6-16 所示。

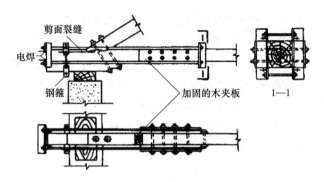

图 6-16　端节点受剪范围内出现裂缝的加固

（3）齿槽不合要求，连接松动，有缝隙，可用硬木块敲入缝隙内填实。

（4）节点承压面发生挤压变形，可加设钢拉杆分担节点水平分力，如图 6-17 所示。

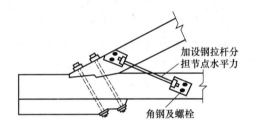

图 6-17　节点承压面变形的加固

4. 承载能力不足的整体性加固

整体性加固简单有效的方法是屋架下增设支柱，这种加固的优点在于施工方便、用料少、加固效果显著；缺点是增设的主柱不同程度地影响美观和使用。

木屋架下增设支柱后，改变了屋架的受力图形，一般从二支点的静定结构，变成了三支点的超静定结构。在屋架下增设支柱后，可导致腹杆内应力的大小甚至应力正负号发生变化。因此，当支柱受力较大时，应验算腹杆应力的变化，并根据验算结果加固腹杆。当支柱受力不大时，可不作验算，但仍应将安设支柱处的柔性腹杆予以加固，如图 6-18 所示。

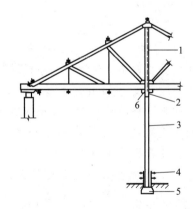

图 6-18　木屋架增设支柱加固示意
1—原受拉腹杆为圆钢，用方木加固为受压腹杆；
2—木夹板；3—新增木柱；4—用铁夹板螺栓连接；
5—混凝土柱基；6—垫木

知识链接

木结构加固维修施工应注意的要点

（1）木结构修理应按图施工：必须对设计要求、木材强度、现场木材供应情况等做全面的了解。所用作木结构的树种是否与设计规定的树种相符，或者是否符合设计所采用的相同的应力等级。如果所用的树种与设计所规定的树种不符或者不在同一个应力等级时，必须与设计部门研究采取措施，或按实际所用树种重新计算。

（2）变形、位移的校正问题：如屋架下弦（天平大料）起拱、木梁下挠、楼面倾侧、木柱弯曲、脱榫走动、铁器松弛等，应按设计要求和实际可能，力求做好。

项目小结

本项目讲述的是木结构工程维修基础知识。木结构会产生腐朽、虫蛀、裂缝、倾斜、变形过大、缺陷、腐蚀等多种病害而过早破坏。为了做好木结构的维修工作，使其处于正常工作状态，必须定期对木结构进行检查，以便及时地发现问题，采取相应的预防措施。对危及安全或影响正常使用的严重病害，应及时进行加固修缮处理。

课后实训

1. 实训项目

讨论木结构的加固维修方案。

2. 实训内容

同学们分成两组。通过讨论分析以下案例，理解并掌握木结构的加固维修方案。

某木屋架跨度为 17 m，目测到整个天棚有多处不同程度的下垂。由于屋架变形速度较快及变形明显，表明结构内产生局部破坏，因此立即进行结构检查。

经检查发现有三榀屋架跨中挠度为 13 cm（跨度的 1/130），主要原因是屋架顶节点构造不合理造成上弦杆劈裂，如图 6-19 所示。另有三榀屋架跨中挠度为 19 cm（跨度的 1/90），主要原因是屋面长期漏水，致使下弦接头腐朽而拉脱。其余屋架跨中挠度为 5～8 cm，但也存在着局部的腐朽、挤压变形、劈裂等缺陷。

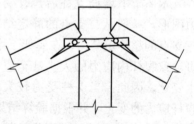

图 6-19　上弦劈裂的情况

检查后分析认为，上弦劈裂和下弦接头拉脱的屋架处于危险状态，必须立即组织大修。

请问：应如何制订该工程具体的加固维修方案？

3. 实训分析

师生共同参考木结构的加固维修方案进行分析与评价。

_____

_____

_____

_____

_____

项目七

地基基础与砌体工程维修

1. 了解建筑工程中地基的要求，熟悉地基损坏的形式及产生原因，掌握地基的维修与加固方法；

2. 熟悉基础损坏的形式与产生的原因，掌握基础损坏的维修方法；

3. 了解砌体裂缝检测与处理程序，熟悉砌体裂缝的类型及原因，掌握砌体裂缝性质鉴别、处理措施及维修方法。

能够对地基基础与砌体工程常见的损坏事故进行原因分析并按正确的方法进行维修。

素质目标

1. 能独立制订学习计划，并按计划实施学习和撰写学习体会；

2. 会查阅相关资料、整理资料，具有阅读应用各种规范的能力；

3. 培养勤于思考、做事认真的良好作风，具有分析问题、解决问题的能力；

4. 具有团队合作精神、沟通交流和语言表达能力；

5. 培养吃苦耐劳、爱岗敬业的职业精神。

案例导入

朝阳市位于辽宁省西部，属季节性冻土地区。朝阳市地基土层为黏土与粉质黏土，呈可塑状态，厚度为 3.0～5.0 m。第二层为灰色淤泥质粉砂，软弱地基。地下水水位埋藏浅，为 0.5～2.0 m，属强冻胀性土。该市某物业服务企业对本小区 1979 年以前建成的 30 幢单层砖木混合结构的家属宿舍进行检查发现，有 22 幢宿舍发生不同程度的冻胀破坏，破坏率达 90%，其中 40% 破坏严重。有的宿舍墙体开裂，裂缝长度超过 1.0 m，裂缝宽度超过15 mm。有的宿舍楼因台阶冻胀抬高，以致大门被卡住，无法打开。

假设你在物业服务企业工程部工作，请思考：此事故中裂缝产生的原因是什么？如何修补？

单元一 地基维修

一、建筑工程中地基的要求

国内外建筑工程事故调查表明多数工程事故源于地基问题，特别是在软弱地基或不良地基地区，地基问题更为突出。建筑场地地基不能满足建筑物对地基的要求，造成地基与基础事故。各类建筑工程对地基的要求可归纳为下述三个方面。

1. 地基承载力或稳定性方面

在建（构）筑物的各类荷载组合作用下（包括静荷载和动荷载），作用在地基上的设计荷载应小于地基承载力设计值，以保证地基不会产生破坏。各类土坡应满足稳定要求，不会产生滑动破坏。若地基承载力或稳定性不能满足要求，地基将产生局部剪切破坏或冲切剪切破坏或整体剪切破坏。地基破坏将导致建（构）筑物的结构破坏或倒塌。

2. 沉降或不均匀沉降方面

在建（构）筑物的各类荷载组合作用下（包括静荷载和动荷载），建筑物沉降和不均匀沉降不能超过允许值。沉降和不均匀沉降值较大时，将导致建（构）筑物产生裂缝、倾斜，影响正常使用和安全。不均匀沉降严重的可能导致结构破坏，甚至倒塌。《建筑地基基础设计规范》（GB 50007—2011）给出了建筑物较严格的地基变形允许值，规范中未提及的其他建筑物的地基变形允许值，可根据上部结构对地基变形的适应能力和建筑物使用上的要求确定。

3. 渗流方面

地基中的渗流可能造成两类问题：一类是因渗流引起水体流失；另一类是渗透力作用下产生流土、管涌。流土和管涌可导致土体局部破坏，严重的可导致地基整体破坏。不是所有的建筑工程都会遇到这方面的问题，对渗流问题要求较严格的是蓄水构筑物和基坑工程。渗流引起的问题往往通过土质改良、减小土的渗透性，或在地基中设置止水帷幕阻截渗流来解决。

二、地基损坏的形式

地基损坏的形式主要表现为地基变形，地基变形是指在建筑物荷载作用下产生沉降，包括瞬时沉降、固结沉降和蠕变沉降三部分。当总沉降量或不均匀沉降超过建筑物允许沉降值时，影响建筑物正常使用造成工程事故。特别是不均匀沉降，将导致建筑物上部结构产生裂缝，整体倾斜，严重的造成结构破坏。建筑物倾斜导致荷载偏心将改变荷载分布，严重的可导致地基失稳破坏。膨胀土的雨水膨胀和失水收缩、湿陷性黄土遇水湿陷就属于这个问题。

（一）软土地基变形

1. 软土地基变形的特征

软土地基变形的特征主要反映在以下三个方面：

地基的破坏形式

（1）沉降大而不均匀：软土地基的不均匀沉降，造成建筑物产生裂缝或倾斜工程事故。造成不均匀沉降的因素很多，如土质的不均匀性、建筑物体型复杂、上部结构的荷载差异、地下水水位变化及建筑物周围开挖基坑等。即使在同一荷载即简单平面形式下，其差异沉降也可能相差很大。

（2）沉降速率大：建筑物的沉降速率是衡量地基变形发展程度与状况的一个重要指标。软土地基的沉降速率是较大的，一般在加荷终止时沉降速率最大，沉降速率也随基础面积与荷载性质的变化而有所不同。在施工期半年至一年左右的时间内，建筑物差异沉降发展最为迅速，此时建筑物最容易出现裂缝。

（3）沉降稳定历时长：建筑物沉降主要是由于地基土受荷后，孔隙水压力逐渐消散，而有效应力不断增加，导致地基土产生固结作用所引起的，故建筑物沉降稳定历时均较长。土质不同沉降稳定需时不同，有些建筑物建成后几年、十几年甚至几十年，沉降尚未完全稳定。

2. 软土地基不均匀沉降对上部结构产生的影响

（1）砖墙开裂：地基不均匀沉降使砖砌体受弯曲，导致砌体因受主拉应力过大而开裂。

（2）砖柱断裂：砖柱裂缝有垂直裂缝和水平裂缝两种。垂直裂缝一般出现在砖柱上部，如平面为"门"形砖混建筑，因一翼下沉较大，外廊的预制楼板发生水平位移，使支撑楼板的底层中部外廊砖柱柱头拉裂，裂缝上大下小，最宽处达 4 mm，延伸 1.3 m。水平裂缝是由于基础不均匀沉降，使中心受压砖柱产生纵向弯曲而拉裂。这种裂缝出现在砌体下部，沿水平灰缝发展，使砌体受压面积减少，严重时将造成局部压碎而失稳。

（3）钢筋混凝土柱倾斜或断裂：单层钢筋混凝土柱的排架结构，常因地面上大面积堆料造成柱基倾斜。由于刚性屋盖系统的支撑作用，在柱头产生较大的附加水平力，使柱身弯矩增大而开裂，多为水平裂缝，且集中在柱身变截面处及地面附近。露天跨柱的倾斜虽不致造成柱身裂损，但会影响起重机的正常运行，引起滑车或卡轨。

（4）高耸构筑物的倾斜：建在软土地基上的水塔、筒仓、烟囱、立窑、油罐和储气柜等高耸构筑物，产生倾斜的可能性较大。

📖 **课堂小提示**

软土地基上的不均匀沉降不仅与地基土的均匀性有关，而且与房屋的整体刚度有关。房屋的整体刚度越大，地基的不均匀沉降就越小；反之，地基不均匀沉降就越严重。

（二）膨胀土地基胀缩变形

1. 膨胀土地基胀缩变形的特征

胀缩变形具有不均匀性与可逆性。随着季节的变化，反复失水吸水，使膨胀土地基变形不均匀，而且长期不能稳定。

坡地膨胀土地基边坡发生升降变形和水平位移。升降变形幅度和水平位移量都以坡面上的点为最大，随着离坡面距离的增大而逐渐减小。在斜坡上建筑时，整平场地必然有挖有填，土的含水率也必然不同，因而使土的胀缩变形不均匀。实践证明，边坡影响加剧了房屋临坡面变形，从而导致房屋损坏。

2. 胀缩变形对上部结构产生的影响

(1)使建筑物开裂，一般具有地区性成群出现的特性。大部分建筑是在建成后三五年，甚至数十年后才出现开裂，也有少部分在施工期就开裂的。胀缩变形主要受工程与水文地质条件，场地的地形、地貌，地基土含水量，气候，施工，甚至种植树木等综合因素的影响。

(2)遇水膨胀、失水收缩引起墙体开裂。墙体裂缝有垂直裂缝及局部斜裂缝[图 7-1(a)]，正、倒八字形裂缝[图 7-1(a)]，X 形裂缝[图 7-1(b)]，以及水平裂缝[图 7-1(c)]。随着胀缩反复交替出现，墙体可能发生挤碎或错位。

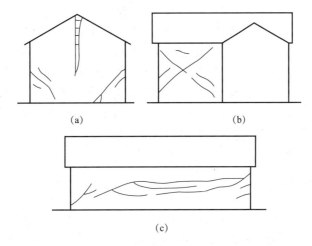

(a)　　　　　　　　　　　(b)

(c)

图 7-1　膨胀土地基建筑墙体裂缝

(a)山墙的倒八字形裂缝和垂直裂缝；
(b)墙面的 X 形裂缝；(c)外纵墙的水平裂缝

(3)房屋在相同地质条件的不同开裂破坏。这种破坏以单层、二层房屋较多，三层房屋较少、较轻。单层民用房屋的开裂破坏率占单层建筑物总数的 85%；二层房屋破坏率为 25%~30%；三层房屋一般略有轻微的变形开裂破坏，其破坏率为 5%~10%。基础形式的不同，房屋开裂也不同，条形基础的房屋较单独基础的房屋破坏更为普遍。排架、框架结构房屋，其变形开裂破坏的程度和破坏率均低于砖混结构。体形复杂的房屋变形开裂破坏较体形简单的严重。地裂通过处的房屋，必定开裂。

(4)内外墙交接处的破坏。

(5)室内地坪开裂，空旷的房屋或外廊式房屋的地坪易出现纵向裂缝。

根据膨胀土地基上建筑物变形开裂破坏程度及最大变形幅度，可将建筑物变形开裂破坏程度分为 4 级，见表 7-1。

表 7-1　建筑物变形破坏程度分级

变形破坏等级	事故程度	承重墙裂缝宽度/cm	最大变形幅度/mm
I	严重	＞7	＞50
II	较严重	7～3	50～30
III	中等	3～1	30～15
IV	轻微	＜1	＜15

(三)湿陷性黄土地基变形

1. 湿陷性黄土地基变形的特征

湿陷性黄土地基正常的压缩变形通常在荷载施加后立即产生,随着时间增加而逐渐趋于稳定。对于大多数湿陷性黄土地基(新近堆积黄土和饱和黄土除外),压缩变形在施工期间就能完成一大部分,在竣工后 3～6 个月即基本趋于稳定,而且总的变形量往往不超过 10 cm。而湿陷变形与压缩变形在性质上是完全不同的。

湿陷变形只出现在受水浸湿部位,其变形量大,常常超过正常压缩变形几倍甚至十几倍;发展快,受水浸湿后 1～3 h 就开始湿陷,常常在 1～2 d 就可能产生 20～30 cm 变形量。这种量大、速率高而又不均匀的湿陷,可能导致建筑物严重的变形甚至破坏。湿陷变形可分为外荷湿陷变形与自重湿陷变形。外荷湿陷变形是由于基础荷载引起的;自重湿陷变形是在土层饱和自重压力作用下产生的。两种变形的产生范围与发展是不一样的。

(1)外荷湿陷变形的特征:外荷湿陷只出现在基础底部以下一定深度范围的土层内,该深度称为外荷湿陷影响深度,它一般小于地基压缩层深度。无论是自重湿陷性黄土地基,还是非自重湿陷性黄土地基都是如此。试验表明,外荷湿陷影响深度与基础尺寸、压力大小及湿陷类型有关。

外荷湿陷变形的特点是发展迅速和湿陷稳定快。发展迅速表现在浸水 1～3 h 即能产生显著下沉,每小时沉降量为 1～3 cm;湿陷稳定快表现在浸水 24 h 即可完成最终湿陷值的 30%～70%,浸水 3 d 即可完成最终湿陷值的 50%～90%,湿陷变形全部稳定需 15～30 d。

(2)自重湿陷变形的特征:自重湿陷变形是在饱和自重压力作用下引起的。它只出现在自重湿陷性黄土地基中,而且它的影响范围是在外荷湿陷影响深度以下,因此,自重湿陷性黄土地基变形包括外荷湿陷变形和自重湿陷变形两部分。

直接位于基底以下土层产生的是外荷湿陷变形,它只与附加压力有关;外荷湿陷影响深度以下产生的是自重湿陷,它只与饱和自重压力大小有关,如图 7-2 所示。

自重湿陷变形的产生与发展比外荷湿陷要缓慢,其稳定历时较长,往往需要 3 个月甚至半年以上才能完全稳定。自重湿陷变形的产生与发展是有一定条件的,在不同的地区差别较大。对于自重湿陷敏感的场

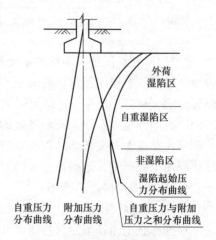

图 7-2　湿陷分区与压力关系图

地，地基处理范围要深，以消除全部土层自重湿陷性为宜。若消除全部土层有困难，则需采用消除部分土层湿陷性，并结合严格防水措施来处理。对于自重湿陷不敏感的场地，只处理压缩层范围内的土层。

2. 湿陷变形对上部结构产生的影响

(1)基础及上部结构开裂。黄土地基湿陷引起房屋下沉最大，墙体裂缝大，并开展迅速。

(2)折断。当地基遇到多处湿陷时，基础往往产生较大的弯曲变形，引起房屋基础和管道折断。当给水、排水干管折断时，对周围建筑物还会构成更大的危害。

(3)倾斜。湿陷变形只出现在受水浸湿部位，而没有浸水部位则基本不动，从而形成沉降差，因而整体刚度较大的房屋和构筑物，如烟囱、水塔等则易发生倾斜。

知识链接

湿陷性地基上房屋的损坏情况分类

(1)轻微的：当地基浸水范围不大，湿陷量不超过5～7 cm，有少量不均匀下沉产生，局部倾斜小于4‰。砌体局部开裂，但裂缝未贯通墙面，只在底层出现，缝宽小于1 mm，沉降缝处张开或产生挤压，但砌体未被挤压破坏。起重机轨顶出现少量高差，但不影响起重机的正常运行。具有上述损坏情况，可以认为是轻微损坏。

(2)中等的：当地基浸水范围较大，或浸水范围较小但水量较充足，地基湿陷量达10～25 cm，不均匀下沉较大，局部倾斜达到4‰～8‰。砌体裂缝较宽，多为1～3 mm，最大达1 cm；砖柱或混凝土柱出现水平裂缝；地梁或圈梁出现少量裂缝；沉降缝处砌体被挤压破碎。具有上述损坏情况的，可以认为是中等损坏。

(3)严重的：地基浸水后湿陷量相当大，达25～40 cm，不均匀下沉严重，局部倾斜超过80‰。裂缝宽度多数超过1 cm，最大可达3～5 cm。多层砌体结构房屋裂缝从底层发展到顶层，裂缝两侧砌体多处被压碎；地基梁或圈梁中钢筋屈服。底层窗台成波浪形，门窗变形，玻璃被挤碎。工业厂房支撑歪扭变形，柱子断裂；起重机轨道成波浪起伏，大车卡轨，小车滑轨；混凝土地坪严重开裂。具有上述损坏情况的，可认为是严重损坏。

(4)极严重的：地基浸水后产生的湿陷量超过40 cm，下沉差超过30 cm，局部倾斜超过12‰。砌体最大裂缝宽度超过5 cm，砖柱或混凝土柱不仅断裂且产生水平错动，生产无法进行，建筑物整体已完全破坏，并有倒塌危险。具有上述损坏情况的，可认为是极严重损坏。

(四)地基土冻胀变形

土中水冻结时，体积约增加原水体积的9‰，从而使土体体积膨胀，融化后土体体积变小。

土体冻结使原来土体矿物颗粒间的水分连接变为冰晶胶结，使土体具有较高的抗剪强度和较小的压缩性。

冻土地基根据冻土时间可以分为以下几项：

(1)多年冻土，冻结状态持续两年以上；

(2)季节性冻土，每年冬季冻结，夏季全部融化；

(3)瞬时冻土，冬季冻结状态仅维持几个小时至数日。

我国东北、西北、华北等地广泛分布着季节性冻土，其中在青藏高原、大小兴安岭及西部高山区还分布着多年冻土。这些地区地表层存在着一层冬冻夏融的冻结融化层，其变化直接影响上部建筑物的稳定性。

地基土冻胀及融化引起的房屋裂缝及倾斜、桥梁破坏、涵洞错位、路基下沉等工程事故在冻土地区屡见不鲜。地基冻胀变形和融沉变形使房屋产生正八字形和倒八字形裂缝，如图7-3所示，这些情况在冻土地区屡见不鲜。

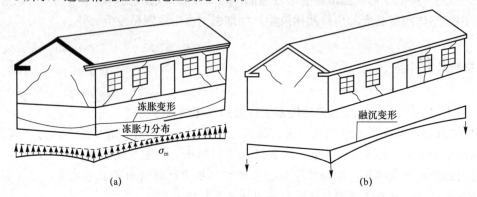

图7-3　地基冻胀和融沉变形引起墙体裂缝

(a)冻胀变形造成正八字形裂缝；(b)融沉变形造成倒八字形裂缝

1. 季节性冻土地基冻胀

季节性冻土地基变形大小与土的颗粒粗细、土的含水量、土的温度以及水文地质条件等有密切关系，其中土的温度变化起控制作用。

(1)有规律的季节性变化：冬季冻结、夏季融化，每年冻融交替一次。季节性冻土地基在冻结和融化的过程中，往往产生不均匀的冻胀，不均匀冻胀过大，将导致建筑物的破坏。

(2)气温的影响：地面下一定深度范围内的土温，随大气温度的变化而改变。当地层温度降至0℃以下时，土体便发生冻结。当地基土为含水量较大的细粒土时，则土的温度越低，冻结速度越快，且冻结期越长，冻胀越大，对建筑物造成的危害也越大。

2. 多年冻土地基冻胀

我国青藏高原和东北地区分布有多年冻土活动层，在每年进行的冻融过程中，土层的物理和化学作用均很强烈，对道路和其他各种建筑物的危害很大。

我国多年冻土分为高纬度和高海拔多年冻土。高纬度多年冻土主要集中分布在大小兴安岭，高海拔多年冻土分布在青藏高原、阿尔泰山、天山、祁连山、横断山、喜马拉雅山等。

多年冻土随纬度和垂直高度变化。多年冻土都存在3个区：连续多年冻土区；连续多年冻土内出现岛状融区；岛状多年冻土区。这些区域的出现都与温度条件有关。年均气温低于－5℃，出现连续多年冻土区；岛状融区的多年冻土区，年均气温一般为－1℃～－5℃。

确定融冻层(活动层)的深度(即冻土上限)对工程建设极为重要。在衔接的多年冻土区，可根据地下冰的特征和位置推断冻土上限深度。同一地区不同地貌部位和不同物质组成的多年冻土的上限也是不同的。易冻结的黏性土的冻土上限高；不易冻结的沙砾土的冻土上限低；河边的冻土上限低，山坡或垭口地带的冻土上限高。

3. 冻胀、融陷变形对上部结构的影响

如图 7-4 所示，当基础埋深浅于冻结深度时，在基础侧面产生切向冻胀力 T，在基底产生法向冻胀力 N，如果基础上部荷载 F 和自重 G 不能平衡法向和切向冻胀力，那么，基础就会被抬起来。融化时，冻胀力消失，冰变成水，土的强度降低，基础产生融陷。无论是上抬还是融陷，一般都是不均匀的，其结果必然造成建筑物的开裂破坏。

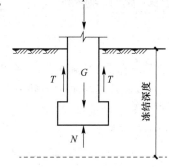

图 7-4　作用在基础上的冻胀力

地基冻融造成建筑物的破坏可概括为以下几个方面：

（1）墙体裂缝。一、二层轻型房屋的墙体裂缝很普遍，有水平裂缝、垂直裂缝、斜裂缝 3 种，如图 7-5 所示。垂直裂缝多出现在内外墙交接处及外门斗与主体结构连接的地方。

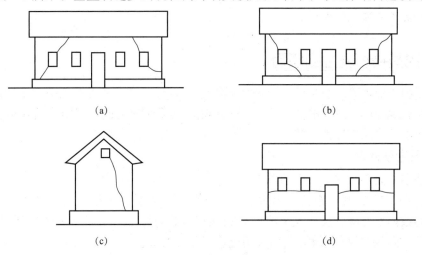

(a)　　　　　　　　　　　　　　　(b)

(c)　　　　　　　　　　　　　　　(d)

图 7-5　地基冻融造成的建筑墙体开裂

(a)正八字形裂缝；(b)倒八字形裂缝；(c)山墙裂缝；(d)水平裂缝

（2）外墙因冻胀抬起，内墙不动，天棚与内墙分离。在采暖房屋经常发生这种情况，天棚板支撑在外墙上，因内墙与外墙不连，当外墙因冻胀抬起时，天棚便与内墙分离，最大可达 20 cm。

（3）基础被拉断。在不采暖的轻型结构砖砌柱基础中，主要因侧向冻胀力所引起。电杆、塔架、管架、桥墩等一般轻型构筑物基础，在切向冻胀力的作用下，有逐年上拔的现象。如东北某工程的钢筋混凝土桩，3～4 年内上拔 60 cm 左右。

（4）台阶隆起，门窗歪斜。由哈尔滨市的调查发现，部分居民住宅，每年冬天由于台阶隆起导致外门不易推开，来年化冻后台阶又回落。经过多年起落，变形不断增加，出现不同程度的倾斜和沉落。由于纵墙变形不均或内外墙变形不一致，常使门窗变形，玻璃压碎。

防冻害地基措施

(1)处理冻害地基时，在冻深和土冻胀性均较大的地基上，宜采用独立基础、桩基础、自锚式基础(冻层下有扩大板或扩底短桩)。当采用条基时，宜设置非冻胀性垫层，其底面深度应满足基础最小埋深的要求。

(2)对标准冻深大于 2 m、基底以上为强冻胀土的采暖建筑及标准冻深大于 1.5 m、基底以上为冻胀土和强冻胀土的非采暖建筑，为防止冻胀力对基础侧面的作用，可在基础侧面回填粗砂、中砂、炉渣等非冻胀性散粒材料或采取其他有效措施。

(3)在冻胀和强冻胀性地基上，宜设置混凝土圈梁和基础连系梁，增强房屋整体刚度。

(4)当基础连系梁下有冻胀性土时，应在梁下填以炉渣等松散材料，根据土的冻胀性大小可预留 50～150 mm 空隙，以防止因土冻胀将基础连系梁拱裂。

(5)外门斗、室外台阶和散水坡等宜与主体结构断开。散水坡分段不宜过长，坡度不宜过小，其下宜填非冻胀性材料。

三、地基损坏发生的原因

建筑工程中地基事故发生的主要原因是勘察、设计、施工不当或环境和使用情况发生改变，最终表现为产生过大的变形或不均匀沉降，从而使基础或上部结构出现裂缝或倾斜，削弱和破坏了结构的整体性、耐久性，严重的会导致建筑物倒塌。

1. 地质勘察问题

地质勘察方面存在的主要问题如下：

(1)勘察工作不认真，报告中提供的指标不确切。如某办公楼，设计前仅做简易勘测，提供的勘测数据不准确。设计人员按偏高的地基承载力设计，房屋尚未竣工就出现较大的不均匀沉降，倾斜约为 40 cm，并引起附近房屋墙体开裂。

(2)地质勘察时，钻孔间距太大，不能全面准确地反映地基的实际情况。在丘陵地区的建筑中，由于这个原因造成的事故实例比平原地区多。

(3)钻孔深度不够。对较深范围内地基的软弱层、暗浜、墓穴、孔洞等情况没有查清，仅依据地表面或基底以下深度不大范围内的情况提供勘察资料。

(4)勘察报告不详细、不准确引起基础设计方案的错误。如某工程，根据岩石深度在基底 5 m 以下的资料，采用了 5 m 长的爆扩桩基础，建成后，中部产生较大的沉降，墙体开裂，经补充勘察，发现中部基岩深达 10 m。

2. 设计方案及计算问题

由于设计方案及计算问题而导致地基工程质量事故的具体原因如下：

(1)设计方案不合理。有些工程的地质条件差，变化复杂，由于基础设计方案选择不合理，不能满足上部结构与荷载的要求，因而引起建筑物开裂或倾斜。例如某展览馆，由两层高达 16 m 的中央大厅和高达 9.2 m 的两翼展览厅组成。两翼展览厅与中央大厅相距 4.35 m，中间以通道相连。该建筑物坐落在压缩模量仅有 1.45 MPa 的高压缩性深厚软土地区，采用砂卵石垫层处理方案。对于深厚的软土层且又有荷载差异的情况，该方案不能消除不均匀沉降。在两年半的沉降观测中，中央大厅下沉量平均达 60.5 cm，造成两翼 15 m 范围内的巨大差异沉降，使两翼展览厅外承重墙基础的局部倾斜达 0.028。而当时设计规范规定，在高压缩性地基上的砌体承重结构基础的局部倾斜允许值为 0.003。该工程的实际局部倾斜大大超过规范的允许值，因而造成墙体内部产生的附加应力超过砌体弯曲抗拉强度极限，导致两翼展览厅墙面开裂。

（2）设计计算错误。有的设计单位资质低，设计人员不具备相应的设计水平，还有的无证设计或根本不懂相关理论，仅凭经验设计，导致设计出错，造成事故。

（3）盲目套图设计，不因地制宜。由于各地的工程地质条件千差万别，错综复杂，即使同一地点也不尽相同，再加上建筑物的结构形式、平面布置及使用条件也往往不同，所以很难找到一个完全相同的例子，也无法做出一套包罗万象的标准图。因此，在考虑地基问题时，必须在对具体问题充分分析的基础上，正确、灵活地运用土力学与工程地质知识，以获得经济合理的方案。如果盲目地进行地基设计，或者生搬硬套所谓的"标准图"，将贻害无穷。例如，山西省太原市某局住宅楼，套用本市某通用住宅设计图纸施工，未按实际地基条件进行地基基础设计，结果造成内外墙体开裂，影响安全，住户被迫迁出。

3. 施工问题

地基工程为隐蔽工程，需保质保量认真施工，否则会给工程建设带来隐患。常见的施工质量方面的问题有：

（1）未按操作规程施工。施工人员在施工过程中未按操作规程施工，甚至偷工减料，造成质量事故。

（2）未按施工图施工。基础平面位置、基础尺寸、标高等未按设计要求进行施工。施工所用材料的规格不符合设计要求等。

4. 环境及使用问题

（1）基础施工的环境效应。打桩、钻孔灌注桩及深基坑开挖对周围环境所引起的不良影响，是当前城市建设中特别突出的问题，主要是对周围已有建筑物的危害。如中南某市一幢 12 层的大楼，采用贯穿砂砾层直达基岩的钻孔灌注桩施工方案。桩长为 30 m，桩径为 700 mm，全场地共 78 根桩，从开始施工到施工结束历时两个月。在施工完 20 多根桩时，东西两侧相邻两幢三层办公楼墙体严重开裂，邻近五层和六层两幢建筑物也受到不同程度的影响，周围地面和围墙裂缝宽达 3～4 cm。当施工完 50 根桩时，相邻两幢三层办公楼不得不拆除。这是钻孔灌注桩在复杂地质条件下碰到砂层，而未用泥浆护孔造成的严重工程事故。

（2）地下水水位变化。由于地质、气象、水文、人类的生产活动等因素的作用，地下水水位经常会有很大的变化，这种变化对已有建筑物可能引起各种不良的后果。特别是当地下水水位在基础底面以下变化时，后果更为严重。当地下水水位在基础底面以下压缩层范围内上升时，水能浸湿和软化岩土，从而使地基的强度降低，压缩性增大，建筑物就会产生过大的沉降或不均匀沉降，最终导致其倾斜或开裂。对于结构不稳定的基土，如湿陷性黄土、膨胀土等影响尤为严重。若地下水水位在基础底面以下压缩层范围内下降时，水的渗流方向与土的重力方向一致，地基中的有效应力增加，基础就会产生附加沉降。如果地基土质不均匀，或者地下水水位不是缓慢而均匀地下降，基础就会产生不均匀沉降，造成建筑物倾斜，甚至开裂和破坏。

在建筑地区，地下水水位变化常与抽水、排水有关。因为局部的抽水或排水，能使基础底面以下地下水水位突然下降，从而引起建筑物变形。

(3)使用条件变化所引起的地基土应力分布和性状变化。房屋加层之前，缺乏认真鉴定和可行性研究，草率上马，盲目行事。有的加层改造未处理好地基和上部结构的问题，被迫拆除。如哈尔滨市某处居民住宅，由原来一层增至四层，加层不久底层内外墙都出现严重裂缝，最后整幢房屋不得不全部拆除。

大面积堆载引起邻近浅基础的不均匀沉降，此类事故多发生于工业仓库和工业厂房。厂房与仓库的地面堆载范围和数量经常变化，而且堆载很不均匀。因此，容易造成基础向内倾斜，对上部结构和生产使用带来不良的后果。主要表现有柱、墙开裂；桥式起重机产生滑车和卡轨现象；地坪及地下管道损坏等。

上下水管漏水长期未进行修理，引起地基湿陷事故。在湿陷性黄土地区此类事故较为多见，如华北有色矿山公司的宿舍区坐落在湿陷性黄土地区，因单身宿舍水管损坏漏水且长期无人过问，引起 9 幢房屋开裂，最严重一幢的裂缝达 2～3 cm，危及安全，导致不能入住。

课堂小提示

地基事故发生后，首先应进行认真细致的调查研究，然后根据事故发生的原因和类型，因地制宜地选择合理的加固方法进行处理。

四、地基的维修与加固

在房屋建筑工程中，地基的缺陷和损坏往往会导致上部结构出现病害、缺陷，这些缺陷和损坏的发生，必然会引起上部结构出现倾斜、裂缝等不良现象，严重时甚至会导致房屋倒塌。因此，地基的维修与加固是关系到房屋安全及正常使用的重要工作项目。由于地基维修与加固是在建筑物存在的情况下进行的，为了保证房屋建筑的安全，施工起来比较困难，因此处理时要查明病因，从技术、施工条件、经济及安全等角度出发，综合比较、选定加固方案，必要时应针对地基的实际情况，多种方法综合应用。常用的几种地基加固方法如下所述。

1. 高压喷射注浆法

高压喷射注浆法是在化学注浆法的基础上，采用高压水射流切割技术而发展起来的。高压喷射注浆就是利用钻机钻孔，把带有喷嘴的注浆管插至土层的预定位置后，以高压设备使浆液成为 20 MPa 以上的高压射流，从喷嘴中喷射出来冲击破坏土体。部分细小的土粒随着浆液冒出水面，其余土粒在喷射流的冲击力、离心力和重力等作用下，与浆液搅拌混合，并按一定的浆土比例有规律地重新排列。浆液凝固后，便在土中形成一个固结体与桩间土一起构成复合地基，从而提高地基承载力，减少地基的变形，达到地基加固的目的。

高压喷射注浆法适用于处理淤泥、淤泥质土、流塑、软塑或可塑黏性土、粉土、砂土、黄土、素填土和碎石土等地基；当土中含有较多的大粒径块石、大量植物根茎或含有过多有机质时，以及对地下水流速过大和已涌水的工程，应根据现场试验结果确定其适用性。

高压喷射注浆法的施工程序是先把钻杆插入或打进预定土层中，自下而上进行喷射注浆作业。图 7-6 所示为施工流程示意。高压喷射注浆过程如图 7-7 所示。

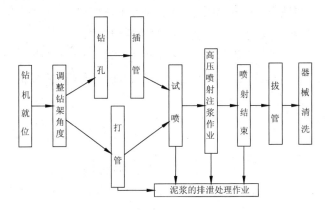

图 7-6　高压喷射注浆施工流程示意

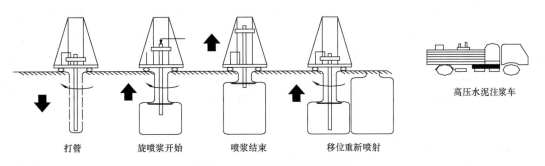

打管　　　　旋喷浆开始　　　　喷浆结束　　　移位重新喷射

高压水泥注浆车

图 7-7　高压喷射注浆过程示意

在进行施工场地布置设计时，应根据工程量大小和范围，合理布置注浆材料储存棚和机具设备安设地点、水电接头和排水沟位置等。布置的原则是材料搬运距离短，水电接头方便，机具设备配套要相互紧密联系，便于集中指挥，尽量缩短高压软管的距离，一般以不超过 20 m 为宜。

(1)钻机就位与钻孔。钻机与高压注浆泵的距离不宜过远，并不宜大于 50 m。钻孔的位置与设计位置的偏差不得大于 50 mm。实际孔位、孔深和每个钻孔内的地下障碍物、洞穴、涌水、漏水及与工程地质报告不符等情况均应详细记录。钻孔的目的是将注浆管置入预定深度。

(2)插管。插管是将喷管插入地层预定的深度。使用 76 型振动钻机钻孔时，插管与钻孔两道工序合二为一，即钻孔完成时插管作业同时完成。如使用地质钻机钻孔完毕，必须拔出岩芯管，并换上旋喷管插入预定深度。在插管过程中，为防止泥砂堵塞喷嘴，可边射水、边插管，水压力一般不超过 1 MPa。若压力过高，则易将孔壁射塌。

(3)喷射注浆。置入注浆管，开始横向喷射，当喷射注浆管贯入土中，喷嘴达到设计标高时，即可喷射注浆。

高压喷射注浆单管法及二重管法的高压水泥浆液流和三重管法高压水射流的压力宜大

于 20 MPa，三重管法使用的低压水泥浆液流压力宜大于 1 MPa，气流压力宜取 0.7 MPa，低压水泥浆的灌注压力通常在 1.0～2.0 MPa，提升速度可取 0.05～0.25 m/min，旋转速度可取 10～20 r/min。

（4）拔管及冲洗。高压喷射注浆完毕，应迅速拔出喷射管。为防止浆液凝固收缩影响桩顶高程，必要时可在原孔位采用冒浆回灌或第二次注浆等措施。

喷射施工完毕后，应把注浆管等机具设备冲洗干净，管内、机具内不得残存水泥浆。通常把浆液换成水，在地面上喷射，以便把泥浆泵、注浆管和软管内的浆液全部排除。

知识链接

高压喷射注浆法施工注意事项

（1）喷射桩的施工参数应根据土质条件、加固要求通过试验或根据工程经验确定，并在施工中严格加以控制。单管法及双管法的高压水泥浆和三管法高压水的压力宜大于 30 MPa，流量大于 30 L/min，气流压力宜取 0.7 MPa，提升速度可取 0.1～0.2 m/min。

（2）对于无特殊要求的工程宜采用强度等级为 42.5 级及以上的普通硅酸盐水泥，根据需要可加入适量的外加剂及掺合料。外加剂和掺合料的用量，应通过试验确定。水泥浆液的水胶比应按工程要求确定，可取 0.8～1.2，常用 0.9。

（3）喷射孔与高压注浆泵的距离不宜大于 50 m。钻孔的位置与设计位置的偏差不得大于 50 mm。垂直度偏差不大于 1%。实际孔位、孔深和每个钻孔内的地下障碍物、洞穴、涌水、漏水及岩土工程勘察报告不符等情况均应详细记录。

（4）当喷射注浆管贯入土中，喷嘴达到设计标高时，即可喷射注浆。在喷射注浆参数达到规定值后，随即按旋喷的工艺要求，提升喷射管，由下而上旋转喷射注浆。喷射管分段提升的搭接长度不得小于 100 mm。

（5）在插入喷射管前先检查高压水与空气喷射情况，各部位密封圈是否封闭，插入后先做高压水射水试验，合格后方可喷射浆液。如因塌孔插入困难时，可用低压（0.1～2 MPa）水冲孔喷下，但须把高压水喷嘴用塑料布包裹，以免泥土堵塞。

（6）当采用三重管法旋喷，开始时，先送高压水，再送水泥浆和压缩空气，一般情况下，压缩空气可晚送 30 s。在桩底部边旋转边喷射 1 min 后，再进行边旋转、边提升、边喷射。

（8）喷射时，应先达到预定的喷射压力、喷浆量后再逐渐提升注浆管。中间发生故障时，应停止提升和旋喷，以防桩体中断，同时立即进行检查排除故障；如发现有浆液喷射不足，影响桩体的设计直径时，应进行复核。

（9）当处理既有建筑地基时，应采取速凝浆液或大间隔孔旋喷和冒浆回灌等措施，以防旋喷过程中地基产生附加变形和地基与基础间出现脱空现象，影响被加固建筑及邻近建筑。

在旋喷过程中，冒浆量应控制在 10%～25%。对需要扩大加固范围或提高强度的工程，可采取复喷措施，即先喷一遍清水，再喷一遍或两遍水泥浆。

（10）喷到桩高后应迅速拔出注浆管，用清水冲洗管路，防止凝固堵塞。相邻两桩施工间隔时间应不小于 48 h，间距应不小于 4～6 m。

2. 土、灰土挤密桩法

土、灰土挤密桩法，是利用锤击将钢管打入土中侧向挤密土体形成桩孔，将管拔出后，在桩孔中分层回填土或灰土并夯实而成，与桩间土共同组成复合地基以承受上部荷载。可选用沉管（振动、锤击）、冲击或爆扩等方法进行成孔，成孔后将孔底夯实，然后用素土或灰土在最佳含水量状态下分层回填夯实，待挤密桩施工结束后，将表层挤松的土挖除或分层夯压密实。

土、灰土桩挤密法适用于处理非饱和欠压密的湿陷性黄土、杂填土和素填土等地基。当以消除地基土的湿陷性为主要目的时，宜选用土桩挤密法；当以提高地基的承载力及增强其水稳定性为主要目的时，宜选用灰土桩挤密法（或二灰、灰渣及水泥土桩等）；若天然地基土的饱和度大于65%，则不宜选用挤密法处理。

土、灰土挤密桩法施工程序如下：

(1)施工准备。应根据设计要求、现场土质、周围环境等情况选择适宜的成桩设备和施工工艺。设计标高上的预留土层应满足下列要求：沉管（锤击、振动）成孔，宜不小于1.0 m；冲击、钻孔夯扩法，宜不小于1.50 m。

土桩、灰土桩的施工应按设计要求和现场条件选用沉管（振动或锤击）、冲击等方法进行成孔，使土向孔的周围挤密。

1)沉管法成孔。沉管法成孔是利用柴油打桩机或振动沉桩机，将带有通气桩尖的钢制桩管沉入土中直至设计深度，然后缓慢拔出桩管，即形成桩孔。沉管法施工主要工序为桩管就位、沉管挤土、拔管成孔、桩孔夯填，如图7-8所示。

2)冲击法成孔。冲击法成孔是利用冲击钻或其他起重设备将质量为1 t以上的特制冲击锤头提升一定高度后自由下落，反复冲击，在土中形成直径为0.4~0.6 m的桩孔。冲击法施工主要工序为冲锤就位、冲击成孔和冲夯填孔，如图7-9所示。

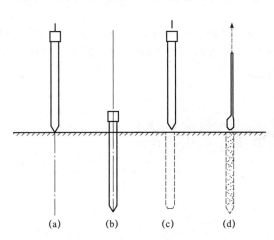

图7-8 沉管法施工程序示意

(a)桩管就位；(b)沉管挤土；(c)拔管成孔；(d)桩孔夯填

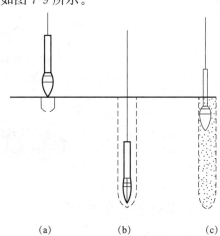

图7-9 冲击法施工程序示意

(a)冲锤就位；(b)冲击成孔；(c)冲夯填孔

(2)土或灰土的铺设厚度应根据不同的施工方法按表7-2选用。夯击遍数应根据设计要求，通过现场干密度试验确定。

表7-2　采用不同施工方法虚铺土或灰土的厚度控制

夯实机械	机具质量/t	虚铺厚度/cm	备注
石夯、木夯(人工)	0.04～0.08	20～25	人工，落距40～50 cm
轻型夯实机	1～1.5	25～30	夯实机或孔内夯实机
沉管桩机		30	40～90 kW 振动锤
冲击钻机	0.6～3.2	30	

(3)成孔和孔内回填夯实的施工顺序。当整片处理时，宜从里(或中间)向外间隔1～2孔进行，对大型工程可采用分段施工；当局部处理时，宜从外向里间隔1～2孔进行。

知识链接

土、灰土挤密桩法施工注意事项

(1)土、灰土桩复合地基的土料宜采用有机质含量不大于5%的素土，严禁使用膨胀土、盐碱土等活动性较强的土。使用前应过筛，最大粒径不得大于15 mm。石灰宜用消解(闷透)3～4 d的新鲜生石灰块，使用前应过筛，粒径不得大于5 mm，熟石灰中不得夹有未熟的生石灰块。

(2)灰土料应按设计体积比要求拌和均匀，颜色一致。施工时使用的土或灰土含水量应接近最优含水量。最优含水量应通过击实试验确定。一般控制土的含水量为16%左右，灰土的含水量为10%左右，施工现场检验的方法是用手将土或灰土紧握成团，轻捏即碎为宜，如果含水量过多或不足时，应晒干或洒水湿润。拌和后的土或灰土料应当日使用。

(3)施工时地基土的含水量也应接近土的最优含水量，当地基土的含水量小于12%时，应进行增湿处理。增湿处理宜在地基处理前4～6 d进行，将需增湿的水通过一定数量和一定深度的渗水孔，均匀地浸入拟处理范围的土层中。

单元二　基础维修

一、基础损坏的形式

1. 基础的腐蚀

建筑基础埋置于地下，有可能会受到腐蚀性水和污染土的侵蚀，引起基础混凝土开裂破坏、钢筋受到腐蚀，导致基础的耐久性降低。

房屋建筑基础的腐蚀分为侵蚀性介质的腐蚀、大气腐蚀、水腐蚀和土腐蚀四种类型，见表7-3。

表 7-3　建筑基础腐蚀的种类

分类		概述
侵蚀性介质的腐蚀		由于侵性介质的跑、冒、滴、漏或正常的排放和储存，建筑物、贮槽、塔体等构筑物的地基或基础与侵蚀性介质经常接触，在外在因素的影响下产生的腐蚀
大气腐蚀		大气中的蒸汽及氮、氧、二氧化碳等，工厂散发的污染气体中含有的侵蚀性气体或粉尘，沿海地区含氧化物的大气，对地基或基础的腐蚀
水腐蚀	地下水	天然地下水中含有对混凝土具有侵蚀性的成分产生的分解性、酸性、碳酸性、硫酸盐及镁化物的侵蚀；化工生产废水渗透到地下，污染了地下水并使水位上升，造成对地基、基础的腐蚀
	工业冷却水	循环冷却水中的侵蚀性介质，对构筑物基础的腐蚀
	海水	海水中含有很多盐类及许多无机物和有机物的悬浮物，由于海水的强电解性质，并溶解了空气中的氧，对基础产生腐蚀
土腐蚀		土是一种具有特殊性质的电解质，土中的氯化物，有的遭受工业废水或酸类介质渗入污染，使土酸化或大气有害介质随降雨渗入地下等，对地基基础的腐蚀

2. 基础错位

基础错位的主要类别如下：

(1)建筑物方向错误。这类事故是指建筑物位置符合总图要求，但是朝向错误，常见的是南北向颠倒。

(2)基础平面错位。基础平面错位包括单向错位和双向错位两种。

(3)基础标高错误。基础标高错误包括基底标高、基础各台阶标高及基础顶面标高错误。

(4)预留洞和预留件的标高、位置错误。

(5)基础插筋数量、方位错误。

3. 基础变形

基础变形多数与地基因素有关，也是基础损坏的常见类别之一。基础变形的相关术语如下：

(1)沉降量：是指单独基础的中心沉降。

(2)沉降差：是指两相邻单独基础的沉降量之差。对于建筑物地基不均匀、相邻柱与荷载差异较大等情况，有可能会出现基础不均匀下沉，导致起重机滑轨、围护砖墙开裂、梁柱开裂等现象的发生。

(3)倾斜：是指单独基础在倾斜方向上两端点的沉降差与其距离之比。越高的建筑物，对基础的倾斜要求也越高。

(4)局部倾斜：是指砖石承重结构沿纵向 6～10 m 两点沉降差与其距离的比值。在房屋结构中出现平面变化、高差变化及结构类型变化的部位，由于调整变形的能力不同，极易出现局部倾斜变形。砖石混合结构墙体开裂，一般是由墙体局部变形过大引起的。

二、基础损坏产生的原因

1. 基础错位产生的原因

(1)勘测失误。常见的有滑坡造成基础错位，地基及下卧层勘探不清所造成的过量下沉或变形等。

(2)设计错误。制图或描图错误，审图未发现、纠正；设计方案不合理，如软弱土地基、软硬不均地基未做适当处理，或采用不合理的结构方案；土建、水电或设备施工图不一致，各工种配合不良。

(3)施工问题。因看错图导致放线错误，如把中心线看成轴线；读数错误；测量标志发生位移等。施工工艺不当，也会造成事故，如场地填土夯实不足；单侧回填造成基础移位、倾斜；模板刚度不足或支撑不合理；预埋件固定不牢等。

2. 基础变形产生的原因

(1)设计方面的原因。基础方案不合理，上部结构复杂，荷载差异大，建筑物整体刚度差，对地基不均匀沉降较敏感。

(2)地质勘测方面的原因。未经勘测就设计施工；勘测资料不足、不准、有误；勘测提供的地基承载能力太高，导致地基剪切破坏形成倾斜；土坡失稳导致地基破坏，造成基础倾斜。

(3)地下水条件变化方面的原因。人工降低地下水水位；地基浸水；建筑物使用后，大量抽取地下水等。

(4)施工方面的原因。施工顺序及方法不当；大量的不均匀堆载；施工时扰动和破坏了地基持力层的土壤结构，使其抗剪强度降低；打桩顺序错误，相邻桩施工间歇时间过短，打桩质量控制不严等原因，造成桩基础倾斜或产生过大沉降；施工中各种外力，尤其是水平力的作用，导致基础倾斜。

知识链接

相邻建筑基础的影响

相邻两建筑物基础距离过近对建筑物基础的影响有以下几种情况：

(1)对靠近原有建筑物基础修建的新基础，当基础埋深超过原有基础的底面，两基础之间的距离小于两相邻基础底面高差的1~2倍，又没有采取适宜的支扩措施时，在施工过程中，易使原有建筑物的地基土受到扰动，导致地基土强度下降、地基失稳。

(2)新旧建筑基础靠得很近，相邻端基础下地基附加应力重叠，使原有建筑物产生附加沉降，与未受影响的基础间易产生明显的不均匀沉降。

(3)若相邻基础开挖时降水，排水效果不好将会使邻近建筑物基础下的土粒缺失甚至掏空，导致建筑物开裂并影响安全。

(4)若对基础的打桩施工或回填土夯实不采取任何防护措施，会影响邻近建筑物的安全。

三、基础的维修与加固

1. 基础补强注浆加固法

基础补强注浆加固法适用于基础因受不均匀沉降、冻胀或其他原因引起的基础裂损时的加固。注浆施工时，先在原基础裂损处钻孔注浆，管直径可为 25 mm，钻孔与水平面的倾角不应小于 30°，钻孔孔径应比注浆管的直径大 2～3 mm，孔距可为 0.5～1.0 m。浆液材料可采用水泥浆等，注浆压力可取 0.1～0.3 MPa。如果浆液不下沉，则可逐渐加大压力至浆液在 10～15 min 内不再下沉，然后停止注浆。注浆的有效直径为 0.6～1.2 m。对单独基础，每边钻孔不应少于 2 个；对条形基础，应沿基础纵向分段施工，每段长度可取 1.5～2.0 m。

2. 加大基础底面面积法

加大基础底面面积法适用于既有建筑的地基承载力或基础底面面积尺寸不满足设计要求时的加固。可采用混凝土套或钢筋混凝土套加大基础底面面积。加大基础底面面积的设计和施工应符合下列规定：

(1)当基础承受偏心受压时，可采用不对称加宽；当承受中心受压时，可采用对称加宽。

(2)在灌注混凝土前，应将原基础凿毛和刷洗干净后，铺一层高强度等级水泥浆或涂混凝土界面剂，以增加新老混凝土基础的粘结力。

(3)对加宽部分，地基上应铺设厚度和材料均与原基础垫层相同的夯实垫层。

(4)当采用混凝土套加固时，基础每边加宽宽度的外形尺寸应符合《建筑地基基础设计规范》(GB 50007—2011)中有关刚性基础台阶宽高比允许值的规定。沿基础高度隔一定距离应设置锚固钢筋。

(5)当采用钢筋混凝土套加固时，加宽部分的主筋应与原基础内主筋相焊接。

(6)对条形基础加宽时，应按长度 1.5～2.0 m 划分成单独区段，分批、分段、间隔进行施工。

**建筑地基
基础设计规范**

> **课堂小提示**

当不宜采用混凝土套或钢筋混凝土套加大基础底面面积时，可将原独立基础改成条形基础；将原条形基础改成十字交叉条形基础或筏形基础；将原筏形基础改成箱形基础。

3. 加深基础法

加深基础法适用于地基浅层有较好的土层可作为持力层且地下水水位较低的情况。可将原基础埋置深度加深，使基础支承在较好的持力层上，以满足设计对地基承载力和变形的要求。

当地下水水位较高时，应采取相应的降水或排水措施。基础加深的施工应按下列步骤进行：

(1)在贴近既有建筑基础的一侧分批、分段、间隔开挖长约 1.2 m、宽约 0.9 m 的竖坑，对坑壁不能直立的砂土或软弱地基要进行坑壁支护，竖坑底面可比原基础底面深1.5 m。

（2）在原基础底面下沿横向开挖与基础同宽、深度达到设计持力层的基坑。

（3）基础下的坑体应采用现浇混凝土灌注，并在距原基础底面80 mm处停止灌注，待养护一天后，用掺入膨胀剂和速凝剂的干稠水泥砂浆填入基底空隙，再用铁锤敲击木条，并挤实所填砂浆。

单元三 砌体工程维修

一、砌体裂缝检测与处理程序

砌体出现裂缝是非常普遍的质量事故之一。砌体出现裂缝，轻则影响外观，重则影响使用功能以及导致砌体的承载力降低，甚至引起倒塌。在很多情况下裂缝的发生与发展是重大事故的预兆和导火索。因此，对出现裂缝的原因要认真分析，采取防止措施。

砌体中裂缝的形态、数量及发展程度对承载力、使用性能及耐久性有很大的影响。砌体裂缝检测的内容应包括裂缝的长度、宽度、走向及其数量、形态等。

检测砌体裂缝的长度用钢尺或一般的米尺进行测量。宽度可用塞尺、卡尺或专用裂缝宽度测量仪进行测量。裂缝的走向、数量及形态应详细地标在墙体的立面图或砖柱展开图上，进而分析产生裂缝的原因并评价其对强度的影响程度。

砌体裂缝的检测与处理，应按图7-10所示的程序进行。

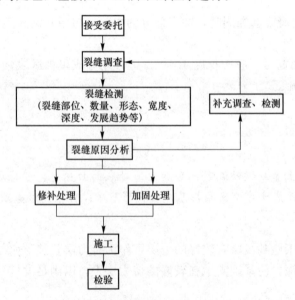

图 7-10 裂缝的检测与处理程序

知识链接

砌体裂缝检测一般规定

砌体裂缝检测应遵守以下一般规定：

(1)在对结构构件裂缝宏观观测的基础上，绘制典型的和主要的裂缝分布图，并应结合设计文件、建造记录和维修记录等综合分析裂缝产生的原因，以及对结构安全性、适用性、耐久性的影响，初步确定裂缝的严重程度。

砌体工程现场
检测技术标准

(2)对于结构构件上已经稳定的裂缝，可做一次性检测；对于结构构件上不稳定的裂缝，除按一次性观测做好记录统计外，还需进行持续性观测，每次观测应在裂缝末端标出观察日期和相应的最大裂缝宽度值，如有新增裂缝，应标出发现新增裂缝的日期。

(3)裂缝观测的数量应根据需要而定，并宜选择宽度大或变化大的裂缝进行观测。

(4)需要观测的裂缝应进行统一编号，每条裂缝宜布设两组观测标志，其中一组应在裂缝的最宽处，另一组可在裂缝的末端。

(5)裂缝观测的周期应视裂缝变化速度而定，且最长不应超过1个月。

二、砌体裂缝的类型及原因

砌体的裂缝是质量事故最常见的现象，砌体的强度不足、变形失稳损伤和可能出现的局部倒塌等情况也可通过出现的裂缝形态来分析和判别。现将砌体的裂缝类型及原因总结如下。

1. 温度变化引起的裂缝

混凝土楼盖和砖砌体组成的砖混房屋是一个空间结构，当自然界温度发生变化时，由于混凝土屋盖和混凝土圈梁与砌体的温度膨胀系数不同，房屋各部分构件都会发生各自不同的变形，结果由于彼此间制约作用而产生内应力。而混凝土和砖砌体又是抗拉强度很低的材料，当构件中因制约作用所产生的拉应力超过其极限抗拉强度时，不同形式的裂缝就会出现。

2. 地基土冻胀引起的裂缝

自然地面以下一定深度内的土的温度，是随着大气温度而变化的。当土的温度降至0 ℃以下时，某些细粒土体将发生体积膨胀，土体冻胀的原因主要是由于土中存在着结合水和自由水。结合水的外层在−0.5 ℃时冻结，内层在−30 ℃～−20 ℃时才能全部冻结，自由水的冰点为0 ℃。因此，当大气负温传入土层时，土中的自由水首先冻结成冰晶体。随着温度下降，结合水的外层也逐渐冻结，未冻结区水膜较厚处的结合水陆续被吸引至水膜较薄的冻结区并参与冻结，使冰晶体不断扩大，土体随之发生体积膨胀，地面向上隆起。一般隆起高度可达几毫米至几十毫米，位于冻胀区内的基础[如果埋置深度小于《建筑地基基础设计规范》(GB 50007—2011)规定的基础最小埋深时]以及基础以上的墙、柱体将受到冻胀力的作用。如果冻胀力大于基础底面的压力，基础就有被抬起的危险。由于基础埋置深度、土的冻胀性、室内温度、日照等影响，基础有的部位未受到冻胀影响，有的即使受到影响，其影响程度在各处也不尽一致，这样就使砌体结构中的墙体和柱体受到不同程度的冻胀，出现不同形式的裂缝。

3. 地基不均匀沉降引起的裂缝

地基发生不均匀沉降后，沉降大的部分砌体与沉降小的部分砌体产生相对位移，从而使砌体中产生附加拉力或剪力，当这种附加内力超过砌体强度时，砌体就被拉开产生裂缝。这种裂缝可由沉降差判断出砌体中主拉应力的大致方向，裂缝走向大致与主拉应力方向垂直。

4. 因承载力不足引起的裂缝

如果砌体的承载力不能满足要求，那么在荷载作用下，砌体将产生各种裂缝，甚至出现压碎、断裂、崩塌等现象，使建筑物处于极不安全的状态，这类裂缝很可能导致结构失效，应该加强观测，主要观察裂缝宽度和长度随时间的发展情况，在观测的基础上认真分析原因，及时采取有效措施，避免重大事故的发生。

5. 地震作用引起的裂缝

砌体结构的抗震性能较差。地震烈度为 6 度时，砌体结构就会遭到破坏的影响，对于设计不合理或施工质量差的房屋就会产生裂缝。当发生 7～8 度地震时，砌体结构的墙体大多还会发生倒塌。地震引起的裂缝一般呈 X 形，在地震作用下也会产生水平和垂直裂缝，当内外墙咬槎不好时，在内外墙交接处很容易产生垂直裂缝，甚至整个纵墙外倾以及倒塌。

6. 混凝土砌块房屋的裂缝

混凝土砌块房屋建成和使用之后，由于种种原因可能出现各种各样的墙体裂缝，砌块房屋的裂缝比砖砌体房屋更为普遍。墙体裂缝可分为受力裂缝和非受力裂缝两大类。在荷载直接作用下墙体产生的裂缝为受力裂缝。由于砌体收缩、温湿度变化、地基沉降不均匀等原因引起的裂缝为非受力裂缝，也称变形裂缝。下面就变形裂缝产生的原因进行分析。

(1)小型砌块砌体与砖砌体相比，力学性能有着明显的差异。在相同的块体和砂浆强度等级下，小型砌块砌体的抗压强度比砖砌体高许多。这是因为砌块高度比砖大 3 倍，不像砖砌体那样受到块材抗折指标的制约。但是，相同砂浆强度等级下小砌块砌体的抗拉、抗剪强度却比砖砌体小了很多，沿齿缝截面弯拉强度仅为砖砌体的 30%，沿通缝弯拉强度仅为砖砌体的 45%～50%，抗剪强度仅为砖砌体的 50%～55%。因此，在相同受力状态下，小型砌块砌体抵抗拉力和剪力的能力比砖砌体小得多，所以更容易开裂，小型砌块砌体的竖缝比砖砌体大 3 倍，使其薄弱环节更容易发生应力集中。

(2)小型空心砌块是由混凝土拌合料经浇筑、振捣、养护而成的。混凝土在硬化过程中逐渐失水干缩，其干缩量与材料和成型质量有关，并随时间增长而逐渐减小。以普通混凝土砌块为例，在自然养护条件下 28 d，收缩趋于稳定，其干缩率为 0.03%～0.035%，含水率在 50%～60%。砌成砌体后，在正常使用条件，含水率继续下降，可达 10% 左右，其干缩率为 0.018%～0.027%，干缩率的大小与砌块土墙的含水率有关，也与温度有关。对于干缩已趋稳定的普通混凝土砌块，如果再次被水浸湿后，会再次发生干缩，通常称为第二干缩。普通混凝土砌块含水饱和后的第二干缩稳定时间比成型硬化过程的第一干缩时间要短，一般约为 15 d，第二干缩的收缩率约为第一干缩的 80%。砌块上墙后的干缩，引起砌体干缩，而在砌体内部产生一定的收缩应力，当砌体的抗拉、抗剪强度不足以抵抗收缩应力时，就会产生裂缝。

（3）因砌块干缩而引起的墙体裂缝，在小型砌块房屋中是比较普遍的。干缩裂缝形态一般有两种，一种是在墙体中部出现的阶梯状裂缝；另一种是环块材四周的裂缝，如图7-11所示。由于砌筑砂浆的强度等级不高，灰缝不饱满，干缩引起的裂缝往往呈发丝状并且分散在灰缝隙中，清水墙时不易被发现，当有粉刷抹面时便显得比较明显，干缩引起的裂缝宽度不大并且较均匀。

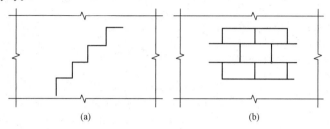

图7-11　砌块砌体的干缩裂缝示意图
(a)干缩引起的阶梯状裂缝；(b)干缩引起块材环四周裂缝

（4）砌块的含湿量是影响干缩裂缝的主要因素，砌块上墙时如含水率较大，经过一段时间后，砌体含水率降低，便可能出现干缩裂缝。即使已砌就完工的砌体无干缩裂缝，但当砌块因某种原因再次被水浸湿后，出现第二干缩，砌体仍可能产生裂缝。因此，国外对砌块的含水率有较严格的规定。含水率指砌块吸水量与最大吸水量的百分比。美国规定混凝土砌块收缩系数$<0.03\%$时，对于高湿环境允许的砌块含水率为45%；中湿环境为40%；干燥环境时要求含水率不大于35%。日本要求各种砌块的含水率均不超过40%。因此，对于建筑工程中砌筑用的砌块，在上墙前必须保持干燥。

（5）混凝土小型砌块的线膨胀系数为10×10^{-6}，比黏土砖砌体大一倍，因此，混凝土小型砌块对温度的敏感性比砖砌体高很多，也更容易因温度变形引起裂缝。

课堂小提示

当砌体出现裂缝或损坏，首先对其产生的原因要仔细分析，然后才能有的放矢地进行加固或修补，以达到预期的目的。

三、砌体裂缝性质鉴别

砌体裂缝是否需要处理和怎样处理，主要取决于裂缝的性质及其危害程度。例如，砌体因抗压强度不足而产生竖向裂缝是构件达到临界状态的重要特征之一，必须及时采取措施加固或卸荷；而常见的温度裂缝，一般不会危及结构安全，通常都不必加固补强。因此，根据裂缝的特征，鉴别裂缝的不同性质是十分重要的。

砌体最常见的裂缝是温度变形裂缝和地基不均匀沉降裂缝，这两类裂缝统称为变形裂缝。荷载过大或截面过小导致的受力裂缝虽然不多见，但其危害性往往很严重。由于设计构造不当，材料或施工质量低劣造成的裂缝比较容易鉴别，但这种情况较少见。砌体常见裂缝鉴别见表7-4。

表 7-4　砌体常见裂缝鉴别

鉴别根据	裂缝类别		
	温度变形	地基不均匀沉降	承载能力不足
裂缝位置	多数出现在屋顶部附近，以两端最为常见；裂缝在纵墙和横墙上都可能出现。在寒冷地区越冬又未采暖的房屋有可能在下部出现冷缩裂缝。位于房屋长度中部附近的竖向裂缝，也可能属此类型	多数出现在房屋下部，少数可发展到 2~3 层；对等高的长条形房屋，裂缝位置大多出现在两端附近；其他形状的房屋，裂缝都在沉降变化剧烈处附近；一般都出现在纵墙上，横墙上较少见。当地基性质突变(如基岩变土)时，也可能在房屋顶部出现裂缝，并向下延伸，严重时可贯穿房屋全高	多数出现在砌体应力较大的部位，在多层建筑中，底层较多见，但其他各层也可能发生。轴心受压柱的裂缝往往在柱下部 1/3 高度附近，出现在柱上、下端的较少。梁或梁垫下砌体的裂缝，大多数是由局部承压强度不足而造成
裂缝形态特征	最常见的是斜裂缝，形状有一端宽、另一端细和中间宽、两端细两种；其次是水平裂缝，多数呈断续状，中间宽、两端细，在厂房与生活间连接处的裂缝与屋面形状有关，接近水平处较多，裂缝一般是连续的，缝宽变化不大；再次是竖向裂缝，多因纵向收缩产生，缝宽变化不大	较常见的是斜向裂缝，通过门窗洞口处的缝较宽；其次是竖向裂缝，不论是房屋上部，或窗台下，或贯穿房屋全高的裂缝，其形状一般是上宽下细；水平裂缝较少见，有的出现在窗角，靠窗口一端缝较宽，有的是地基局部塌陷而造成，缝宽往往较大	受压构件裂缝与应力方向一致，裂缝中间宽、两端细；受拉裂缝与应力垂直，较常见的是沿灰缝开裂；受弯裂缝在构件的受拉区外边缘较宽，受压区不明显，多数裂缝沿灰缝开展；砖砌平拱在弯矩和剪力共同作用下可能产生斜裂缝；受剪裂缝与剪力作用方向一致
裂缝出现时间	大多数在经过夏季或冬季后形成	大多数出现在房屋建成后不久，也有少数工程在施工期间明显开裂，严重的不能竣工	大多数发生在荷载突然增加时。如大梁拆除支撑；水池、筒仓启用等
裂缝发展变化	随气温或环境温度变化，在温度最高或最低时，裂缝宽度、长度最大，数量最多，但不会无限制地扩展恶化	随地基变形和事件增长，裂缝加大、加多，一般在地基变形稳定后，裂缝不再变化，极个别的地基产生剪切破坏，裂缝发展导致建筑物倒塌	受压构件开始出现断续的细裂缝，随荷载或作用时间的增加，裂缝贯通，宽度加大而导致破坏。其他荷载裂缝可随荷载增减而变化
建筑物特征和使用条件	屋盖的保温、隔热差，屋盖对砌体的约束大；当地温差大，建筑物过长又无变形缝等因素，都可能导致温度裂缝	房屋长而不高，且地基变形量大，易产生沉降裂缝。房屋刚度差；房屋高度或荷载差异大，又不设沉降缝；地基浸水或软土地基中地下水水位降低；在房屋周围开挖土方或大量堆载；在已有建筑物附近新建高大建筑	结构构件受力较大或截面削弱严重的部位；加载或产生附加内力，如受压构件中出现附加弯矩等
建筑物的变形	往往与建筑物的横向(长或宽)变形有关，与建筑物的竖向变形(沉降)无关	用精确的测量手段测出沉降曲线，在该曲线曲率较大处出现的裂缝，可能是沉降裂缝	往往与横向或竖向变形无明显的关系

课堂小提示

表 7-4 中所述的鉴别根据与方法仅就一般情况而言，在应用时还需要注意对各种因素综合分析，才能得出较正确的结论。

四、砌体裂缝处理措施

1. 裂缝处理原则

处理裂缝应遵守标准规范的有关规定，并满足设计要求。常见裂缝处理的具体原则如下：

(1)温度裂缝。一般不影响结构安全。经过一段时间的观测，找到裂缝最宽的时间点后，通常采用封闭保护或局部修复方法处理，有的还需要改变建筑热工构造。

(2)沉降裂缝。绝大多数裂缝不会严重恶化而危及结构安全。通过沉降和裂缝观测，对那些沉降逐步减小的裂缝，待地基基本稳定后，做逐步修复或封闭堵塞处理；如地基变形长期不稳定，可能影响建筑物正常使用时，应先加固地基，再处理裂缝。

(3)荷载裂缝。因承载能力或稳定性不足或危及结构物安全的裂缝，应及时采取卸荷或加固补强等方法处理，并应立即采取应急防护措施。

2. 修补处理

(1)填缝修补。常用材料有水泥砂浆、树脂砂浆等。这类硬质填缝材料极限拉伸率很低，如砌体尚未稳定，修补后可能再次开裂。

(2)灌浆修补。有重力灌浆和压力灌浆两种，由于灌浆材料强度都大于砌体强度，因此只要灌浆方法和措施适当，经水泥灌浆修补的砌体强度都能满足要求，而且具有修补质量可靠、价格较低、材料来源广和施工方便等优点。

(3)喷浆修补。喷浆修补是将水泥、沙和水的混合料，经高压通过喷头喷射至修补部位，采用喷浆代替抹填来处理裂缝及因受腐蚀而酥碱的砌体，具有更高的强度，在抗渗性和整体性方面处理效果更好。

3. 加固处理

当砌体强度不足时，一般先做好地基加固然后再进行维修。局部拆砌为砌体严重破坏时常用的一种恢复性维修措施。当砌体局部损坏其截面 1/5 以上，或出现严重倾斜、墙面弓凸等损坏现象，使墙体失去稳定性、承载能力降低时，一般采用此方法处理。拆砌时必须加强安全工作，做好卸荷、支撑、稳定其他墙体的技术措施，并应事先计划好拆砌范围。拆砌部分施工时，一定要做好与各连接点的接槎，必要时加设连接钢筋以加强整体性；使用砂浆砌筑时必须在连接处的墙体、砖块上浇水湿润以提高粘结度；如墙体部有梁时应做好梁垫，避免砌体受到局部的较强压力。拆砌后的砌体必须符合房屋修缮工程质量规定，经检查合格后，方可进入抹灰工作。

五、砌体的加固方法

当裂缝是因强度不足而引起的，或已有倒塌先兆时，必须采取加固措施。常用的加固方法有以下几种。

1. 扩大截面加固法

扩大截面加固法适用于砌体承载力不足但裂缝尚属轻微，要求扩大面积不是很大的情况。一般的墙体、砖柱均可采用此法。加大截面的砖砌体中砖的强度等级可与原砌体相同，但砂浆要比原砌体中的等级提高一级，并且不能低于 M2.5。加固后，通常可考虑新旧砌体共同工作，这就要求新旧砌体有良好的结合。为了达到共同工作的目的，常采用以下两种方法：

(1)新旧砌体咬槎结合。如图 7-12(a)所示，在旧砌体上每隔 4～5 皮砖，剔去旧砖形成 120 mm 深的槽，砌筑扩大砌体时，应将新砌体与之仔细连接，新旧砌体呈锯齿形咬槎，可保证共同工作。

(2)钢筋连接。如图 7-12(b)所示，在原有砌体上每隔 5～6 皮砖在灰缝内打入 Φ6 mm 钢筋，当然也可用冲击钻在砖上打洞，然后用 M5 砂浆裹着插入 Φ6 mm 钢筋，砌新砌体时，钢筋嵌入灰缝中。

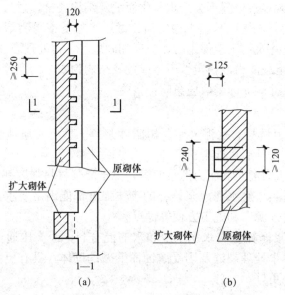

图 7-12 扩大砌体加固

(a)新旧砌体咬槎结合；(b)钢筋连接

无论是咬槎连接还是插筋连接，原砌体上的面层必须剥去，凿口后的粉尘必须冲洗干净并湿润后再砌扩大砌体。

2. 外加钢筋混凝土加固法

当砌体承载力不足时，可外加钢筋混凝土进行加固。这种方法特别适用于砖柱和壁柱的加固。外加钢筋混凝土可以是单面的、双面的和四面包围的。外加钢筋混凝土的竖向受压钢筋可用 Φ8～Φ12，横向箍筋可用 Φ4～Φ6，应有一定数量的闭口箍筋，即间距 300 mm 左右设一闭合箍筋，闭合箍筋中间可用开口或闭口箍筋与原砌体连接。闭口箍的一边必须嵌在原砌体内，可凿去一块顺砖，使闭口箍通过，然后用豆石混凝土填实，如图 7-13～图 7-15 所示。

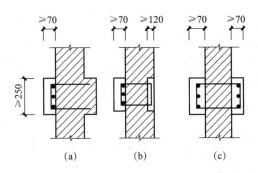

图 7-13 墙体外贴钢筋混凝土加固

(a)单面加混凝土(开口箍);(b)单面加混凝土(闭口箍);(c)双面加混凝土

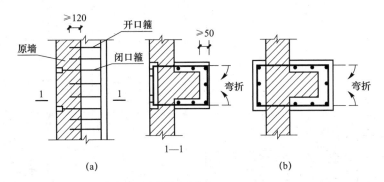

图 7-14 用钢筋混凝土加固墙壁柱

(a)单面加固;(b)双面加固

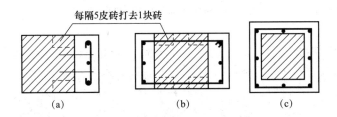

图 7-15 外包钢筋混凝土加固砖柱

(a)单侧加固;(b)双侧加固;(c)四周外包加固

图 7-13 所示为平直墙体外加贴钢筋混凝土加固。图 7-13(a)、(b)是单面外加混凝土,图 7-13(c)为每隔 5 皮砖左右凿掉 1 块顺砖,使钢筋封闭。图 7-14 所示为墙壁柱外加贴钢筋混凝土加固,图 7-15 所示为钢筋混凝土加固柱。为了使混凝土与砖柱更好地结合,每隔 300 mm(约 5 皮砖)打去 1 块砖,使后浇混凝土嵌入砖砌体内。外包层较薄时,也可用砂浆。四面外包层内应设置 φ4～φ6 mm 的封闭箍筋,间距不宜超过 150 mm。

混凝土强度等级常采用 C15 或 C20,若采用加筋砂浆层,则砂浆的强度等级不宜低于 M7.5。若砌体为单向偏心受压构件时,可仅在受拉一侧加上钢筋混凝土。当砌体受力接近中心受压或双向均可能偏心受压时,可在两面或四面贴上钢筋混凝土。

3. 钢筋网水泥砂浆层加固法

钢筋网水泥砂浆层加固法特别适用于大面积墙体的加固。先去掉加固墙体表面的粉刷层，然后附设由 φ4～φ6 组成的钢筋网片，再喷射砂浆或细石混凝土，也可分层抹上密缀的砂浆层；使加固后的墙体形成组合墙体，可以提高砌体的承载力，墙体的延性也会增强。

如图 7-16 所示，钢筋网水泥砂浆面层厚度宜为 30～45 mm，若面层厚度大于 45 mm，则应采用细石混凝土。面层砂浆的强度等级一般可用 M7.5～M15，面层混凝土的强度等级宜用 C15 或 C20，面层钢筋使用 φ4～φ6 的穿墙拉结筋与墙体固定，且间距不宜大于 500 mm。受力钢筋保护层厚度要满足规定。

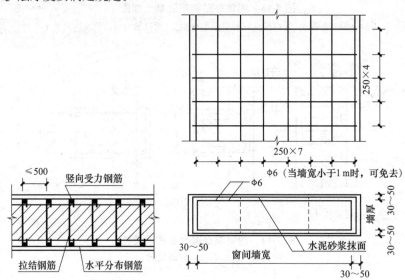

图 7-16　钢筋网水泥砂浆加固砌体

受力钢筋宜用 HPB300 级，对于混凝土面层也可采用 HRB335 级钢筋。受压钢筋的配筋率，对砂浆面层不宜小于 0.1％；对于混凝土面层，不宜小于 0.2％。受力钢筋可用 φ8 的钢筋，横向钢筋按构造设置，间距不宜大于 20 倍受压主筋的直径及 500 mm，但也不宜过密，应大于等于 120 mm。横向钢筋遇到门窗洞口，宜将其弯折直钩锚入墙体内。

喷抹水泥砂浆面层前，先清理并加以润湿，水泥砂浆应分层抹，每层厚度不宜大于 15 mm，以便压密压实。原墙面如有损坏或酥松、碱化部位，应铲去后再修补好。

课堂小提示

下述情况不宜采用钢筋网水泥砂浆法进行加固：

(1)孔径大于 15 mm 的空心砖墙及 240 mm 厚的空斗砖墙。

(2)砌筑砂浆强度等级小于 M0.4 的墙体。

(3)因墙体严重酥碱，或油污不易消除，不能保证抹面砂浆粘结质量的墙体。

4. 外包钢加固法

外包钢加固具有快捷、高强的优点。用外包钢加固施工方便，且不需要养护，可立即发挥作用。外包钢加固可在基本不增大砌体尺寸的条件下，较多地提高结构的承载力。用外包钢加固砌体，还可大幅度地提高其延性，在本质上改变砌体结构脆性破坏的特性。

外包钢常用来加固砖柱和窗间墙。具体做法是，首先用水泥砂浆把角钢粘贴于被加固砌体的四角，并用卡具临时夹紧固定，然后焊上缀板而形成整体。随后去掉卡具，外面粉刷水泥砂浆，既可平整表面，又可防止角钢生锈，如图 7-17(a)所示。对于宽度较大的窗间墙，当墙的高宽比大于 2.5 时，宜在中间增加一缀板，并用穿墙螺栓拉结，如图 7-17(b)所示。外包角钢不宜小于 50 mm×5 mm，缀板可用 35 mm×5 mm 或 60 mm×12 mm 的钢板。注意，加固角钢下端应可靠地锚入基础，上端应有良好的锚固措施，以保证角钢有效地发挥作用。

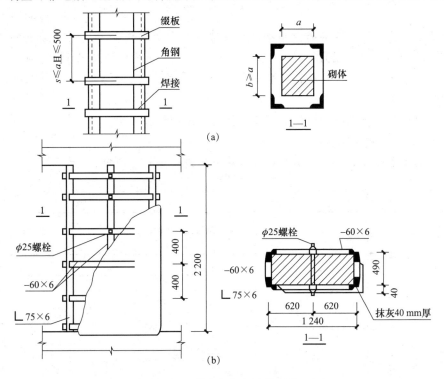

图 7-17　外包钢加固砌体结构

(a)外包钢加固砖柱；(b)外包钢加固窗间墙

项目小结

本项目讲述的是地基基础与砌体工程维修基础知识。在房屋建筑工程中，地基的缺陷和损坏往往会导致上部结构出现病害、缺陷，这些缺陷和损坏的发生，必然会引起上部结构出现倾斜、裂缝等不良现象，严重时甚至会导致房屋倒塌。基础损坏的形式主要有基础的腐蚀、错位和变形。砌体出现裂缝是非常普遍的质量事故之一。砌体出现裂缝，轻则影响外观，重则影响使用功能以及导致砌体的承载力降低，甚至引起倒塌。为了做好地基基础与砌体工程的维修工作，必须先查明地基基础与砌体工程出现的各类损坏病害产生的原因，以便及时采取预防措施，并确定具体的修补方法。

➤ **课后实训**

1. 实训项目

讨论砌体裂缝产生原因与维修方案。

2. 实训内容

同学们分成两组。通过讨论分析以下案例，理解并掌握砌体裂缝产生的原因及维修方案。

某物业小区住宅楼为 6 层砖混结构，纵横墙混合承重，楼面为现浇混凝土板。此小区业主于 2018 年 9 月入住，2019 年 8 月，部分楼房 5 层、6 层横墙端部出现斜向 45°对称裂缝，呈八字形分布。居民反应强烈，物业服务企业经理要求工程部对此进行调查，分析裂缝产生的原因，并提出相应的维修方案。

请问：该砌体裂缝产生的原因有哪些？提出具体的维修方案。

3. 实训分析

师生共同参考砌体裂缝产生的原因及维修方案进行分析与评价。

_____

_____

_____

_____

_____

项目八

房屋抗震鉴定及加固

知识目标

1. 了解地震及其震害、地震震级与烈度，熟悉房屋抗震鉴定的内容及适用范围，掌握房屋建筑抗震结构加固原则与方法；

2. 熟悉多层砌体房屋抗震鉴定内容，掌握多层砌体房屋抗震加固方法；

3. 熟悉多层及高层钢筋混凝土抗震鉴定内容，掌握多层及高层钢筋混凝土抗震加固方法。

技能目标

能够对现有房屋建筑的抗震能力进行鉴定，并按正确的方法进行抗震加固及施工。

素质目标

1. 能独立制订学习计划，并按计划实施学习和撰写学习体会；

2. 会查阅相关资料、整理资料，具有阅读应用各种规范的能力；

3. 培养勤于思考、做事认真的良好作风，具有分析问题、解决问题的能力；

4. 具有团队合作精神、沟通交流和语言表达能力；

5. 培养吃苦耐劳、爱岗敬业的职业精神。

案例导入

某医院病房楼，地下 1 层，地上 8 层。首层为消化内科及大厅；2～6 层为病房，7 层为设备层，8 层为电梯机房和设备用房。建筑平面形状为矩形，总高度为 26.90 m。结构形式为现浇框架剪力墙结构，基础为箱形基础，楼板为现浇梁板体系。

原建筑竣工于 1984 年，按 7 度（0.15g）抗震设防，结构抗震设防类别为丙类。依据《建筑工程抗震设防分类标准》（GB 50223—2008）第 4.0.3 条规定，改造后的结构抗震设防类别为乙类。鉴于医院实际需求及《建筑抗震鉴定标准》（GB 50023—2009）规定，该病房楼进行改造设计前需对原结构进行抗震鉴定，并确定其后续使用年限为 40 年。

建筑工程抗震
设防分类标准

假设你在物业服务企业工程部工作，请思考：该如何对病房楼原结构进行抗震鉴定？提出经济、合理、施工方便的加固方案。

单元一　房屋抗震鉴定及加固概述

一、地震及其震害

多少年来，人们一直都在孜孜不倦地研究地震，地震造成的灾害是灾难性和毁灭性的，在地震灾害面前，人类显得软弱无力。目前，人类也只能通过加强地震的预报和研究地震后建筑物的各种表现来提高建筑物的抗震能力，避免和减少地震灾害带来的损失。因此，从设计和施工方面做好地震的预防和抗震是很重要的工作。

地震对建筑的破坏情况主要表现为以下几个方面：

（1）各类房屋倒塌破坏。

（2）纵横墙连接破坏。

（3）各类墙体裂缝破坏。

（4）钢结构房屋：钢柱发生平面外弯曲失稳破坏造成整体倒塌，塔式钢结构在强震下发生支撑整体失稳、局部失稳的情况。

二、地震震级与烈度

地震震级是表示地震本身强度或大小的一种度量，它的大小以震源释放出的能量多少来衡量，其级别根据地震仪记录到的地震波图来确定。

地震烈度是对地震引起的地震动及其对人、人工结构、自然环境影响的强弱程度的描述，不是一个物理量；它直接由地震造成的影响评定，但也间接反映了地震动本身的强烈程度。

一次地震只有一个量度地震大小的震级，但一次地震的不同地点有不同的烈度值。地震烈度受震级、距离、震源深度、地质构造、场地条件等多种因素的影响。一般情况下，震源附近的震中地区烈度最高，称为震中烈度；震中烈度随震级增加而增大，震级相同时则震源深度越浅震中烈度越大，距震源越远烈度越低。

抗震设防烈度是按国家批准权限审定作为一个地区抗震设防依据的地震烈度，除经专门审批的情况外，一般采用中国地震烈度区划图标明的地震烈度。

三、房屋抗震鉴定的内容及适用范围

房屋抗震鉴定是通过检测房屋的质量现状，按规定的抗震设防要求，对房屋在规定烈

度的地震作用下的安全性进行评估的过程。

1. 房屋抗震鉴定内容及要求

为贯彻执行《中华人民共和国建筑法》和《中华人民共和国防震减灾法》，实行以预防为主的方针，减轻地震破坏，减少损失，对现有建筑的抗震能力进行鉴定，并为抗震加固或采取其他抗震减灾对策提供依据，我国住房和城乡建设部制定了《建筑抗震鉴定标准》（GB 50023—2009）。其中对房屋建筑抗震鉴定的内容及要求做如下一般规定：

（1）现有建筑的抗震鉴定应包括下列内容及要求：

1）搜集建筑的勘察报告、施工和竣工验收的相关原始资料；当资料不全时，应根据鉴定的需要进行补充实测。

2）调查建筑现状与原始资料相符合的程度、施工质量和维护状况，发现相关的非抗震缺陷。

3）根据各类建筑结构的特点、结构布置、构造和抗震承载力等因素，采用相应的逐级鉴定方法，进行综合抗震能力分析。

4）对现有建筑整体抗震性能做出评价，对符合抗震鉴定要求的建筑应说明其后续使用年限，对不符合抗震鉴定要求的建筑提出相应的抗震减灾对策和处理意见。

（2）现有建筑的抗震鉴定，应根据下列情况区别对待：

1）建筑结构类型不同，其检查的重点、项目内容和要求不同，应采用不同的鉴定方法。

2）对重点部位与一般部位，应按不同的要求进行检查和鉴定。

3）对抗震性能有整体影响的构件和仅有局部影响的构件，在综合抗震能力分析时应分别对待。

课堂小提示

重点部位指影响该类建筑结构整体抗震性能的关键部位和易导致局部倒塌伤人的构件、部件，以及地震时可能造成次生灾害的部位。

（3）抗震鉴定分为两级。第一级鉴定应以宏观控制和构造鉴定为主进行综合评价，第二级鉴定应以抗震验算为主结合构造影响进行综合评价。

A类建筑的抗震鉴定，当符合第一级鉴定的各项要求时，建筑可评为满足抗震鉴定要求，不再进行第二级鉴定；当不符合第一级鉴定要求时，除《建筑抗震鉴定标准》（GB 50023—2009）各章有明确规定的情况外，应由第二级鉴定做出判断。

B类建筑的抗震鉴定，应检查其抗震措施和现有抗震承载力再做出判断。当抗震措施不满足鉴定要求而现有抗震承载力较高时，可通过构造影响系数进行综合抗震能力的评定；当抗震措施鉴定满足要求时，主要抗侧力构件的抗震承载力不低于规定的95%、次要抗侧力构件的抗震承载力不低于规定的90%，也可不要求进行加固处理。

（4）现有建筑宏观控制和构造鉴定的基本内容及要求，应符合下列规定：

1）当建筑的平立面、质量、刚度分布和墙体等抗侧力构件的布置在平面内明显不对称时，应进行地震扭转效应不利影响的分析；当结构竖向构件上下不连续或刚度沿高度分布突变时，应找出薄弱部位并按相应的要求鉴定。

2)检查结构体系,应找出其破坏会导致整个体系丧失抗震能力或丧失对重力的承载能力的部件或构件;当房屋有错层或不同类型结构体系相连时,应提高其相应部位的抗震鉴定要求。

3)检查结构材料实际达到的强度等级,当低于规定的最低要求时,应提出采取相应的抗震减灾对策。

4)多层建筑的高度和层数,应符合《建筑抗震鉴定标准》(GB 50023—2009)各章规定的最大值限值要求。

5)当结构构件的尺寸、截面形式等不利于抗震时,宜提高该构件的配筋等构造抗震鉴定要求。

6)结构构件的连接构造应满足结构整体性的要求;装配式厂房应有较完整的支撑系统。

7)非结构构件与主体结构的连接构造应满足不倒塌伤人的要求;位于出入口及人流通道等处,应有可靠的连接。

8)当建筑场地位于不利地段时,尚应符合地基基础的有关鉴定要求。

(5)6度和《建筑抗震鉴定标准》(GB 50023—2009)各章有具体规定时,可不进行抗震验算;当6度第一级鉴定不满足时,可通过抗震验算进行综合抗震能力评定;其他情况,至少在两个主轴方向分别按《建筑抗震鉴定标准》(GB 50023—2009)各章规定的具体方法进行结构的抗震验算。

(6)现有建筑的抗震鉴定要求,可根据建筑所在场地、地基和基础等的有利和不利因素,作下列调整:

1)Ⅰ类场地上的丙类建筑,7~9度时,构造要求可降低一度。

2)Ⅳ类场地、复杂地形、严重不均匀土层上的建筑以及同一建筑单元存在不同类型基础时,可提高抗震鉴定要求。

3)建筑场地为Ⅲ、Ⅳ类时,对设计基本地震加速度$0.15g$和$0.30g$的地区,各类建筑的抗震构造措施要求宜分别按抗震设防烈度8度$(0.20g)$和9度$(0.40g)$采用。

4)有全地下室、箱基、筏基和桩基的建筑,可降低上部结构的抗震鉴定要求。

5)对密集的建筑,包括防震缝两侧的建筑,应提高相关部位的抗震鉴定要求。

(7)对不符合鉴定要求的建筑,可根据其不符合要求的程度、部位对结构整体抗震性能影响的大小,以及有关的非抗震缺陷等实际情况,结合使用要求、城市规划和加固难易等因素的分析,提出相应的维修、加固、改变用途或更新等抗震减灾对策。

知识链接

现有建筑应进行抗震鉴定的情况

下列情况下,现有建筑应进行抗震鉴定:

(1)接近或超过设计使用年限需要继续使用的建筑。

(2)原设计未考虑抗震设防或抗震设防要求提高的建筑。

(3)需要改变结构的用途和使用环境的建筑。

(4)其他有必要进行抗震鉴定的建筑。

2. 房屋抗震鉴定适用范围

房屋抗震鉴定适用于未抗震设防或设防等级低于现行规定的房屋，尤其是保护建筑、城市生命线工程以及改建加层房屋。

(1)房屋改变结构和使用用途，如加层、扩建、改建、大规模加固等。

(2)续建工程(含烂尾楼工程)。

(3)灾后建筑检测鉴定(如火灾、地震、水灾、泥石流)。

(4)其他需要进行抗震设防，以及出具抗震鉴定报告。

四、房屋建筑抗震结构加固原则与方法

地震是一种不可抗拒的自然现象，严重影响人们的生活和生产，给人类带来重大损失。总结地震对建筑的破坏经验，对于地震区的新建房屋必须搞好抗震设计，对于未考虑抗震设防的已有房屋则应进行抗震鉴定，并采取有效的抗震加固措施。实践证明，抗震加固是减轻地震灾害的有效措施。

(一)房屋建筑抗震加固原则

房屋建筑抗震加固应遵循以下原则：

(1)确定设防烈度。设防烈度的确定，是已有建筑抗震鉴定与加固程序中的第一项重要工作。进行抗震鉴定和加固时所采用的设防烈度，应按原建筑物所处的地理位置、结构类别、建筑物现状、重要程度、加固的可能性，以及使用价值和经济上的合理性等综合考虑确定。

(2)抗震鉴定确定重点。对已有建筑的抗震鉴定与加固，要逐级筛选，确定轻重缓急，突出重点。首先根据地震危险性(主要按地震基本烈度区划图和中期地震预报确定)、城市政治经济的重要性、人口数量以及加固资金情况确定重点抗震城市和地区。其次在这些重点抗震城市和地区内，根据政治、经济和历史的重要性，震时产生次生灾害的危险性和震后抗震救灾亟须程度(如供水供电生命线工程、消防、救死扶伤的重要医院)确定重点单位和重点建筑物。

(3)优化抗震加固方案。加固方案的制定必须建立在上部结构及地基基础鉴定的基础上。加固方案中宜减少地基基础的加固工程量。因为地基处理耗费巨大，且比较困难，多采取提高上部结构整体性措施等抵抗不均匀沉降能力的措施。

(4)具体分析、因地制宜，提高整体抗震能力。由于已有建筑物的设计、施工及材料质量各不相同，很难有统一的加固方法。因此，一定要针对已有建筑物的具体情况进行具体分析、因地制宜，做到加固后能提高房屋的整体抗震能力和结构的变形能力及重点部位的抗震能力。所采用的各项加固措施均应与原有结构可靠连接。加固的总体布局，应优先采用增强结构整体抗震性能的方案，避免加固后反而出现薄弱层、薄弱区等对抗震不利的情况。例如，抗震加固时，应注意防止结构的脆性破坏，避免结构的局部加强使结构承载力和刚度发生突然变化；加固或新增构件的布置，宜使加固后结构质量或刚度分布均匀、对称，减少扭转效应；应避免局部的加强，导致结构刚度或强度突变。

（5）加固措施切实可靠，方便可行。抗震加固的目标是提高房屋的抗震承载能力、变形能力和整体抗震性能。确定加固方案时，应根据房屋种类、结构、施工、材料以及使用要求等综合考虑。加固方案应从实际出发，合理选取，便于施工，讲求经济实效；加固措施要切实可靠，方便可行。

（6）采用新技术。对已有建筑物抗震加固时，应尽可能采用高效率、多功能的新技术，提高加固效果。

（7）抗震加固的施工效果好。抗震加固的施工应遵守国家现行标准和各项施工及验收的规定，并符合抗震加固设计的要求，确保设计时所确定的加固效果，并且要确保施工人员和建筑使用者的安全。

（二）房屋建筑抗震加固方法

根据试验研究和抗震加固实践经验，常用的抗震加固方法如下。

1. 增强自身加固法

增强自身加固法是为了加强结构构件自身，使其恢复或提高构件的承载能力和抗震能力，主要用于修补震后的结构裂缝缺陷和出现裂缝的结构构件。

（1）压力灌注水泥浆加固法。可以用来灌注砖墙裂缝和混凝土构件的裂缝，也可以用来提高砌筑砂浆强度等级及砖墙的抗震承载力。

（2）铁把锯加固法。此法用来加固有裂缝的砖墙。

（3）压力灌注环氧树脂浆加固法。此法可以用于加固有裂缝的钢筋混凝土构件，最小缝宽可为 0.1 mm，最大可达 6 mm。

2. 外包加固法

外包加固法指在结构构件外面增设加强层，以提高结构构件的抗震能力、变形能力和整体性。此法适于加固结构构件破坏严重或要求较多地提高抗震承载力的工程。

（1）钢筋网水泥砂浆面层加固法。主要用于加固砖柱、砖墙与砖筒壁。

（2）水泥砂浆面层加固法。适用于不要过多地提高抗震强度的砖墙加固。

（3）外包钢筋混凝土面层加固法。主要用于加固钢筋混凝土梁、柱和砖柱、砖墙及筒壁。

（4）钢构件网笼加固法。适用于加固砖柱、砖烟囱和钢筋混凝土梁柱及桁架杆件。

课堂小提示

外包加固法施工方便，但须采取防锈措施，在有害气体侵蚀和温度高的环境中不宜采用。

3. 增设构件加固法

增设构件加固法是指在原有结构构件以外增设构件，以提高结构抗震承载力、变形能力和整体性。

（1）增设墙体加固法。当抗震墙体抗震承载力严重不足或抗震横墙间距超过规定值时，宜采用增设钢筋混凝土或砌体墙的方法加固。

（2）增设柱子加固法。增设柱子可以增加结构的抗倾覆能力。

（3）增设拉杆加固法。此法多用于受弯构件的加固和纵横墙连接部位的加固。

（4）增设圈梁加固法。当抗震圈梁设置不符合规定时，可采用钢筋混凝土外加圈梁或板底钢筋混凝土夹内墙圈梁进行加固。

（5）增设支撑加固法。增设屋盖支撑、天窗架支撑和柱间支撑，可以提高结构的抗震强度和整体性，而且可增加结构受力的赘余度，起二道防线的作用。

（6）增设支托加固法。当屋盖构件（如檩条、屋盖板）的支撑长度不够时，宜加支托，以防构件在地震时塌落。

（7）增设门窗架加固法。当承重窗间墙宽过小或能力不满足要求时，可增设钢筋混凝土门框或窗框来加固。

4. 增强连接加固法

震害调查表明，构件的连接是薄弱环节。结构构件间的连接应采用相应的方法进行加固。此法适用于结构构件承载能力能够满足，但构件间连接差的情况。其他各种加固方法也必须采取措施增强其连接。

（1）拉结钢筋加固法。砖墙与钢筋混凝土柱、梁间的连接可增设拉结筋加强，一端弯折后锚入墙体的灰缝内，一端用环氧树脂砂浆锚入柱、梁的斜孔中或与锚入柱、梁内的膨胀螺栓焊接。

（2）压浆锚杆加固法。适用于纵横墙间没有咬槎砌筑，连接很差的部位。

（3）钢夹套加固法。适用于隔墙与顶板和梁连接不良时，可采用镶边型钢夹套上与板底连接并夹住砖墙或在砖墙顶与梁间增设钢夹套，以防止砖墙平面外倒塌。

5. 替换构件加固法

对原有强度低、韧性差的构件用强度高、韧性好的材料替换，替换后须做好与原构件的连接，如钢筋混凝土替换砖；钢构件替换木构件等。

单元二　多层砌体房屋抗震鉴定及加固

一、多层砌体房屋抗震鉴定

1. 抗震鉴定检查重点

现有多层砌体房屋抗震鉴定时，房屋的高度和层数、抗震墙的厚度和间距、墙体实际达到的砂浆强度等级和砌筑质量、墙体交接处的连接以及女儿墙、楼梯间和出屋面烟囱等易引起倒塌伤人的部位应重点检查；7～9度时，尚应检查墙体布置的规则性，检查楼、屋盖处的圈梁，检查楼、屋盖与墙体的连接构造等。

2. 多层砌体房屋的外观和内在质量要求

多层砌体房屋的外观和内在质量应符合下列要求：

（1）墙体不空鼓、无严重酥碱和明显歪扭。

（2）支承大梁、屋架的墙体无竖向裂缝，承重墙、自承重墙及其交接处无明显裂缝。

(3)木楼、屋盖构件无明显变形、腐朽、蚁蚀和严重开裂。

(4)混凝土构件符合《建筑抗震鉴定标准》(GB 50023—2009)的有关规定。

3. 抗震能力评定

现有砌体房屋的抗震鉴定，应按房屋高度和层数、结构体系的合理性、墙体材料的实际强度、房屋整体性连接构造的可靠性、局部易损易倒部位构件自身及其与主体结构连接构造的可靠性以及墙体抗震承载力的综合分析，对整幢房屋的抗震能力进行鉴定。

当砌体房屋层数超过规定时，应评为不满足抗震鉴定要求；当仅有出入口和人流通道处的女儿墙、出屋面烟囱等不符合规定时，应评为局部不满足抗震鉴定要求。

A 类砌体房屋应进行综合抗震能力的两级鉴定。在第一级鉴定中，墙体的抗震承载力应依据纵、横墙间距进行简化验算，当符合第一级鉴定的各项规定时，应评为满足抗震鉴定要求；不符合第一级鉴定要求时，除有明确规定的情况外，应在第二级鉴定中采用综合抗震能力指数的方法，计入构造影响做出判断。

B 类砌体房屋，在整体性连接构造的检查中尚应包括构造柱的设置情况，墙体的抗震承载力应采用现行国家标准《建筑抗震设计规范(2016年版)》(GB 50011—2010)的底部剪力法等方法进行验算，或按照 A 类砌体房屋计入构造影响进行综合抗震能力的评定。

建筑抗震设计规范
(2016 年版)

二、多层砌体房屋抗震加固

(一)加固要求

砌体房屋的抗震加固应符合下列要求：

(1)同一楼层中，自承重墙体加固后的抗震能力不应超过承重墙体加固后的抗震能力。

(2)对非刚性结构体系的房屋，应选用有利于消除不利因素的抗震加固方案；当采用加固柱或墙垛，增设支撑或支架等保持非刚性结构体系的加固措施时，应控制层间位移和提高其变形能力。

(3)当选用区段加固的方案时，应对楼梯间的墙体采取加强措施。

(二)加固方法

(1)房屋抗震承载力不满足要求时，宜选择下列加固方法：

1)拆砌或增设抗震墙：对局部的强度过低的原墙体可拆除重砌；重砌和增设抗震墙的结构材料宜采用与原结构相同的砖或砌块，也可采用现浇钢筋混凝土。

2)修补和灌浆：对已开裂的墙体，可采用压力灌浆修补，对砌筑砂浆饱满度差或砌筑砂浆强度等级偏低的墙体，可用满墙灌浆加固。

修补后墙体的刚度和抗震能力，可按原砌筑砂浆强度等级计算；满墙灌浆加固后的墙体，可按原砌筑砂浆强度等级提高一级计算。

3)面层或板墙加固：在墙体的一侧或两侧采用水泥砂浆面层、钢筋网砂浆面层、钢绞线网-聚合物砂浆面层或现浇钢筋混凝土板墙加固。

4)外加柱加固：在墙体交接处增设现浇钢筋混凝土构造柱加固。外加柱应与圈梁、拉杆连成整体，或与现浇钢筋混凝土楼、屋盖可靠连接。

5)包角或镶边加固：在柱、墙角或门窗洞边用型钢或钢筋混凝土包角或镶边；柱、墙垛还可用现浇钢筋混凝土套加固。

6)支撑或支架加固：对刚度差的房屋，可增设型钢或钢筋混凝土支撑或支架加固。

(2)房屋的整体性不满足要求时，应选择下列加固方法：

1)当墙体布置在平面内不闭合时，可增设墙段或在开口处增设现浇钢筋混凝土框形成闭合。

2)当纵横墙连接较差时，可采用钢拉杆、长锚杆、外加柱或外加圈梁等加固。

3)楼、屋盖构件支承长度不满足要求时，可增设托梁或采取增强楼、屋盖整体性等的措施；对腐蚀变质的构件应更换；对无下弦的人字屋架应增设下弦拉杆。

4)当构造柱或芯柱设置不符合鉴定要求时，应增设外加柱；当墙体采用双面钢筋网砂浆面层或钢筋混凝土板墙加固，且在墙体交接处增设相互可靠拉结的配筋加强带时，可不另设构造柱。

5)当圈梁设置不符合鉴定要求时，应增设圈梁；外墙圈梁宜采用现浇钢筋混凝土，内墙圈梁可用钢拉杆或在进深梁端加锚杆代替；当采用双面钢筋网砂浆面层或钢筋混凝土板墙加固，且在上下两端增设配筋加强带时，可不另设圈梁。

6)当预制楼、屋盖不满足抗震鉴定要求时，可增设钢筋混凝土现浇层或增设托梁加固楼、屋盖，钢筋混凝土现浇层做法应符合相关的规定。

(3)对房屋中易倒塌的部位，宜选择下列加固方法：

1)窗间墙宽度过小或抗震能力不满足要求时，可增设钢筋混凝土窗框或采用钢筋网砂浆面层、板墙等加固。

2)支承大梁等的墙段抗震能力不满足要求时，可增设砌体柱、组合柱、钢筋混凝土柱或采用钢筋网砂浆面层、板墙加固。

3)支承悬挑构件的墙体不符合鉴定要求时，宜在悬挑构件端部增设钢筋混凝土柱或砌体组合柱加固，并对悬挑构件进行复核。

4)隔墙无拉结或拉结不牢，可采用镶边、埋设钢夹套、锚筋或钢拉杆加固；当隔墙过长、过高时，可采用钢筋网砂浆面层进行加固。

5)出屋面的楼梯间、电梯间和水箱间不符合鉴定要求时，可采用面层或外加柱加固，其上部应与屋盖构件有可靠连接，下部应与主体结构的加固措施相连。

6)出屋面的烟囱、无拉结女儿墙、门脸等超过规定的高度时，宜拆除、降低高度或采用型钢、钢拉杆加固。

7)悬挑构件的锚固长度不满足要求时，可加拉杆或采取减少悬挑长度的措施。

(4)当具有明显扭转效应的多层砌体房屋抗震能力不满足要求时，可优先在薄弱部位增砌砖墙或现浇钢筋混凝土墙，或在原墙加面层；也可采取分割平面单元，减少扭转效应的措施。

(5)现有的空斗墙房屋和普通黏土砖砌筑的墙厚不大于 180 mm 的房屋需要继续使用时，应采用双面钢筋网砂浆面层或板墙加固。

知识链接

当现有多层砌体房屋的高度和层数超过规定限值时应采取的抗震对策

当现有多层砌体房屋的高度和层数超过规定限值时，应采取下列抗震对策：

(1)当现有多层砌体房屋的总高度超过规定而层数不超过规定的限值时，应采取高于一般房屋的承载力且加强墙体约束的有效措施。

(2)当现有多层砌体房屋的层数超过规定限值时，应改变结构体系或减少层数；乙类设防的房屋，也可改变用途按丙类设防使用，并符合丙类设防的层数限值；当采用改变结构体系的方案时，应在两个方向增设一定数量的钢筋混凝土墙体，新增的混凝土墙应计入竖向压应力滞后的影响并宜承担结构的全部地震作用。

(3)当丙类设防且横墙较少的房屋超出规定限值1层和3 m以内时，应提高墙体承载力且新增构造柱、圈梁等应达到现行国家标准《建筑抗震设计规范(2016年版)》(GB 50011—2010)对横墙较少房屋不减少层数和高度的相关要求。

(三)设计与施工基本要求

1. 水泥砂浆和钢筋网砂浆面层加固

采用水泥砂浆面层和钢筋网砂浆面层加固墙体时，应符合下列要求：

(1)钢筋网应采用呈梅花状布置的锚筋、穿墙筋固定于墙体上；钢筋网四周应采用锚筋、插入短筋或拉结筋等与楼板、大梁、柱或墙体可靠连接；钢筋网外保护层厚度不应小于10 mm，钢筋片与墙面的空隙不应小于5 mm。

(2)面层加固采用综合抗震能力指数验算时，有关构件支承长度的影响系数应做相应改变，有关墙体局部尺寸的影响系数应取1.0。

(3)面层加固的施工应符合下列要求：

1)面层宜按下列顺序施工：原有墙面清底、钻孔并用水冲刷，孔内干燥后安设锚筋并铺设钢筋网，浇水湿润墙面，抹水泥砂浆并养护，墙面装饰。

2)原墙面碱蚀严重时，应先清除松散部分并用1∶3水泥砂浆抹面，已松动的勾缝砂浆应剔除。

3)在墙面钻孔时，应按设计要求先画线标出锚筋(或穿墙筋)位置，并应采用电钻在砖缝处打孔，穿墙孔直径宜比S形筋大2 mm，锚筋孔直径宜采用锚筋直径的1.5～2.5倍，其孔深宜为100～120 mm，锚筋插入孔洞后可采用水泥基灌浆料、水泥砂浆等填实。

4)铺设钢筋网时，竖向钢筋应靠墙面并采用钢筋头支起。

5)抹水泥砂浆时，应先在墙面刷水泥浆一道再分层抹灰，且每层厚度不应超过15 mm。

6)面层应浇水养护，防止阳光曝晒，冬季应采取防冻措施。

2. 钢绞线网-聚合物砂浆面层加固

(1)钢绞线网-聚合物砂浆面层加固砌体墙的材料性能，应符合下列要求：

1)钢绞线网片应符合下列要求：

①钢绞线应采用 6×7+1 WS 金属股芯钢绞线，单根钢绞线的公称直径应在 2.5～4.5 mm 范围内；应采用硫、磷含量均不大于 0.03% 的优质碳素结构钢丝；

②宜采用抗拉强度标准值为 1 650 MPa（直径不大于 4.0 mm）和 1 560 MPa（直径大于 4.0 mm）的钢绞线；相应的抗拉强度设计值取 1 050 MPa（直径不大于 4.0 mm）和 1 000 MPa（直径大于 4.0 mm）；

③钢绞线网片应无破损，无死折，无散束，卡扣无开口、脱落，主筋和横向筋间距均匀，表面不得涂有油脂、油漆等污物。

2）聚合物砂浆可采用Ⅰ级或Ⅱ级聚合物砂浆，其正拉粘结强度、抗拉强度和抗压强度以及老化检验、毒性检验等应符合现行国家标准《混凝土结构加固设计规范》（GB 50367—2013）的有关要求。

（2）钢绞线网-聚合物砂浆层加固砌体墙的施工，应符合下列要求：

1）面层宜按下列顺序施工：原有墙面清理，放线定位，钻孔并用水冲刷，钢绞线网片锚固、绷紧、调整和固定，浇水湿润墙面，进行界面处理，抹聚合物砂浆并养护，墙面装饰。

2）墙面钻孔应位于砖块上，应采用 φ6 钻头，钻孔深度应控制在 40～45 mm。

3）钢绞线网端头应错开锚固，错开距离不小于 50 mm。

4）钢绞线网应双层布置并绷紧安装，竖向钢绞线网布置在内侧，水平钢绞线网布置在外侧，分布钢绞线应贴向墙面，受力钢绞线应背离墙面。

5）聚合物砂浆抹面应在界面处理后随即开始施工，第一遍抹灰厚度以基本覆盖钢绞线网片为宜，后续抹灰应在前次抹灰初凝后进行，后续抹灰的分层厚度控制在 10～15 mm。

6）常温下，聚合物砂浆施工完毕 6 h 内，应采取可靠保湿养护措施；养护时间不少于 7 d；雨期、冬期或遇大风、高温天气时，施工应采取可靠应对措施。

3. 板墙加固

采用现浇钢筋混凝土板墙加固墙体时，应符合下列要求：

（1）板墙应采用呈梅花状布置的锚筋、穿墙筋与原有砌体墙连接；其左右应采用拉结筋等与两端的原有墙体可靠连接；底部应有基础；板墙上下应与楼、屋盖可靠连接，至少应每隔 1 m 设置穿过楼板且与竖向钢筋等面积的短筋，短筋两端应分别锚入上下层的板墙内，其锚固长度不应小于短筋直径的 40 倍。

（2）板墙加固采用综合抗震能力指数验算时，有关构件支承长度的影响系数应做相应改变，有关墙体局部尺寸的影响系数应取 1.0。

（3）板墙加固的施工应符合下列要求：

1）板墙加固施工的基本顺序、钻孔注意事项，可按《建筑抗震加固技术规程》（JGJ 116—2009）对面层加固的相关规定执行。

2）板墙可支模浇筑或采用喷射混凝土工艺，应采取措施使墙顶与楼板交界处混凝土密实，浇筑后应加强养护。

4. 增设抗震墙加固

（1）抗震墙的材料和构造应符合下列要求：

1）砌筑砂浆的强度等级应比原墙体实际强度等级高一级，且不应低于 M2.5；

2)墙厚不应小于 190 mm；

3)墙体中宜设置现浇带或钢筋网片加强：可沿墙高每隔 0.7～1.0 m 设置与墙等宽、高 60 mm 的细石混凝土现浇带，其纵向钢筋可采用 3Φ6，横向系筋可采用 Φ6，其间距宜为 200 mm；当墙厚为 240 mm 或 370 mm 时，可沿墙高每隔 300～700 mm 设置一层焊接钢筋网片，网片的纵向钢筋可采用 3Φ4，横向系筋可采用 Φ4，其间距宜为 150 mm；

4)墙顶应设置与墙等宽的现浇钢筋混凝土压顶梁，并与楼、屋盖的梁（板）可靠连接；可每隔 500～700 mm 设置 Φ12 的锚筋或 M12 锚栓连接；压顶梁高不应小于 120 mm，纵筋可采用 4Φ12，箍筋可采用 Φ6，其间距宜为 150 mm；

5)抗震墙应与原有墙体可靠连接：可沿墙体高度每隔 500～600 mm 设置 2Φ6 且长度不小于 1 m 的钢筋与原有墙体用螺栓或锚筋连接；当墙体内有混凝土带或钢筋网片时，可在相应位置处加设 2Φ12（对钢筋网片为 Φ6）的拉结筋，锚入混凝土带内长度不宜小于 500 mm，另一端锚在原墙体或外加柱内，也可在新砌墙与原墙间加现浇钢筋混凝土柱，柱顶与压顶梁连接，柱与原墙应采用锚筋、销键或螺栓连接；

6)抗震墙应有基础，其埋深宜与相邻抗震墙相同，宽度不应小于计算宽度的 1.15 倍。

(2)增设砌体抗震墙施工中，配筋的细石混凝土带可在砌到设计标高时浇筑，当混凝土终凝后方可在其上砌砖。

(3)采用增设现浇钢筋混凝土抗震墙加固砌体房屋时，原墙体砌筑的砂浆实际强度等级不宜低于 M2.5，现浇混凝土墙沿平面宜对称布置，沿高度应连续布置，其厚度可为 140～160 mm，混凝土强度等级宜采用 C20；可采用构造配筋；抗震墙应设基础，与原有的砌体墙、柱和梁板均应有可靠连接。

5. 外加圈梁-钢筋混凝土柱加固

采用外加圈梁-钢筋混凝土柱加固房屋时，应符合下列要求：

(1)外加柱应在房屋四角、楼梯间和不规则平面的对应转角处设置，并应根据房屋的设防烈度和层数在内外墙交接处隔开间或每开间设置；外加柱应由底层设起，并应沿房屋全高贯通，不得错位；外加柱应与圈梁（含相应的现浇板等）或钢拉杆连成闭合系统。

(2)外加柱应设置基础，并应设置拉结筋、销键、压浆锚杆或锚筋等与原墙体、原基础可靠连接；当基础埋深与外墙原基础不同时，不得浅于冻结深度。

(3)增设的圈梁应与墙体可靠连接；圈梁在楼、屋盖平面内应闭合，在阳台、楼梯间等圈梁标高变换处，圈梁应有局部加强措施；变形缝两侧的圈梁应分别闭合。

(4)加固后采用综合抗震能力指数验算时，圈梁布置和构造的体系影响系数应取 1.0；墙体连接的整体构造影响系数和相关墙垛局部尺寸的局部影响系数应取 1.0。

(5)圈梁和钢拉杆的施工应符合下列要求：

1)增设圈梁处的墙面有酥碱、油污或饰面层时，应清除干净；圈梁与墙体连接的孔洞应用水冲洗干净；混凝土浇筑前，应浇水润湿墙面和木模板；锚筋和锚栓应可靠锚固。

2)圈梁的混凝土宜连续浇筑，不应在距钢拉杆（或横墙）1 m 以内处留施工缝，圈梁顶面应做泛水，其底面应做滴水槽。

3)钢拉杆应张紧，不得弯曲和下垂；外露铁件应涂刷防锈漆。

单元三 多层及高层钢筋混凝土房屋抗震鉴定及加固

一、多层及高层钢筋混凝土房屋抗震鉴定

1. 抗震鉴定检查重点

现有钢筋混凝土房屋的抗震鉴定，应依据其设防烈度重点检查下列薄弱部位：

(1)6度时，应检查局部易掉落伤人的构件、部件以及楼梯间非结构构件的连接构造。

(2)7度时，除应按第1款检查外，尚应检查梁柱节点的连接方式、框架跨数及不同结构体系之间的连接构造。

(3)8、9度时，除应按第(1)、(2)款检查外，尚应检查梁、柱的配筋，材料强度，各构件间的连接，结构体型的规则性，短柱分布，使用荷载的大小和分布等。

2. 钢筋混凝土房屋的外观和内在质量要求

钢筋混凝土房屋的外观和内在质量宜符合下列要求：

(1)梁、柱及其节点的混凝土仅有少量微小开裂或局部剥落，钢筋无露筋、锈蚀。

(2)填充墙无明显开裂或与框架脱开。

(3)主体结构构件无明显变形、倾斜或歪扭。

3. 抗震能力评定

现有钢筋混凝土房屋的抗震鉴定，应按结构体系的合理性、结构构件材料的实际强度、结构构件的纵向钢筋与横向箍筋的配置和构件连接的可靠性、填充墙等与主体结构的拉结构造以及构件抗震承载力的综合分析，对整幢房屋的抗震能力进行鉴定。当梁柱节点构造和框架跨数不符合规定时，应评为不满足抗震鉴定要求；当仅有出入口、人流通道处的填充墙不符合规定时，应评为局部不满足抗震鉴定要求。

A类钢筋混凝土房屋应进行综合抗震能力两级鉴定。当符合第一级鉴定的各项规定时，除9度外应允许不进行抗震验算而评为满足抗震鉴定要求；不符合第一级鉴定要求和9度时，除有明确规定的情况外，应在第二级鉴定中采用屈服强度系数和综合抗震能力指数的方法做出判断。

B类钢筋混凝土房屋应根据所属的抗震等级进行结构布置和构造检查，并应通过内力调整进行抗震承载力验算；或按照A类钢筋混凝土房屋计入构造影响对综合抗震能力进行评定。

课堂小提示

(1)当砌体结构与框架结构相连或依托于框架结构时，应加大砌体结构所承担的地震作用，再按多层砌体房屋的有关情况进行抗震鉴定；对框架结构的鉴定，应计入两种不同性质的结构相连导致的不利影响。

(2)砖女儿墙、门脸等非结构构件和凸出屋面的小房间，应符合多层砌体房屋的有关规定。

二、多层及高层钢筋混凝土房屋抗震加固

（一）加固要求

钢筋混凝土房屋的抗震加固应符合下列要求：

（1）抗震加固时应根据房屋的实际情况选择加固方案，分别采用主要提高结构构件抗震承载力、主要增强结构变形能力或改变框架结构体系的方案。

（2）加固后的框架应避免形成短柱、短梁或强梁弱柱。

（3）采用综合抗震能力指数验算时，加固后楼层屈服强度系数、体系影响系数和局部影响系数应根据房屋加固后的状态计算和取值。

课堂小提示

钢筋混凝土房屋加固后，当采用楼层综合抗震能力指数进行抗震验算时，应采用现行国家标准《建筑抗震鉴定标准》（GB 50023—2009）规定的计算公式，对框架结构可选择平面结构计算；构件加固后的抗震承载力应根据其加固方法按有关规定计算。

（二）加固方法

（1）钢筋混凝土房屋的结构体系和抗震承载力不满足要求时，可选择下列加固方法：

1）单向框架应加固，或改为双向框架，或采取加强楼、屋盖整体性的同时增设抗震墙、抗震支撑等抗侧力构件的措施。

2）单跨框架不符合鉴定要求时，应在不大于框架-抗震墙结构的抗震墙最大间距且不大于 24 m 的间距内增设抗震墙、翼墙、抗震支撑等抗侧力构件或将对应轴线的单跨框架改为多跨框架。

3）框架梁柱配筋不符合鉴定要求时，可采用钢构套、现浇钢筋混凝土套或粘贴钢板、碳纤维布、钢绞线网-聚合物砂浆面层等加固。

4）框架柱轴压比不符合鉴定要求时，可采用现浇钢筋混凝土套等加固。

5）房屋刚度较弱、明显不均匀或有明显的扭转效应时，可增设钢筋混凝土抗震墙或翼墙加固，也可设置支撑加固。

6）当框架梁柱实际受弯承载力的关系不符合鉴定要求时，可采用钢构套、现浇钢筋混凝土套或粘贴钢板等加固框架柱，也可通过罕遇地震下的弹塑性变形验算确定对策。

7）钢筋混凝土抗震墙配筋不符合鉴定要求时，可加厚原有墙体或增设端柱、墙体等。

8）当楼梯构件不符合鉴定要求时，可粘贴钢板、碳纤维布、钢绞线网-聚合物砂浆面层等加固。

（2）钢筋混凝土构件有局部损伤时，可采用细石混凝土修复；出现裂缝时，可灌注水泥基灌浆料等补强。

（3）填充墙体与框架柱连接不符合鉴定要求时，可增设拉结筋连接；填充墙体与框架梁连接不符合鉴定要求时，可在墙顶增设钢夹套等与梁拉结；楼梯间的填充墙不符合鉴定要

求，可采用钢筋网砂浆面层加固。

(4)女儿墙等易倒塌部位不符合鉴定要求时，可按《建筑抗震加固技术规程》(JGJ 116—2009)有关规定选择加固方法。

(三)设计与施工基本要求

1. 增设抗震墙或翼墙

增设钢筋混凝土抗震墙或翼墙加固房屋时，应符合下列要求：

(1)混凝土强度等级不应低于C20，且不应低于原框架柱的实际混凝土强度等级。

(2)墙厚不应小于140 mm，竖向和横向分布钢筋的最小配筋率，均不应小于0.20%。对于B、C类钢筋混凝土房屋，其墙厚和配筋应符合其抗震等级的相应要求。

(3)增设抗震墙后应按框架-抗震墙结构进行抗震分析，增设的混凝土和钢筋的强度均应乘以规定的折减系数。加固后抗震墙之间楼、屋盖长宽比的局部影响系数应作相应改变。

(4)抗震墙和翼墙的施工应符合下列要求：

1)原有的梁柱表面应凿毛，浇筑混凝土前应清洗并保持湿润，浇筑后应加强养护。

2)锚筋应除锈，锚孔应采用钻孔成型，不得用手凿，孔内应采用压缩空气吹净并用水冲洗，注胶应饱满并使锚筋固定牢靠。

2. 钢构套加固

采用钢构套加固框架时，应符合下列要求：

(1)钢构套加固梁时，纵向角钢、扁钢两端应与柱有可靠连接。

(2)钢构套加固柱时，应采取措施使楼板上下的角钢、扁钢可靠连接；顶层的角钢、扁钢应与屋面板可靠连接；底层的角钢、扁钢应与基础锚固。

(3)加固后梁、柱截面抗震验算时，角钢、扁钢应作为纵向钢筋，钢缀板应作为箍筋进行计算，其材料强度应乘以规定的折减系数。

(4)钢构套的施工应符合下列要求：

1)加固前应卸除或大部分卸除作用在梁上的活荷载。

2)原有的梁柱表面应清洗干净，缺陷应修补，角部应磨出小圆角。

3)楼板凿洞时，应避免损伤原有钢筋。

4)构架的角钢应采用夹具在两个方向夹紧，缀板应分段焊接。注胶应在构架焊接完成后进行，胶缝厚度宜控制在3~5 mm。

5)钢材表面应涂刷防锈漆，或在构架外围抹25 mm厚的1:3水泥砂浆保护层，也可采用其他具有防腐蚀和防火性能的饰面材料加以保护。

3. 钢筋混凝土套加固

采用钢筋混凝土套加固梁柱时，应符合下列要求：

(1)混凝土的强度等级不应低于C20，且不应低于原构件实际的混凝土强度等级。

(2)柱套的纵向钢筋遇到楼板时，应凿洞穿过并上下连接，其根部应伸入基础并满足锚固要求，其顶部应在屋面板处封顶锚固；梁套的纵向钢筋应与柱可靠连接。

(3)加固后梁、柱按整体截面进行抗震验算，新增的混凝土和钢筋的材料强度应乘以规定的折减系数。

(4)钢筋混凝土套的施工应符合下列要求：

1)加固前应卸除或大部分卸除作用在梁上的活荷载。

2)原有的梁柱表面应凿毛并清理浮渣，缺陷应修补。

3)楼板凿洞时，应避免损伤原有钢筋。

4)浇筑混凝土前应用水清洗并保持湿润，浇筑后应加强养护。

4. 粘贴钢板加固

采用粘贴钢板加固梁柱时，应符合下列要求：

(1)原构件的混凝土实际强度等级不应低于 C15；混凝土表面的受拉粘结强度不应低于 1.5 MPa。粘贴钢板应采用粘结强度高且耐久的胶粘剂；钢板可采用 Q235 或 Q345 钢，厚度宜为 2~5 mm。

(2)钢板的受力方式应设计成仅承受轴向应力作用。钢板在需要加固的范围以外的锚固长度，受拉时不应小于钢板厚度的 200 倍，且不应小于 600 mm；受压时不应小于钢板厚度的 150 倍，且不应小于 500 mm。

(3)粘贴钢板与原构件尚宜采用专用金属胀栓连接。

(4)粘贴钢板加固钢筋混凝土结构的胶粘剂的材料性能、加固的构造和承载力验算，可按现行国家标准《混凝土结构加固设计规范》(GB 50367—2013)的有关规定执行，其中，对构件承载力的新增部分，其加固承载力抗震调整系数宜采用 1.0，且对 A、B 类钢筋混凝土结构，原构件的材料强度设计值和抗震承载力，应按现行国家标准《建筑抗震鉴定标准》(GB 50023—2009)的有关规定采用。

(5)被加固构件长期使用的环境和防火要求，应符合国家现行有关标准的规定。

(6)粘贴钢板加固时，应卸除或大部分卸除作用在梁上的活荷载，其施工应符合专门的规定。

5. 粘贴纤维布加固

采用粘贴纤维布加固梁柱时，应符合下列要求：

(1)原结构构件实际的混凝土强度等级不应低于 C15，且混凝土表面的正拉粘结强度不应低于 1.5 MPa。

(2)碳纤维的受力方式应设计成仅承受拉应力作用。当提高梁的受弯承载力时，碳纤维布应设在梁顶面或底面受拉区；当提高梁的受剪承载力时，碳纤维布应采用 U 形箍加纵向压条或封闭箍的方式；当提高柱受剪承载力时，碳纤维布宜沿环向螺旋粘贴并封闭，当矩形截面采用封闭环箍时，至少缠绕 3 圈且搭接长度应超过 200 mm。粘贴纤维布在需要加固的范围以外的锚固长度，受拉时不应小于 600 mm。

(3)纤维布和胶粘剂的材料性能、加固的构造和承载力验算，可按现行国家标准《混凝土结构加固设计规范》(GB 50367—2013)的有关规定执行，其中，对构件承载力的新增部分，其加固承载力抗震调整系数宜采用 1.0，且对 A、B 类钢筋混凝土结构，原构件的材料强度设计值和抗震承载力，应按现行国家标准《建筑抗震鉴定标准》(GB 50023—2009)的有关规定采用。

(4)被加固构件长期使用的环境和防火要求，应符合现行国家有关标准的规定。

(5)粘贴纤维布加固时，应卸除或大部分卸除作用在梁上的活荷载，其施工应符合专门的规定。

6. 钢绞线网-聚合物砂浆面层加固

(1)钢绞线网-聚合物砂浆面层加固梁柱的钢绞线网片、聚合物砂浆的材料性能,应符合《建筑抗震加固技术规程》(JGJ 116—2009)的规定。界面剂的性能应符合现行行业标准《混凝土界面处理剂》(JC/T 907—2018)关于Ⅰ型的规定。

(2)钢绞线网-聚合物砂浆面层的施工应符合下列要求:

1)加固前应卸除或大部分卸除作用在梁上的活荷载。

2)加固的施工顺序和主要注意事项可按《建筑抗震加固技术规程》(JGJ 116—2009)的规定执行。

3)加固时应清除原有抹灰等装修面层,处理至裸露原混凝土结构的坚实面,对缺陷处应涂刷界面剂后用聚合物砂浆修补,基层处理的边缘应比设计抹灰尺寸外扩 50 mm。

4)界面剂喷涂施工应与聚合物砂浆抹面施工段配合进行,界面剂应随用随搅拌,分布应均匀,不得遗漏被钢绞线网遮挡的基层。

7. 增设支撑加固

采用钢支撑加固框架结构时,应符合下列要求:

(1)支撑的布置应有利于减少结构沿平面或竖向的不规则性;支撑的间距不应超过框架-抗震墙结构中墙体最大间距。

(2)支撑的形式可选择交叉形或人字形,支撑的水平夹角不宜大于 55°。

(3)支撑杆件的长细比和板件的宽厚比,应依据设防烈度的不同,按现行国家标准《建筑抗震设计规范(2016 年版)》(GB 50011—2010)对钢结构设计的有关规定采用。

(4)支撑可采用钢箍套与原有钢筋混凝土构件可靠连接,并应采取措施将支撑的地震内力可靠地传递到基础。

(5)新增钢支撑可采用两端铰接的计算简图,且只承担地震作用。

(6)钢支撑应采取防腐、防火措施。

8. 混凝土缺陷修补

混凝土构件局部损伤和裂缝等缺陷的修补,应符合下列要求:

(1)修补所采用的细石混凝土,其强度等级宜比原构件的混凝土强度等级高一级,且不应低于 C20;修补前,损伤处松散的混凝土和杂物应剔除,钢筋应除锈,并采取措施使新、旧混凝土可靠结合。

(2)压力灌浆的浆液或浆料的可灌性和固化性应满足设计、施工要求;灌浆前应对裂缝进行处理,并埋设灌浆嘴;灌浆时,可根据裂缝的范围和大小选用单孔灌浆或分区群孔灌浆,并应采取措施使浆液饱满密实。

9. 填充墙加固

砌体墙与框架连接的加固应符合下列要求:

(1)墙与柱的连接可增设拉结筋加强[图 8-1(a)];拉结筋直径可采用 6 mm,其长度不应小于 600 mm,沿柱高的间距不宜大于 600 mm,8、9 度时或墙高大于 4 m 时,墙半高的拉结筋应贯通墙体;拉结筋的一端应采用胶粘剂锚入柱的斜孔内,或与锚入柱内的锚栓焊接;拉结筋的另一端弯折后锚入墙体的灰缝内,并用 1∶3 水泥砂浆将墙面抹平。

(2)墙与梁的连接,可按第(1)条的方法增设拉结筋加强墙与梁的连接;亦可采用墙顶增设钢夹套加强墙与梁的连接[图 8-1(b)];墙长超过层高 2 倍时,在中部宜增设上下拉结的措施。钢夹套的角钢不应小于 L63×6,螺栓不宜少于 2 根,其直径不应小于 12 mm,沿梁轴线方向的间距不宜大于 1.0 m。

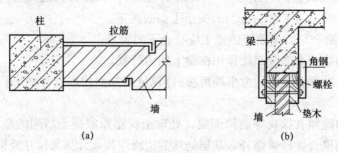

图 8-1 砌体墙与框架的连接

(a)拉结筋连接;(b)钢夹套连接

(3)加固后按楼层综合抗震能力指数验算时,墙体连接的局部影响系数可取 1.0。

(4)拉结筋的锚孔和螺栓孔应采用钻孔成型,不得用手凿;钢夹套的钢材表面应涂刷防锈漆。

项目小结

本项目讲述的是房屋抗震鉴定加固基础知识。地震对建筑物的破坏情况是相当严重的。对现有房屋建筑的抗震能力进行鉴定,可以为抗震加固或采取其他抗震减灾对策提供依据。抗震鉴定分为两级。第一级鉴定应以宏观控制和构造鉴定为主进行综合评价,第二级鉴定应以抗震验算为主结合构造影响进行综合评价。抗震加固是减轻地震灾害的有效措施。现有房屋建筑的抗震加固及施工,除应符合《建筑抗震加固技术规程》(JGJ 116—2009)的规定外,还应符合现行国家有关标准、规范的规定。

课后实训

1. 实训项目

讨论多层及高层钢筋混凝土房屋抗震鉴定加固。

2. 实训内容

同学们分成两组。通过讨论分析以下案例,理解并掌握多层及高层钢筋混凝土房屋抗震鉴定加固方法。

某学校教学楼建于 20 世纪 80 年代中期,建筑平面形式基本为矩形,东西长 38.0 m,南北长约 8.1 m,房屋共 4 层,建筑面积约为 1 100 m²,建筑檐口高度为 12.9 m,各层层高均为 3.3 mm。基础采用桩基础,上部为混合结构,预制楼、屋面板,大梁,楼梯及雨篷等为现浇结构,抗震设防烈度为 6 度。

根据该建筑物的实际使用情况，依据《建筑抗震鉴定标准》(GB 50023—2009)，确定其为 A 类建筑，即后续使用年限 30 年的建筑。

　　请问：如何对该教学楼原结构进行抗震鉴定？提出经济、合理、施工方便的加固方案。

3. 实训分析

师生共同参考多层及高层钢筋混凝土房屋抗震鉴定加固方法进行分析与评价。

_____

_____

_____

_____

_____。

项目九 **房屋修缮预算认知**

1. 了解房屋修缮工程预算的概念及特点，熟悉房屋修缮工程预算的分类；
2. 熟悉房屋修缮工程造价的费用构成；
3. 熟悉房屋修缮工程造价的计价方法；
4. 了解房屋修缮工程预算员的职责和要求。

能够理解并掌握房屋修缮工程造价的费用构成。

1. 能独立制订学习计划，并按计划实施学习和撰写学习体会；
2. 会查阅相关资料、整理资料，具有阅读应用各种规范的能力；
3. 培养勤于思考、做事认真的良好作风，具有分析问题、解决问题的能力；
4. 具有团队合作精神、沟通交流和语言表达能力；
5. 培养吃苦耐劳、爱岗敬业的职业精神。

案例导入

　　房屋居住久了会出现各种各样的问题，特别是老房子，居住时间久了会变得潮湿，而且经常会发生不同程度的损坏现象，因此需要定期对房屋进行修缮。在具体修缮施工之前，需要进行详细的房屋修缮工程预算。

　　假设你在物业服务企业工程部担任房屋修缮工程预算员，请思考：房屋修缮工程造价费用由哪些内容构成呢？

单元一 房屋修缮工程预算的概念、特点和分类

一、房屋修缮工程预算的概念

房屋修缮是指为保障既有房屋在设计使用年限内的安全，保持和提高完好程度与使用功能或为延长房屋耐用年限，对既有房屋或其组成部分进行必要的维护、维修、拆改、加固和再装饰所进行的查勘、定案、设计和施工、竣工验收等过程控制活动。

房屋修缮工程预算是指在工程开工前预先计算维修工程造价的计划性文件。其主要作用是承发包双方核算工程款，最终确定维修工程造价的依据。房屋修缮工程造价的确定，一般是在修缮工程预算造价的基础上，根据国家有关规定以及施工承包合同条件的约定，通过招标投标竞争确定合同价，再根据施工中发生的变更因素对原合同价进行调整来实现的。

房屋修缮工程造价，是根据工程承包合同的约定，施工单位为完成工程施工任务所发生的费用总和，即发包工程的承包价格。它是对房屋进行维修所发生的价值的货币表现，是由房屋在维修中所消耗的社会必要劳动量决定的。

二、房屋修缮工程预算的特点

房屋修缮工程与房屋新建工程相比，具有施工地点分散、项目复杂、工期一般较短、连续作业差、现场狭窄、地区特性更强和旧料回收利用等特点。因此，房屋修缮预算的编制与新建工程预算编制不同，其具有如下特点。

1. 使用修缮定额

在编制房屋修缮预算时，所使用的定额为"房屋修缮工程预算定额"。房屋修缮定额与新建工程预算定额相比，有如下特点：

（1）工料消耗多。完成相同数量的同一种分项工程项目，在修缮定额中规定的工料消耗量一般要高于新建建筑工程预算定额的工料消耗量。这主要是由于修缮工程零星分散，施工场地狭窄；施工中有时房屋不腾空，不停止使用，要保护原有建筑物和装修、设备、家具；作业环境不好，难以专业化施工，经常变换工种操作，以手工作业为主，不能大量使用机械；材料损耗量大等。

（2）地区性强。因为修缮定额是根据各地的施工特点、施工技术、管理水平，以及当地的工料价格等资料编制的，尤其是由于各地旧房在建筑结构和建筑风格上存在着很大的差异，就更加突出了修缮定额地区性的特点。因此，有些地区和城市便编制适用于当地的修缮定额，而未使用所在省的统一修缮定额。

2. 回收利用旧料

在房屋修缮工程施工中，往往有大量的旧料被拆下来，这是一笔不小的财产。为了贯彻厉行节约的原则，在房屋拆除工程施工中，应做到文明施工，切实抓好"拆、收、管、用"四个环节，充分回收和利用旧料，以减少新材料的使用量，降低房屋修缮工程的造价。

知识链接

房屋修缮工程预算和建设工程预算的区别

房屋修缮工程预算考虑到维修费人工、费材料、费时间，所以项目单价要高些。建设工程预算是大批量的施工，比起维修来说，更容易施工，容易出进度，所以项目单价要低些。

三、房屋修缮工程预算的分类

根据设计阶段和编制依据的不同，房屋修缮工程预算可分为设计概算、施工图预算、施工预算。

1. 设计概算

设计概算是指在初步设计或技术设计阶段，由设计单位根据设计图纸、概算定额、各类费用定额、建设地区的自然条件和技术经济条件等资料，预先计算和确定修缮工程项目从筹建至竣工验收的全部建设费用的造价文件。设计概算是在初步设计阶段或扩大初步设计阶段编制。设计概算是确定单位工程概算造价的经济文件，一般由设计单位编制。

2. 施工图预算

施工图预算是施工图设计文件的组成部分，它是确定修缮工程造价的文件。经审定后的预算可用于承发包工程，是确定工程造价、签订修缮工程合同、实行建设单位和施工单位投资包干和办理工程结算、实行经济核算和考核工程成本的依据。施工图预算是根据已批准的施工图设计文件、施工组织设计文件、修缮工程定额和各种费用取费标准等编制的，它是拟建工程设计概算文件的具体化。

施工图预算是在施工图设计阶段，施工招标投标阶段编制。施工图预算是确定单位工程预算造价的经济文件，一般由施工单位或设计单位编制。

3. 施工预算

施工预算是指施工阶段，在施工图预算的控制下，施工单位根据施工图计算的分项工程量、施工定额、施工组织设计或分部分项工程施工过程的设计及其他有关技术资料，通过工料分析，计算和确定完成一个工程项目或一个单位工程或其中的分部分项工程所需的人工、材料、机械台班消耗的费用及其他相应费用的造价文件。

施工预算是施工单位进行成本控制与成本核算的依据，也是施工单位进行劳动组织与安排，以及进行材料和机械管理的依据，对施工组织和施工生产有着极为重要的作用。施工预算是在施工阶段由施工单位编制。施工预算按照企业定额（施工定额）编制，是体现企业个别成本的劳动消耗量文件。

四、房屋修缮工程预算管理

修缮工程预算是物业服务企业开展企业管理的一项十分重要的基础工作，它同时也是修缮施工项目管理中核算工程成本、确定和控制修缮工程造价的主要手段。通过工程预算工作可以在工程开工前事先确定修缮工程预算造价，依据预算工程造价我们可以组织修缮工程招标投标并签订施工承包合同，在此基础上，一方面物业服务企业可据此编制有关资金、成本、材料供应及用工计划；另一方面，修缮工程施工队伍可据此编制施工计划并以此为标准进行成本控制。从造价管理的过程看，修缮工程最终造价的形成是在其预算造价的基础上，依据施工承包合同及施工过程中发生的变更因素，通过增减调整后决定的。

在物业管理所有的工作中，房屋修缮管理不仅是物业管理的主体工作和基础性工作，而且是衡量物业管理企业管理水平的重要标志，因此，房屋修缮管理在物业管理全过程中占有极其重要的地位和作用。一般来说，房屋修缮管理具有以下意义。

1. 确保房屋的使用价值

做好房屋修缮管理，有利于延长房屋的使用寿命，增强房屋的住用性能，改善住用条件与质量，确保房屋的使用价值。

2. 增加房屋的经济价值

做好房屋修缮管理，不仅使房屋损耗的价值得到补偿，而且可以使房屋增值，这样就可以为业主带来直接或间接的经济效益。

3. 提升企业的信誉价值

做好房屋修缮管理，可以使物业管理企业在房屋的业主及使用者中建立良好的信誉和形象，从而为物业管理企业参与市场竞争打下坚实的基础。

4. 增加城市的社会价值

做好房屋修缮管理，不仅可以起到美化城市环境、美化生活的作用，而且能为人民群众的安居乐业、社会的稳定奠定基础。

五、房屋修缮工程预算文件的组成

预算文件必须根据工程规模、施工内容、费用组成、专业性质的不同，并按照不同建设阶段的预算要求，分别编制与综合。房屋修缮工程预算文件主要由建设项目总概算、单项工程综合概算和单位工程概(预)算三部分组成。

1. 项目总概算

项目总概算是工程建设项目全部建设费用的总文件，由各个单项工程综合概算汇总而成。主要包括以下内容：

(1)编制说明。包括说明工程概况、建设规模、建设内容、编制依据、费用标准、投资分析、费用构成及其他有关问题等。

(2)工程费用总表。包括主要工程项目、辅助与服务性工程项目、福利性与公共建筑项目、室外工程与场外工程项目四类，分别列出其各项费用总金额。

(3)其他费用项目表。不属于工程费内容的其他项目各种费用，分别列出费用金额。例如：征地、拆迁、赔偿、安置、科研、勘测、设计、培训、试运行等，均不在工程费内计算。

(4)附件。附件是指构成建设项目的综合概算书、单位工程概算书，以及其他有关资料。

2. 单项工程综合概算书

单项工程综合概算是单项工程费用的综合性经济文件，由各专业的单位工程概（预）算综合而成。主要包括以下内容：

（1）编制说明。主要内容为工程概况、专业组成、编制依据、费用标准及其他有关问题的说明。

（2）综合概算汇总表。将组成单项工程的各个单位工程概算价值，按技术专业（土建、电气、给水排水、暖通……）进行综合汇总。

（3）单位工程概（预）算表。按组成单项工程的各个单位工程（专业），分别编制其概（预）算。计价项目的划分精度，应符合设计阶段对投资文件的要求。

（4）主要建筑材料表。指"三大材"、主材、大宗材料等，按单位工程列出，以单项工程汇总。

（5）主材及设备明细表。主要材料、特种材料、各种设备等，应按规格单列，以供备料。

（6）其他资料。包括工程量计算表、工料分析表等。

3. 单位工程概（预）算

单位工程概（预）算是单项工程综合概算的重要组成部分，是按单位工程（专业）独立编制的概（预）算文件，它是编制综合概算的基础资料。主要包括以下内容：

（1）编制说明。指工程概况、施工条件、编制依据、设计标准、主要指标（费用、工、料）、遗留问题等的归纳说明。

（2）概（预）算费用汇总表。根据工程概（预）算表的合计余额（定额直接费），按当地现行规定计算和分析各种费用（直接费调整、间接费、独立费、税金等）。

（3）主要技术经济指标。按工程特点及规模标准，列出各项指标总数（实物量与货币量），分析计算单位工程各项技术经济指标。

（4）工程概（预）算表。根据工程内容与数量，分项套价计算定额直接费。

（5）主要建筑材料表。根据工料分析表的计算成果，对主要材料、"三大材"、大宗材料等，进行汇总。

（6）主要材料、构配件、设备明细表。对主要材料、大宗材料、特殊用料、构件与配件、主体设备等，应区分型号、规格，分别列出各种数量的明细表。

（7）附件。主要包括工程量计算表、工料分析表、钢筋与钢材的配料计算与汇总、定额的调整与换算、补充的单位估价表、主材价格等有关资料。

单元二 房屋修缮工程造价的费用构成

房屋修缮工程造价是指发生在修缮工程施工阶段的全部费用，它们构成了房屋修缮工程的预算造价。修缮工程的全部费用是根据修缮施工设计图、修缮工程预算定额和取费标准等确定的，是完成该项修缮工程生产过程中所应支付的各种费用的总和。

房屋修缮工程费用项目可以按费用构成要素和按造价形成两种不同的方式进行划分。

一、按费用构成要素划分

按照费用的构成要素划分，房屋修缮工程费包括人工费、材料费、施工机具使用费、企业管理费、利润、规费和税金。

(一)人工费

人工费是指支付给直接从事维修施工作业的生产工人的各项费用。计算人工费的基本要素有两个，即人工工日消耗量和人工日工资单价。

(1)人工工日消耗量。人工工日消耗量是指在正常施工生产条件下，完成规定计量单位的维修施工所消耗的生产工人的工日数量。它由分项工程所综合的各个工序劳动定额包括的基本用工和其他用工两部分组成。

(2)人工日工资单价。人工日工资单价是指直接从事维修施工的生产工人在每个法定工作日的工资、津贴及奖金等。

人工费的基本计算公式为

$$人工费 = \sum(工日消耗量 \times 日工资单价)$$

(二)材料费

材料费是指维修施工过程中耗费的各种原材料、半成品、构配件、工程设备等的费用，以及周转材料等的摊销、租赁费用。计算材料费的基本要素是材料消耗量和材料单价。

(1)材料消耗量。材料消耗量是指在正常施工生产条件下，完成规定计量单位的维修施工所消耗的各类材料的净用量和不可避免的损耗量。

(2)材料单价。材料单价是指建筑材料从其来源地运到施工工地仓库直至出库形成的综合平均单价。由材料原价、运杂费、运输损耗费、采购及保管费组成。当一般纳税人采用一般计税方法时，材料单价中的材料原价、运杂费等均应扣除增值税进项税额。材料费的基本计算公式为

$$材料费 = \sum(材料消耗量 \times 材料单价)$$

(3)工程设备。只构成或计划构成永久工程一部分的机电设备、金属结构设备、仪器装置或其他类似的设备和装置。

(三)施工机具使用费

施工机具使用费是指维修施工作业所发生的施工机械、仪器仪表使用费或其租赁费。

(1)施工机械使用费。施工机械使用费是指施工机械作业发生的使用费或租赁费。构成施工机械使用费的基本要素是施工机械台班消耗量和机械台班单价。施工机械台班消耗量是指在正常施工生产条件下，完成规定计量单位的建筑安装产品所消耗的施工机械台班的数量。施工机械台班单价是指折合到每台班的施工机械使用费。施工机械使用费的基本计算公式为

$$施工机械使用费 = \sum(施工机械台班消耗量 \times 机械台班单价)$$

施工机械台班单价通常由折旧费、检修费、维护费、安拆费和场外运费、人工费、燃

料动力费及其他费用组成。

（2）仪器仪表使用费。仪器仪表使用费是指工程施工所需使用的仪器仪表的摊销及维修费用。与施工机械使用费类似，仪器仪表使用费的基本计算公式为

$$仪器仪表使用费＝工程使用的仪器仪表摊销费＋维修费$$

仪器仪表台班单价通常由折旧费、维护费、校验费和动力费组成。

当一般纳税人采用一般计税方法时，施工机械台班单价和仪器仪表台班单价中的相关子项均需扣除增值税进项税额。

（四）企业管理费

1. 企业管理费组成

企业管理费是指企业组织维修施工生产和经营管理所需的费用。其内容包括：

（1）管理人员工资：是指按规定支付给管理人员的计时工资、奖金、津贴补贴、加班加点工资及特殊情况下支付的工资等。

（2）办公费：是指企业管理办公用的文具、纸张、账表、印刷、邮电、书报、办公软件、现场监控、会议、水电、烧水和集体取暖降温（包括现场临时宿舍取暖降温）等费用。

（3）差旅交通费：是指职工因公出差、调动工作所产生的差旅费、住勤补助费，市内交通费和误餐补助费，职工探亲路费，劳动力招募费，职工退休、退职一次性路费，工伤人员就医路费，工地转移费以及管理部门使用的交通工具的油料、燃料等费用。

（4）固定资产使用费：是指管理和试验部门及附属生产单位使用的属于固定资产的房屋、设备、仪器等的折旧、大修、维修或租赁的费用。当一般纳税人采用一般计税方法时，固定资产使用费中增值税进项税额的抵扣原则为：2016年5月1日后以直接购买、接受捐赠、接受投资入股、自建以及抵债等各种形式取得并在会计制度上按固定资产核算的不动产或者2016年5月1日后取得的不动产在建工程，其进项税额应自取得之日起分两年扣减，第一年抵扣比例为60%，第二年抵扣比例为40%。设备、仪器的折旧、大修、维修或租赁费以购进货物、接受修理修配劳务或租赁有形动产服务适用的税率扣减，均为17%。

（5）工具用具使用费：是指企业施工生产和管理使用的不属于固定资产的工具、器具、家具、交通工具以及检验、试验、测绘、消防用具等的购置、维修和摊销费。当一般纳税人采用一般计税方法时，工具用具使用费中增值税进项税额的抵扣原则：以购进货物或接受修理修配劳务适用的税率扣减，均为17%。

（6）劳动保险和职工福利费：是指由企业支付的职工退职金，按规定支付给离休干部的经费，集体福利费，夏季防暑降温、冬季取暖补贴，上班、下班交通补贴等。

（7）劳动保护费：是企业按规定发放的劳动保护用品的支出。如工作服、手套、防暑降温饮料，以及在有碍身体健康的环境中施工的保健费用等。

（8）检验试验费：是指施工企业按照有关标准规定，对建筑以及材料、构件和建筑安装物进行一般鉴定、检查所需要的费用。其包括自设试验室进行试验所耗用的材料等费用，但不包括新结构、新材料的试验费，也不包括对构件做破坏性试验及其他特殊要求检验试验的费用和建设单位委托检测机构进行检测的费用，对做此类检测所发生的费用，由建设单位在工程建设其他费用中列支。但在对施工企业提供的具有合格证明的材料进行检测时，若发现不合格者，则该检测费用由需施工企业支付。当一般纳税人采用一般计税方法时，

检验试验费中增值税进项税额现代服务业以使用税率的 6% 扣减。

(9)工会经费：是指企业按《工会法》规定的以全部职工工资总额比例计提的工会经费。

(10)职工教育经费：是指按职工工资总额的规定比例计提的，企业为职工进行专业技术和职业技能培训，专业技术人员继续教育、职工职业技能鉴定、职业资格认定以及根据需要对职工进行各类文化教育所发生的费用。

(11)财产保险费：是指施工管理用财产、车辆等的保险费用。

(12)财务费：是指企业为施工生产筹集资金或提供预付款担保、履约担保、职工工资支付担保等所发生的各种费用。

(13)税金：是指企业按规定缴纳的房产税、生产性车船使用税、土地使用税、印花税、城市维护建设税、教育费附加、地方教育附加费等各项税费。

(14)其他：包括技术转让费、技术开发费、投标费、业务招待费、绿化费、广告费、公证费、法律顾问费、审计费、咨询费、保险费等。

2. 企业管理费费率

企业管理费一般采取费基数乘以费率的方法计算，取费基数有三种，分别是以直接费为计算基础、以人工费和施工机具使用费合计为计算基础及以人工费为计算基础。企业管理费费率计算方式如下：

(1)以直接费为计算基础，其计算公式为

$$企业管理费费率(\%) = \frac{生产工人年平均管理费}{年有效施工天数 \times 人工单价} \times 人工费占直接费的比例(\%)$$

(2)以人工费和施工机具使用费合计为计算基础，其计算公式为

$$企业管理费费率(\%) = \frac{生产工人年平均管理费}{年有效施工天数 \times (人工单价 + 每一工日机械使用费)} \times 100\%$$

(3)以人工费为计算基础，其计算公式为

$$企业管理费费率(\%) = \frac{生产工人年平均管理费}{年有效施工天数 \times 人工单价} \times 100\%$$

工程造价管理机构在确定计价定额中的企业管理费时，应以定额人工费或(定额人工费+施工机具使用费)作为计算基数，其费率根据历年工程造价积累的资料，辅以调查数据确定。

(五)利润

利润是指施工企业完成所承包工程获得的营利。利润由施工企业根据企业自身需求并结合建筑市场实际自主确定，列入报价中。

(六)规费

1. 规费组成

规费是指按国家法律、法规规定，由省级政府和省级有关权力部门规定必须缴纳或计取的费用。包括：

(1)社会保险费：

1)养老保险费：是指企业按照规定标准为职工缴纳的基本养老保险费。

2)失业保险费：是指企业按照规定标准为职工缴纳的失业保险费。

3)医疗保险费：是指企业按照规定标准为职工缴纳的基本医疗保险费。

4)生育保险费：是指企业按照规定标准为职工缴纳的生育保险费。

5)工伤保险费：是指企业按照规定标准为职工缴纳的工伤保险费。

(2)住房公积金：是指企业按规定标准为职工缴纳的住房公积金。

(3)工程排污费：是指企业按规定缴纳的施工现场工程排污费。

其他应列而未列入的规费，按实际发生计取。

2. 规费计算

(1)社会保险费和住房公积金。社会保险费和住房公积金应以定额人工费为计算基础，根据工程所在地省、自治区、直辖市或行业建设主管部门规定的费率计算。其计算公式为

$$社会保险费和住房公积金 = \sum (工程定额人工费 \times 社会保险费和住房公积金费率)$$

式中，社会保险费和住房公积金费率可以以每万元发承包价的生产工人人工费和管理人员工资含量与工程所在地规定的缴纳标准综合分析取定。

(2)工程排污费。工程排污费等其他应列而未列入的规费应按工程所在地环境保护等部门规定的标准缴纳，按实际计取列入。

(七)税金

税金是指按照国家税法规定的应计入工程造价内的增值税额，按税前造价乘以增值税税率确定。

三、按照工程造价形成划分

按照工程造价的形成由分部分项工程费、措施项目费、其他项目费、规费和税金组成。

(一)分部分项工程费

(1)分部分项工程费组成。分部分项工程费是指各专业工程的分部分项工程应予列支的各项费用。

1)专业工程。专业工程是指按照现行国家计量规范划分的房屋建筑与装饰工程、仿古建筑工程、通用安装工程、市政工程、园林绿化工程、矿山工程、构筑物工程、城市轨道交通工程、爆破工程等各类工程。

2)分部分项工程。分部分项工程是指按现行国家计量规范对各专业工程划分的项目。如通用安装工程划分的机械设备安装工程，热力设备安装工程，静置设备与工艺金属结构制作安装工程，电气设备安装工程，建筑智能化工程，自动化控制仪表安装工程，通风空调工程，工业管道工程，消防工程，给水排水、采暖、燃气工程，通信设备及线路工程，刷油、防腐蚀、绝热工程等。

(2)分部分项工程费计算。其计算公式为

$$分部分项工程费 = \sum (分部分项工程量 \times 综合单价)$$

式中，综合单价包括人工费、材料费、施工机具使用费、企业管理费和利润以及一定范围的风险费用(下同)。

(二)措施项目费

1. 措施项目费组成

措施项目费是指为完成建设工程施工，发生于该工程施工前和施工过程中的技术、生活、安全、环境保护等方面的费用。措施项目费包括：

(1)安全文明施工费。

1)环境保护费：是指施工现场为达到环保部门要求所需要的各项费用。

2)文明施工费：是指施工现场为了文明施工所需要的各项费用。

3)安全施工费：是指施工现场为了安全施工所需要的各项费用。

4)临时设施费：是指施工企业为进行建设工程施工所必须搭设的生活和生产用的临时建筑物、构筑物和其他临时设施的费用。其包括临时设施的搭设、维修、拆除、清理费或摊销费等。

(2)夜间施工增加费。夜间施工增加费是指因夜间施工所发生的夜班补助费、夜间施工降效、夜间施工照明设备摊销及照明用电等措施费用。夜间施工增加费由以下各项组成：

1)夜间固定照明灯具和临时可移动照明灯具的设置和拆除费用；

2)夜间施工时，施工现场交通标志，安全标牌，警示灯的设置、移动和拆除费用；

3)夜间照明设备摊销及照明用电、施工人员夜班补助、夜间施工劳动效率降低等费用。

(3)非夜间施工照明费。非夜间施工照明费是指为保证工程施工正常进行，在地下室等特殊施工部位施工时所采用的照明设备的安拆、维护及照明用电等费用。

(4)二次搬运费。二次搬运费是指因施工管理需要或因场地狭小等原因，导致建筑材料、设备等不能一次搬运到位，必须发生的两次或多次搬运所需的费用。

(5)冬、雨(风)期施工增加费。冬、雨(风)期施工增加费是指因冬、雨(风)期天气原因导致施工效率降低加大投入而增加的费用，以及为确保冬、雨(风)期施工质量和安全而采取的保温、防雨等措施所需的费用。冬、雨(风)期施工增加费由以下各项组成：

1)冬、雨(风)期施工时增加的临时设施(防寒保温、防雨、防风设施)的搭设、拆除费用；

2)冬、雨(风)期施工时，对砌体、混凝土等采用的特殊加温、保温和养护措施费用；

3)冬、雨(风)期施工时，施工现场的防滑处理、对影响施工的雨雪的清除费用；

4)冬、雨(风)期施工时增加的临时设施、施工人员的劳动保护用品、冬雨(风)期施工劳动效率降低等费用。

(6)地上、地下设施和建筑物的临时保护设施费。在工程施工过程中，对已建成的地上、地下设施和建筑物进行的遮盖、封闭、隔离等必要保护措施所发生的费用。

(7)已完工程及设备保护费。竣工验收前，对已完工程及设备采取的覆盖、包裹、封闭、隔离等必要保护措施所发生的费用。

(8)脚手架费。脚手架费是指施工需要的各种脚手架搭、拆、运输费用以及脚手架购置费的摊销(或租赁)费用。脚手架费通常包括以下内容：

1)施工时可能发生的场内、外材料搬运费用；

2)搭、拆脚手架及斜道和上料平台费用；

3)安全网的铺设费用；

4)拆除脚手架后材料的堆放费用。

(9)混凝土模板及支架(撑)费。混凝土施工过程中需要的各种钢模板、木模板、支架等的支拆、运输费用及模板、支架的摊销(或租赁)费用。混凝土模板及支架(撑)费由以下各项组成：

1)混凝土施工过程中需要的各种模板制作费用；

2)模板安装、拆除、整理堆放及场内、外运输费用；

3)清理模板黏结物及模内杂物、刷隔离剂等费用。

(10)垂直运输费。垂直运输费是指现场所用材料、机具从地面运至相应高度以及职工人员上下工作面等所发生的运输费用。垂直运输费由以下各项组成：

1)垂直运输机械的固定装置、基础制作、安装费；

2)行走式垂直运输机械轨道的铺设、拆除、摊销费。

(11)超高施工增加费。当单层建筑物檐口高度超过 20 m、多层建筑物超过 6 层时，可计算超高施工增加费，超高施工增加费由以下各项组成：

1)建筑物超高引起的人工工效降低以及由于人工工效降低引起的机械降效费；

2)高层施工用水加压水泵的安装、拆除及工作台班费；

3)通信联络设备的使用及摊销费。

(12)大型机械设备进、出场及安拆费。机械整体或分件自停放场地运至施工现场或由一施工地点运至另一施工地点时，所发生的机械进出场运输和转移费用及机械在施工现场进行安装、拆卸所需的人工费、材料费、机具费、试运转费和安装所需的辅助设施的费用。

大型机械设备进、出场及安拆费由安拆费和进、出场费组成：

1)安拆费包括施工机械、设备在现场进行安装拆卸所需的人工、材料、机具和试运转费用以及机械辅助设施的折旧、搭设、拆除等费用；

2)进、出场费包括施工机械、设备整体或分件自停放地点运至施工现场或由一施工地点运至另一施工地点所发生的运输、装卸、辅助材料等费用。

(13)施工排水、降水费。施工排水、降水费是指将施工期间有碍施工作业和影响工程质量的水排到施工场地以外，以防止在地下水水位较高的地区开挖深基坑出现基坑浸水，使地基承载力下降，在动水压力作用下还可能引起流沙、管涌和边坡失稳等现象，因而必须采取有效的降水和排水措施费用。该项费用由成井和排水、降水两个独立的费用项目组成。

1)成井。成井的费用主要包括：

①准备钻孔机械、埋设护筒、钻机就位，泥浆制作、固壁，成孔、出渣、清孔等费用；

②对接上、下井管(滤管)，焊接，安防，下滤料，洗井，连接试抽等费用。

2)排水、降水。排水、降水的费用主要包括：

①管道安装、拆除，场内搬运等费用；

②抽水、值班、降水设备维修等费用。

(14)其他。根据项目的专业特点或所在地区不同，可能会出现其他的措施项目。如工程定位复测费和特殊地区施工增加费等。

2. 措施项目费的计算

按照有关专业工程量计算规范规定，措施项目分为应予计量的措施项目和不宜计量的措施项目两类。

（1）应予计量的措施项目。基本与分部分项工程费的计算方法基本相同，其计算公式为

$$措施项目费 = \sum（措施项目工程量 \times 综合单价）$$

不同的措施项目其工程量的计算单位是不同的，其主要内容如下：

1）脚手架费通常按建筑面积或垂直投影面积以"m^2"计算。

2）混凝土模板及支架（撑）费通常是按照模板与现浇混凝土构件的接触面积以"m^2"计算。

3）垂直运输费可根据不同情况用两种方法进行计算：按照建筑面积以"m^2"为单位计算；按照施工工期日历天数以"天"为单位计算。

4）超高施工增加费通常按照建筑物超高部分的建筑面积以"m^2"为单位计算。

5）大型机械设备进、出场及安拆费通常按照机械设备的使用数量以"台"为单位计算。

6）施工排水、降水费可分为两个不同的独立部分计算：成井费用通常按照设计图示尺寸以钻孔深度按"m"计算；排水、降水费用通常按照排、降水日历天数按"昼夜"计算。

（2）不宜计量的措施项目。对于不宜计量的措施项目，通常用计算基数乘以费率的方法予以计算。

1）安全文明施工费。其计算公式为

$$安全文明施工费 = 计算基数 \times 安全文明施工费费率（\%）$$

计算基数应为定额基价（定额分部分项工程费＋定额中可以计量的措施项目费）、定额人工费或定额人工费与施工机具使用费之和，其费率由工程造价管理机构根据各专业工程的特点综合确定。

2）其余不宜计量的措施项目。其余不宜计量的措施项目包括夜间施工增加费，非夜间施工照明费，二次搬运费，冬、雨期施工增加费，地上、地下设施和建筑物的临时保护设施费，已完工程及设备保护费等。其计算公式为

$$措施项目费 = 计算基数 \times 措施项目费费率（\%）$$

式中的计算基数因为定额人工费或定额人工费与定额施工机具使用费之和，其费率由工程造价管理机构根据各专业工程特点和调查资料综合分析后确定。

（三）其他项目费

1. 暂列金额

暂列金额是指建设单位在工程量清单中暂定并包括在工程合同价款中的一笔款项。用于施工合同签订时尚未确定或者不可预见的所需材料、工程设备、服务的采购，施工中可能发生的工程变更、合同约定调整因素出现时，工程价款调整以及发生的索赔、现场签证确认等的费用。

暂列金额由建设单位根据工程特点，按有关计价规定估算，施工过程中由建设单位掌握使用，扣除合同价款调整后如有余额，归建设单位所有。

2. 计日工

计日工是指在施工过程中，施工单位完成建设单位提出的工程合同范围以外的项目或工作，按照合同中约定的单价计价形成的费用。

计日工由建设单位和施工单位按施工过程中形成的有效签证来计价。

3. 总承包服务费

总承包服务费是指总承包人为配合、协调建设单位进行的专业工程发包，对建设单位自行采购的材料、工程设备等进行保管以及施工现场管理、竣工资料汇总整理等服务所需的费用。

总承包服务费由建设单位在招标控制价中根据总包范围和有关计价规定编制，施工单位投标时自主报价，施工过程中按签约合同价执行。

(四)规费和税金

规费和税金的构成和计算与按费用构成要素划分的费用项目组成部分是相同的。

单元三　房屋修缮工程造价的计价方法

在我国，长期以来在工程价格形成中实行定额计价制度，后来在建筑市场实行改革开放的过程中，逐步实行了工程量清单计价制度。但由于各省、直辖市、自治区实际情况的差异，我国目前的工程计价模式为：既施行了与国际做法一致的工程量清单计价模式，又保留了传统的定额计价模式。

一、工程造价定额计价方法

定额计价是指采用概(预)算定额中的定额单价进行工程计价的方法。它是按照各地建设主管部门颁布的概、预算定额中规定的工程量计算规则、定额单价和取费标准等，按照计量、套价、取费的程序进行计价。

以定额计价方法确定工程造价，是我国采用的一种与计划经济相适应的工程造价管理制度。定额计价实际上是国家通过颁布统一的估算指标、概算指标，以及概算、预算和有关定额，来对建筑产品价格进行有计划的管理。国家以假定的建筑安装产品为对象，制定统一的预算和概算定额。计算出每一单元子项的费用后，再综合形成整个工程的价格。工程计价的基本程序如图 9-1 所示。

从定额计价的过程示意图中可以看出，编制建设工程造价最基本的过程有两个：工程量计算和工程计价。为统一口径，工程量的计算均按照统一的项目划分和工程量计算规则计算。工程量确定以后，就可以按照一定的方法确定出工程的成本及盈利，最终就可以确定出工程预算造价(或投标报价)。定额计价方法的特点就是一个量与价结合的问题。概预算的单位价格的形成过程，就是依据概预算定额所确定的消耗量乘以定额单价或市场价，经过不同层次的计算达到量与价的最优结合过程。

定额计价法中的人工费、材料费和机械台班使用费，是分部分项工程的不完全价格。我国有以下两种计价方式：

(1)单位估价法。单位估价法是根据国家或地方颁布的统一预算定额规定的消耗量及其单价，以及配套的取费标准和材料预算价格，根据施工图纸计算出相应的工程数量，套用相应的定额单价计算出定额直接费，再在直接费的基础上计算各种相关费用及利润和税金，

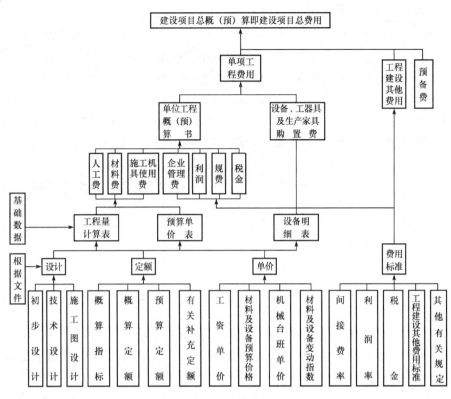

图9-1 工程造价定额计价程序示意

最后汇总形成建筑产品的造价。用公式表示为

工程造价＝[∑(工程量×定额单价)×(1＋各种费用的费率＋利润率)]×(1＋税金率)

装饰安装工程造价＝[∑(工程量×定额单价)＋∑(工程量×定额人工费单价)×

(1＋各种费用的费率＋利润率)]×(1＋税金率)

(2)实物估价法。实物估价法是先根据施工图纸计算工程量，然后套基础定额，计算人工、材料和机械台班消耗量和所有的分部分项工程资源消耗量进行归类汇总，再根据当时、当地的人工、材料、机械单价，计算并汇总人工费、材料费、机械使用费，得出分部分项工程直接费。在此基础上，再计算其他直接费、间接费、利润和税金，将直接费与上述费用相加即可得到单位工程造价(价格)。

预算定额是国家或地方统一颁布的，视为地方经济法规，必须严格遵照执行。在一般概念上讲，尽管计算依据不同，只要不出现计算错误，其计算结果是相同的。

按定额计价方法确定建筑工程造价，由于有预算定额规范消耗量和各种文件规定人工、材料、机械单价及各种取费标准，在一定程度上避免了高估冒算和压级压价，体现了工程造价的规范性、统一性和合理性。但对市场竞争起到了抑制作用，不利于促进施工企业改进技术、加强管理、提高劳动效率和市场竞争力。因此，出现了另一种计价方法——工程量清单计价方法。

二、工程造价工程量清单计价方法

工程量清单计价方法，是建设工程招标投标中，招标人按照国家统一的工程量计算规则提供工程数量，由投标人依据工程量清单自主报价，并按照经评审低价中标的工程造价计价方式。

工程量清单计价的实行，为建设市场主体创造了一个与国际惯例接轨的市场竞争环境，有利于提高国内建设各方主体参与国际化竞争的能力；工程量清单计价反映了市场经济规律，发挥"竞争"和"价格"的作用，有利于规范业主在招标中的行为，有效改变招标单位在招标中盲目压价的各种行为；工程量清单计价的实行，贯彻了"政府宏观调控、企业自主报价、市场竞争形成价格、社会全面监督"的工程造价管理思路，有利于我国工程造价管理政府职能的转变；实行工程量清单计价，有利于促进市场的有序竞争和企业的健康发展。

知识链接

工程量清单计价与定额计价的区别

工程量清单计价方法与定额计价方法相比具有较大区别，这些区别主要体现在以下几个方面：

(1)编制工程量的主体不同。在定额计价方法中，建设工程的工程量由招标人和投标人分别按图计算；在工程量清单计价方法中，工程量由招标人统一计算或委托有关工程造价咨询资质单位统一计算。

(2)单价与报价的组成不同。定额计价方法的单价包括人工费、材料费、机械台班费；工程量清单计价方法采用综合单价形式，综合单价包括人工费、材料费、机械使用费、管理费、利润，并考虑风险因素。

(3)适用阶段不同。工程定额主要用于在项目建设前期各阶段对于建设投资的预测和估计，在工程建设交易阶段，工程定额通常只能作为建设产品价格形成的辅助依据；工程量清单计价依据主要适用于合同价格形成以及后续的合同价格管理阶段。

(4)合同价格的调整方式不同。定额计价方法形成的合同价格，其主要调整方式有：变更签证、定额解释、政策性调整；工程量清单计价方法在一般情况下单价是相对固定的，减少了在合同实施过程中的调整活口。通常情况下，如果清单项目的数量没有增减，能够保证合同价格基本没有调整，保证了其稳定性，也便于业主进行资金准备和筹划。

(5)计价依据不同。定额计价模式的主要计价依据为国家、省、有关专业部门制定的各种定额，其性质为指导性，定额的项目划分一般按施工工序分项，每个分项工程项目所含的工程内容一般是单一的；工程量清单计价模式的主要计价依据为"清单计价规范"，其性质是含有强制性条文的国家标准，清单的项目划分一般是按"综合实体"进行分项的，每个分项工程一般包含多项工程内容。

单元四 房屋修缮工程预算员的职责和要求

一、房屋修缮工程预算员任职资格

房屋修缮工程预算员是指通过有关部门组织的考核合格后，取得地方房地产行业专业管理人员考评室核发的、由国家住房和城乡建设部统一印制的岗位证书，从事编制、管理房屋修缮工程预（决）算或确定房屋修缮工程造价的人员。

二、房屋修缮工程预算员的岗位职责及工作内容

1. 预算员的岗位职责

(1)熟悉掌握国家的法律法规及有关工程造价的管理规定，精通本专业理论知识，熟悉工程图纸，掌握房屋修缮工程预算定额及有关政策规定，为正确编制和审核预算奠定基础。

(2)负责审查施工图纸，参加图纸会审和技术交底，依据其记录进行预算调整。

(3)协助领导做好工程项目的立项申报，组织招标投标，开工前的报批及竣工后的验收工作。

(4)工程竣工验收后，及时进行竣工工程的决算工作，并报处长签字认可。

(5)参与采购工程材料和设备，负责工程材料分析，复核材料价差，收集和掌握技术变更、材料代换记录，并随时做好造价测算，为领导决策提供科学依据。

(6)全面掌握施工合同条款，深入现场了解施工情况，为决算复核工作打好基础。

(7)工程决算后，要将工程决算单送审计部门，以便进行审计。

(8)完成工程造价的经济分析，及时完成工程决算资料的归档。

(9)协助编制基本建设计划和调整计划，了解基建计划的执行情况。

2. 预算员工作内容

(1)做好设计预算和施工预算编制工作及对比工作，对收到设计变更、技术核定单、资料等进行增减预算编制。

(2)发包合同控制，对劳务和专业承包进行合同策划、起草并发起相应的合同审批流程，对发包合同的履约情况进行评价。

(3)索赔管理，业主不履行或未能正确履行合同约定的义务造成建筑方损失，建筑方要向业主提出赔偿要求，起草索赔文件。

(4)工程结算，根据竣工资料编制项目工程结算书，以确定工程最终造价。

三、房屋修缮工程预算员岗位要求

(1)大专以上学历、土木工程及其相关专业毕业并持有预算员的上岗证。

(2)要具有建筑识图、建筑结构和房屋构造的基本知识。

（3）要了解施工工序，一般施工方法，工程质量标准和安全技术知识。

（4）要了解常用建筑材料、构配件、制品以及常用机械设备。

（5）要熟悉各项定额，了解人工费、材料预算价格和机械台班费的组成及取费标准的组成。

（6）要熟悉工程量计算规则，掌握计算技巧。

（7）要了解建筑经济法规，熟悉工程合同的各项条文，能参与招标、投标和合同谈判。

（8）要有一定的电子计算机应用基础知识，能用电子计算机来编制施工预算。

知识链接

房屋修缮工程预算员应具备的工作能力

（1）能够按照施工图（无施工图的修缮工程能按照工程定案文件结合现场勘察）及施工组织设计规定的施工工艺和技术措施，熟练运用有关定额，编制单位工程分部、分项工程预算及工料分析。

（2）结合房屋修缮工程施工情况，根据施工图（或施工方案）预算及有关工程变更签证和调价文件，来编制工程结算书。

（3）熟悉预算管理的有关规定，收集、掌握价格信息，适应房屋修缮工程造价的动态管理。

（4）对采用新材料、新工艺的工程项目，能够编制补充定额及各种价格的换算。

（5）能够参与房屋修缮工作投标前的估价和报价工作。

（6）能够参与房屋修缮施工合同的签订工作。

（7）能够熟练操作修缮工程造价软件，编制预算造价文件。

四、房屋修缮工程预算员应具备的职业道德

房屋修缮工程预算员应遵守法律、法规，遵守行业管理规定；反对弄虚作假和高估冒算，遵守职业道德；应该接受主管部门对预算员工作的检查，接受继续教育，不断提高业务水平。已取得岗位证书的房屋修缮工程预算人员，可承担本市范围内的各种房屋建筑及附属设备修缮、装饰装修、抗震加固及改造等工程的招标控制价（标底）、投标及预（决）算的编制工作；可承担审核或者确定房屋修缮工作的造价工作；对违反国家法律、法规的不正当计价行为，有权向有关部门反映和举报。未取得岗位证书者，不得从事有关房屋修缮工程预（决）算的编制、审核及工程造价的确定工作。

➤ 项目小结

本项目讲述的是房屋修缮工程预算基础知识。房屋修缮工程预算是指在工程开工前预先计算维修工程造价的计划性文件。根据设计阶段和编制依据的不同，房屋修缮工程预算可分为设计概算、施工图预算、施工预算。房屋修缮工程造价费用有按费用构成要

素和按造价形成两种不同的方式进行划分的方法。我国目前的工程计价模式为：既施行了与国际做法一致的工程量清单计价模式，又保留了传统的定额计价模式。房屋修缮工程预算员是指通过有关部门组织的考核合格后，取得地方房地产行业专业管理人员考评室核发的、由国家住房和城乡建设部统一印制的岗位证书，从事编制、管理房屋修缮工程预(决)算或确定房屋修缮工程造价的人员。

课后实训

1. 实训项目
讨论房屋修缮工程造价的费用构成。

2. 实训内容
同学们分成两组。通过讨论分析，理解并掌握房屋修缮工程造价的费用构成。

3. 实训分析
师生共同参考房屋修缮工程造价的费用构成进行分析与评价。

_____

_____

_____

_____

_____

项目十

房屋修缮工程预算定额计价

知识目标

1. 了解房屋修缮工程预算定额的定义与作用，熟悉房屋修缮工程预算定额的组成及应用；

2. 了解房屋修缮工程预算定额的编制依据与原则，熟悉房屋修缮工程预算定额的编制过程与工作内容；

3. 了解房屋修缮工程单位估价表的概念与分类，熟悉屋修缮工程单位估价表的编制依据与内容，掌握房屋修缮工程单位估价表的编制方法。

技能目标

能够理解并应用房屋修缮工程预算定额，进行房屋修缮工程单位估价表的编制。

素质目标

1. 能独立制订学习计划，并按计划实施学习和撰写学习体会；
2. 会查阅相关资料、整理资料，具有阅读应用各种规范的能力；
3. 培养勤于思考、做事认真的良好作风，具有分析问题、解决问题的能力；
4. 具有团队合作精神、沟通交流和语言表达能力；
5. 培养吃苦耐劳、爱岗敬业的职业精神。

案例导入

为适应房屋修缮工程的需要，规范房屋修缮工程造价计价行为，指导房屋修缮工程施工企业合理确定和有效控制工程造价，我国原建设部于 1995 年组织编制了《全国统一房屋修缮工程预算定额》(GYD-601-1995~GYD-605-1995)(包括土建、古建筑、暖通、电气、电梯五个分册十三本)，并自 1996 年 1 月 1 日起施行。

目前，我国各省的房屋修缮工程预算定额基本都是根据《全国统一房屋修缮工程预算定额》编制的，并与《全国统一房屋修缮工程预算定额》配套使用。各省的定额大部分都一样，定额解释也可以用在各省的定额。但具体的定额各省有部分不太一样，具体还要看各个省的定额解释。

假设你在物业服务企业工程部担任房屋修缮工程预算员，请思考：具体制定房屋修缮工程预算定额时应该如何使用《全国统一房屋修缮工程预算定额》？

单元一　房屋修缮工程预算定额概述

一、房屋修缮工程预算定额的定义

房屋修缮工程预算定额是确定房屋修缮工程中一定计量单位的分部分项工程所需消耗的人工、材料和机械台班的数量标准。它是编制房屋修缮工程施工图预算，进行工程拨款和结算的重要依据，也是考核房屋修缮工程成本的依据。它仅适用于房屋修缮工程。

二、房屋修缮工程预算定额的作用

在房屋修缮工程项目的整个设计、施工、管理过程中，都必须以定额为工作尺度。只有认真贯彻执行定额，才能有周密的计划和合理的施工，才能有真正的经济核算，所以，预算是现代科学管理的基础，其作用主要表现在以下几个方面：

（1）预算定额是编制施工图预算、确定房屋修缮工程造价的依据。施工图预算是施工图设计文件之一，是控制和确定房屋修缮工程造价的必要手段。预算定额是确定一定计量单位分项工程人工、材料、机械的消耗量的依据，也是计算分项工程单价的基础。所以，预算定额对房屋修缮工程费用具有非常大的影响。

（2）预算定额是编制施工组织设计的依据。在房屋修缮工程计划阶段必须编制相应的施工组织设计文件。根据预算定额或综合预算定额，能够比较精确地计算出各项物质技术的需要量，为有计划地组织材料采购和预制件加工、调配劳动力及机械提供了可靠的、科学的数据。

（3）预算定额是施工单位进行经济活动分析的依据。预算定额规定的物化劳动和活劳动消耗指标，是施工单位在生产经营中允许消耗的最高标准。在目前，预算定额决定着施工单位的收入，施工单位就必须以预算定额作为评价企业工作的重要标准，作为努力实现的具体目标。施工单位可根据预算定额对施工中的劳动、材料、机械的消耗情况进行具体的分析，以便找出并克服低工效、高消耗的薄弱环节，提高竞争能力。只有在施工中尽量降低劳动消耗，采用新技术，提高劳动者素质，提高劳动生产率，才能取得较好的经济效果。

（4）预算定额是合理编制招标控制价（标底）、投标报价的依据。目前在房屋修缮工程项目中，一般都实行招标投标制度。建设单位在编制招标控制价（标底）时应以预算定额为基础，施工单位投标报价应采用自己的企业定额，也可以预算定额作为投标报价的参考。

（5）预算定额是编制概算定额和概算指标的基础。概算定额是在预算定额基础上经综合扩大编制的。利用预算定额作为编制依据，不但可以节省编制工作大量的人力、物力和时间，收到事半功倍的效果，还可以使概算定额在水平上与预算定额一致，以避免造成执行中的不一致。

三、房屋修缮工程预算定额的组成及应用

（一）房屋修缮工程预算定额的组成

房屋修缮工程预算定额的内容一般由目录、总说明、分部（章）说明、工程量计算规则、定额项目表及有关附录所组成。其中，"工程量计算规则"可集中单列，也可分列在各章说明内。

1. 总说明

总说明主要说明该预算定额的编制原则和依据、适用范围和作用、涉及的因素与处理方法、基价的来源与定价标准、有关执行规定及增收费用等内容。

2. 各章、节说明

各章、节说明主要包括以下内容：编制各分部定额的依据；项目划分和定额项目步距的确定原则；施工方法的确定；定额换算的说明；选用材料的规格和技术指标；材料、设备场内水平运输和垂直运输主要材料损耗率的确定；人工、材料、施工机械台班消耗定额的确定原则及计算方法。

3. 工程量计算规则

定额套价是以各分项工程的项目划分及其工程量为基础的，而定额指标及其含量的确定，是以工程量的计量单位和计算范围为依据的。因此，每部定额都有自身专用的"工程量计算规则"。工程量计算规则是指对各计价项目工程量的计量单位、计算范围、计算方法等所做的具体规定与法则。

4. 定额项目表

定额项目表由项目名称、工程内容、计量单位和项目表组成。其中，项目表包括定额编号、细目与步距、子目组成、各种消耗指标、基价构成及有关附注等内容。定额项目表是预算定额的主要组成部分，表内反映了完成一定计量单位的分项工程，所消耗的各种人工、材料、机械台班数额及其基价的标准数值。

5. 附录

附录是指制定定额的相关资料和含量、单价取定等内容。可集中在定额的最后部分，也可放在有关定额分部内。附录的内容可作为定额调整换算、制定补充定额的依据。

（二）房屋修缮工程预算定额的应用

预算定额的应用主要是直接套用和换算两种形式。当设计要求、结构形式、施工工艺、施工机械等与定额条件完全符合时，可直接套用定额。在应用定额编制预算时，绝大多数项目属于直接套用定额这种情况。当设计要求与定额条件不完全相符时，则不可直接套用定额，应根据定额的规定进行换算。要想能充分正确地运用好定额，必须要很好地理解、掌握定额中的规定。

1. 预算定额的直接套用

如设计要求、工作内容及确定的工程项目完全与相应定额的工程项目符合，可直接套用定额，套用时应注意：

(1)根据施工图、设计说明和做法说明，选择定额项目。

(2)要从工程内容、技术特征和施工方法上仔细核对，才能较准确地确定相对应的定额项目。

(3)分项工程的名称和计量单位要与预算定额相一致。

2. 预算定额的调整换算

由于定额是按一般正常合理的施工组织和正常的施工条件编制的，定额中所采用的施工方法和工程质量标准，主要是根据国家现行工程施工技术及验收规范、质量评定标准及安全操作规程取定的。因此，使用时不得因具体工程的施工组织、操作方法和材料消耗与定额的规定不同而变更定额。

定额换算的基本思路是：根据选定的预算定额基价，按规定换入增加的费用，减去扣除的费用。

知识链接

定额换算过程应遵循的规则

(1)定额中周转性的材料、模板、支撑、脚手杆、脚手板和挡土板等的数量，已考虑了材料的正常周转次数并计入定额内。其中，就地浇筑钢筋混凝土梁用的支架及拱圈用的拱盔、支架，如确因施工安排达不到规定的周转次数时，可根据具体情况进行换算并按规定计算回收，其余工程一般不予抽换。

(2)定额中列有的混凝土、砂浆的强度等级和用量，其材料用量已按定额中配合比表规定的数量列入定额，不得重算。如设计采用的混凝土、砂浆强度等级或水泥强度等级与定额所列强度等级不同时，可按配合比表进行换算。但实际施工配合比材料用量与定额配合比表用量不同时，除配合比表说明中允许换算者外，均不得调整。

混凝土、砂浆配合比表的水泥用量，已综合考虑了采用不同品种水泥的因素。实际施工中不论采用何种水泥，均不得调整定额用量。

(3)定额中各类混凝土均未考虑外加剂的费用。如设计需要添加外加剂时，可按设计要求另行计算外加剂的费用并适当调整定额中的水泥用量。

单元二　房屋修缮工程预算定额的编制

一、房屋修缮工程预算定额的编制依据

(1)现行劳动定额和施工定额。预算定额是在现行劳动定额和施工定额的基础上编制的。预算定额中劳动力、材料、机械台班消耗水平，需要根据劳动定额或施工定额取定；

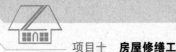

预算定额的计量单位的选择，也要以施工定额为参考，从而保证两者的协调和可比性，减轻预算定额的编制工作量，缩短编制时间。

（2）现行设计规范、施工验收规范和安全操作规程。预算定额在确定劳动力、材料和机械台班消耗数量时，必须考虑上述各项法规的要求和影响。

（3）具有代表性的典型工程施工图及有关标准图。对这些图纸进行仔细分析研究，并计算出工程数量，作为编制定额时选择施工方法、确定定额含量的依据。

（4）新技术、新结构、新材料和先进的施工方法等。这类资料是调整定额水平和增加新的定额项目所必需的依据。

（5）有关科学试验、技术测定和统计、经验资料。这类资料是确定定额水平的重要依据。

（6）现行的预算定额、材料预算价格及有关文件规定等。包括过去定额编制过程中积累的基础资料，也是编制预算定额的依据和参考。

二、房屋修缮工程预算定额的编制原则

（1）社会平均水平原则。预算定额理应遵循价值规律的要求，按生产该产品的社会平均必要劳动时间来确定其价值。也就是说，在正常的施工条件下，以平均的劳动强度、平均的技术熟练程度，在平均的技术装备条件下，完成单位合格产品所需的劳动消耗量就是预算定额的消耗水平。

（2）简明、适用的原则。预算定额要在适用的基础上力求简明。由于预算定额与施工定额有着不同的作用，所以对简明适用的要求也是不同的，预算定额是在施工定额的基础上进行扩大和综合的。它要求有更加简明的特点，以适应简化预算编制工作和简化建设产品价格的计算程序的要求。当然，定额的简易性也应服务于它的适用性的要求。

（3）坚持统一性和因地制宜的原则。所谓统一性，就是从培育全国统一市场规范计价行为出发，定额的制定、实施由国家归口管理部门统一负责，有利于通过定额管理和工程造价的管理实现建筑安装工程价格的宏观调控。通过统一的管理使工程造价具有统一的计价依据，也使考核设计和施工的经济效果具备同一尺度。所谓因地制宜，即在统一基础上的差别性。各部门和省（自治区）、直辖市主管部门可以在自己管辖的范围内，依据部门（地区）的实际情况，制定部门和地区性定额、补充性制度和管理办法，以适应中国幅员辽阔、地区间发展不平衡和差异大的实际情况。

（4）专家编审责任制原则。编制定额要有一支经验丰富、技术与管理知识全面、有一定政策水平的、稳定的专家队伍。通过他们的辛勤工作才能积累经验，保证编制定额的准确性。同时，要在专家编制的基础上注意走群众路线，因为广大建筑安装工人是施工生产的实践者，也是定额的执行者，最了解生产实际和定额的执行情况及存在问题，有利于以后在定额管理中对其进行必要的修订和调整。

三、房屋修缮工程预算定额的编制过程

房屋修缮工程预算定额的编制过程，一般分为准备工作；编制预算定额初稿，测算预

算定额水平；修改定稿、整理报批三个阶段。

1. 准备工作阶段

在这个阶段，主要是根据收集到的有关资料和国家政策性文件，拟定编制方案，对编制过程中的一些重大原则问题做出统一规定。

2. 编制预算定额初稿，测算预算定额水平阶段

(1)编制预算定额初稿。在这个阶段，根据确定的定额项目和基础资料，进行反复分析和测算，编制定额项目劳动力计算表、材料及机械台班计算表，并附注有关计算说明，然后汇总编制预算定额项目表，即预算定额初稿。

(2)测算预算定额水平。新定额编制成稿，必须与原定额进行对比测算，分析水平升降原因。

课堂小提示

一般新编定额的水平应该不低于历史上已经达到过的水平，并略有提高。在定额水平测算前，必须编出同一工人工资、材料价格、机械台班费的新旧两套定额的工程单价。

3. 修改定稿、整理报批阶段

(1)印发征求意见。定额编制初稿完成后，需要征求各有关方面意见和组织讨论，反馈意见。在统一意见的基础上整理分类，制订修改方案。

(2)修改整理报批。按修改方案的决定，将初稿按照定额的顺序进行修改，并经审核无误后形成报批稿，经批准后交付印刷。

(3)撰写编制说明。为顺利地贯彻执行定额，需要撰写新定额编制说明。其内容包括：项目、子目数量；人工、材料、机械的内容范围；资料的依据和综合取定情况；定额中规定的允许换算和不允许换算的计算资料；人工、材料、机械单价的计算和资料；施工方法、工艺的选择及材料运距的考虑；各种材料损耗率的取定资料；调整系数的使用；其他应该说明的事项与计算数据、资料。

(4)立档、成卷。定额编制资料是贯彻执行定额中需查对资料的唯一依据，也为修编定额提供了历史资料数据，应作为技术档案永久保存。

四、房屋修缮工程预算定额的编制工作内容

房屋修缮工程预算定额的编制主要工作内容有定额项目的划分，确定工程内容，确定预算定额的计量单位，确定预算定额中人工、材料、施工机械消耗量，编制定额表和拟定有关说明。

1. 定额项目的划分

因房屋建筑工程产品结构复杂、形体庞大，所以就整个产品来计价是不可能的，但可根据不同部位、不同消耗或不同构件，将庞大的建筑产品分解成各种不同的较为简单、适当的计量单位(称为分部分项工程)，作为计算工程量的基本构造要素，并在此基础上编制预算定额项目。

确定定额项目时的要求如下：

(1)便于确定单位估价表；

(2)便于编制施工图预算；

(3)便于进行计划、统计和成本核算工作。

2. 确定工程内容

基础定额子目中人工、材料消耗量和机械台班使用量是直接由工程内容确定的，所以，工程内容范围的规定是十分重要的。

3. 确定预算定额的计量单位

房屋修缮工程预算定额与施工定额计量单位往往不同。施工定额的计量单位一般按工序或施工过程确定；而预算定额的计量单位主要根据分部分项工程和结构构件的形体特征及其变化确定。由于工作内容综合，预算定额的计量单位亦具有综合的性质。工程量计算规则的规定应确切反映定额项目所包含的工作内容。

预算定额的计量单位关系到预算工作的繁简和准确性。因此，要正确确定各分部分项工程的计量单位。必须选用正常的、合理的施工方法，用以确定各专业的工程和施工机械。

4. 确定预算定额中人工、材料、施工机械消耗量

确定预算定额人工、材料、机械台班消耗指标时，必须先按施工定额的分项逐项计算出消耗指标，然后再按预算定额的项目加以综合。但是，这种综合不是简单地合并和相加，而需要在综合过程中增加两种定额之间的适当的水平差。预算定额的水平，首先取决于这些消耗量的合理确定。

人工、材料和机械台班消耗指标，应根据定额编制原则和要求，采用理论与实际相结合、图纸计算与施工现场测算相结合、编制人员与现场工作人员相结合等方法进行计算和确定，使定额既符合政策要求，又与客观情况一致，便于贯彻执行。

5. 编制定额表和拟定有关说明

定额项目表的一般格式是：横向排列为各分项工程的项目名称，竖向排列为分项工程的人工、材料和施工机械消耗量指标。有的项目表下部还有附注，以说明设计有特殊要求时怎样进行调整和换算。

房屋修缮工程预算定额的主要内容包括：目录，总说明，各章、节说明，定额表及有关附录等。

单元三　房屋修缮工程单位估价表

一、房屋修缮工程单位估价表的概念

房屋修缮工程单位估价表又称工程预算单价表，是确定建筑安装产品直接费用的文件，是以货币形式确定定额计量单位某分部分项工程单位概(预)算价值而制定的价格表。它是根据预算定额所确定的人工、材料和机械台班消耗数量，乘以人工工资单价、材料预算价格和机械台班预算价格汇总而成。

房屋修缮工程单位估价表是预算定额在各地区的价格表现的具体形式。合理地确定单价，正确使用单位估价表，是准确确定工程造价、促进企业加强经济核算、提高投资效益的重要环节。

二、房屋修缮工程单位估价表的分类

房屋修缮工程单位估价表是在预算定额的基础上编制的。由于定额的种类繁多，因此根据工程定额性质、使用范围及编制依据不同，单位估价表可划分为很多种类。

1. 按定额性质分类

房屋修缮工程单位估价表按定额性质可分为建筑工程单位估价表和设备安装工程单位估价表。

(1)建筑工程单位估价表，适用于一般建筑工程。

(2)设备安装工程单位估价表，适用于机械、电气设备安装工程、给水排水工程、电气照明工程、采暖工程、通风工程等。

2. 按使用范围分类

房屋修缮工程单位估价表按使用范围，可分为全国统一定额单位估价表、地区单位估价表和专业工程单位估价表。

(1)全国统一定额单位估价表，适用于各地区、各部门的建筑及设备安装工程。

(2)地区单位估价表，是在地方统一预算定额的基础上，按本地区的工资标准、地区材料预算价格、建筑机械台班费用及本地区建设的需要而编制的。只适于本地区范围内使用。

(3)专业工程单位估价表，适用于专业工程的建筑及设备安装工程。

3. 按编制依据不同分类

房屋修缮工程单位估价表按编制依据，可分为定额单位估价表和补充单位估价表。

补充单位估价表，是指定额缺项，没有相应项目可使用时，可按设计图纸资料，依照定额单位估价表的编制原则，制定补充单位估价表。

课堂小提示

为便于施工图预算的编制，简化单位估价表的编制工作，各地区多采用预算定额和单位估价表合并形式来编制，即预算定额内不仅列出"三量"，同时列出预算单价，使地区预算定额和地区单位估价表融为一体。

三、房屋修缮工程单位估价表的编制

1. 单位估价表的编制依据

房屋修缮工程单位估价表的编制应依据下列资料：

(1)现行全国统一概(预)算定额和本地区统一概(预)算定额及有关定额资料。

(2)现行地区的工资标准。

(3)现行地区材料预算价格。

(4)现行地区施工机械台班预算价格。

(5)国务院有关地区单位估价表的编制方法及其他有关规定。

2. 单位估价表的内容

房屋修缮工程单位估价表的内容由两大部分组成，一是预算定额规定的工、料、机数量，即合计用工量、各种材料消耗量、施工机械台班消耗量；二是地区预算价格，即与上述三种"量"相适应的人工工资单价、材料预算价格和机械台班预算价格。

3. 单位估价表的编制步骤

编制房屋修缮工程单位估价表就是把三种"量"与三种"价"分别结合起来，得出各分项工程人工费、材料费和施工机械使用费，三者汇总起来就是工程预算单价。具体编制步骤如下：

(1)选定预算定额项目。单位估价表是针对某一地区使用而编制的，所以要选用本地区适用的定额项目(包括定额项目名称、定额消耗量和定额计量单位等)，本地区不用的项目可不编入单位估价表中。本地常用预算定额中没有的项目可做补充完善，以满足使用要求。

(2)抄录预算定额人工、材料、机械台班的消耗数量。将预算定额中所选定的项目的人工、材料、机械台班消耗数量，抄录在单位估价表的分项工程相应栏目中。

(3)选择和填写单价。将地区日工资标准、材料预算价格、施工机械台班预算价格，分别填入工程单价计算表中相应的单价栏内。

(4)进行基价计算。基价计算可直接在单位估价表中进行，也可通过工程单价计算表计算出各项费用后，再把结果填入单位估价表。

(5)复核与审批。将单位估价表中的数量、单价、费用等认真进行核对，以便纠正错误，汇总成册，由主管部门审批后，可出版印刷、颁发执行。

项目小结

本项目讲述的是房屋修缮工程预算定额计价基础知识。房屋修缮工程预算定额是确定房屋修缮工程中一定计量单位的分部分项工程所需消耗的人工、材料和机械台班的数量标准。房屋修缮工程预算定额的内容一般由目录、总说明、分部(章)说明、工程量计算规则、定额项目表及有关附录所组成。预算定额的应用主要是直接套用和换算两种形式。房屋修缮工程单位估价表是预算定额在各地区的价格表现的具体形式。合理地确定单价，正确使用单位估价表，是准确确定工程造价、促进企业加强经济核算、提高投资效益的重要环节。

课后实训

1. 实训项目

讨论房屋修缮工程预算定额计价方式的应用。

2. 实训内容

同学们分成两组。通过讨论分析以下案例，理解并掌握房屋修缮工程预算定额计价方式的应用。

某住宅楼有一套三室一厅商品房，其客厅为不上人型轻钢龙骨石膏板顶棚，如图 10-1 所示，龙骨间距为 450 mm×450 mm。

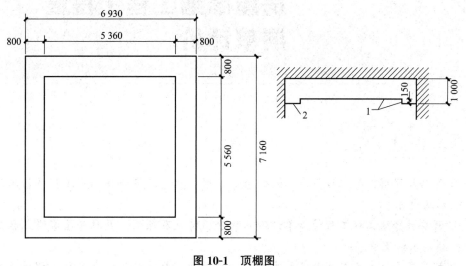

图 10-1 顶棚图

1—金属墙纸；2—织锦缎贴面

请问：应如何以定额计价方式计算该工程造价？

3. 实训分析

师生共同参考房屋修缮工程预算定额计价方式的应用进行分析与评价。

_____

_____

_____

_____

_____

项目十一

房屋修缮工程工程量
清单计价

知识目标

1. 了解房屋修缮工程工程量清单的概念及作用，熟悉房屋修缮工程工程量清单的编制依据、原则及内容；

2. 了解房屋修缮工程工程量清单计价的概念、特点及原则，熟悉房屋修缮工程工程量清单计价编制依据及程序；

3. 理解房屋修缮工程工程量计算依据及一般原则，熟悉房屋修缮工程工程量计算的顺序，掌握房屋修缮工程工程量计算的方法。

技能目标

能够熟练进行房屋修缮工程工程量清单计价的编制。

素质目标

1. 能独立制订学习计划，并按计划实施学习和撰写学习体会；

2. 会查阅相关资料、整理资料，具有阅读应用各种规范的能力；

3. 培养勤于思考、做事认真的良好作风，具有分析问题、解决问题的能力；

4. 具有团队合作精神、沟通交流和语言表达能力；

5. 培养吃苦耐劳、爱岗敬业的职业精神。

案例导入

某工程底层平面图如图 11-1 所示，拆除原来已有的标准砖及地脚线，现要求地面为水磨石面层，踢脚线为高水磨石，回填土厚度为 450 mm。

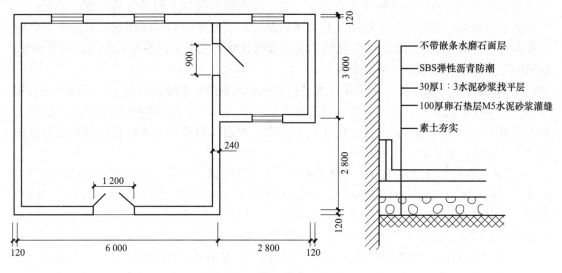

图 11-1　某工程底层平面图

假设你在物业服务企业工程部担任房屋修缮工程预算员，请思考：应如何列示该工程分部、分项工程量清单计价表及综合单价计算表？

单元一　房屋修缮工程工程量清单

一、房屋修缮工程工程量清单的概念及作用

1. 工程量清单的概念

工程量清单是表现拟建工程的分部分项工程项目、措施项目、其他项目名称和相应数量的明细清单，是按照招标要求和施工设计图纸要求规定将拟建招标工程的全部项目和内容，依据统一的工程量计算规则、统一的工程量清单项目编制规则要求，计算拟建招标工程的分部分项工程数量的表格。工程量清单主要包括工程量清单说明和工程量清单表两部分。

工程量清单是招标文件的组成部分，是由招标人发出的一套注有拟建工程各实物工程名称、性质、特征、单位、数量及开办项目、税费等相关表格组成的文件。工程量清单是一份由招标人提供的文件，编制人是招标人或其委托的工程造价咨询单位。

2. 工程量清单的作用

房屋修缮工程工程量清单的作用主要表现在以下几个方面：

（1）为投标人的公平竞争提供基础。工程量清单为所有投标单位提供了一个报价计算的共同基础，使之能有效而精确地编写报价单，从而合理地进行投标报价。这样充分体现了公平竞争原则，同时由于招标控制价（标底）也是在此基础上计算出来的，这为评标时对报价进行比较提供了方便。

（2）中标后的工程量清单为实施工程计量和办理中期支付提供依据。工程量清单描述了

工程项目的范围、内容及计量方式和方法，在工程实施期间对工程的计量与支付必须以工程量清单为依据，即使发生工程变更及费用索赔时，其参考作用也很明显，直接影响监理工程师对单价的确定。因此，工程量清单必须做到分项清楚明了、各种工作内容不重不漏，报价时工程数量的计算应尽可能准确。

（3）促使投标人提高技术水平及管理水平。由于各个投标单位是在同一个基础上进行报价，为了中标，投标单位必须不断提高管理水平和技术水平，从而降低投标报价。这样有利于促进施工单位改进施工方法、优化施工方案、加强项目管理，采用自己掌握的先进施工技术、设备，最大限度地提高劳动生产率，最终降低生产成本。

（4）为业主选择合适的承包人提供重要参考。工程量清单是业主选择中标者的最重要的参考。一般业主会选择报价低者中标，但他同时要兼顾施工组织以及承包人低价完成的可能性。若对其有疑问时，会倾向于适当抬高预计支付标准。另外，他也会在报价后的清单中分析投标人是否使用不平衡报价，作为选择中标者的参考。

（5）为工程费用监理提供依据。由于工程量清单也是合同文件的组成部分，亦是发生在工程变更、价格调整、工程索赔中业主与承包人都比较易于接受的价格基础，因此，无论是总价合同、单价合同，还是成本加酬金合同，都是费用监理中应最优先考虑到的问题。

二、房屋修缮工程工程量清单的编制依据及原则

工程量清单由有编制招标文件能力的招标人或受其委托的具有相应资质的工程造价咨询机构、招标代理机构依据有关计价办法、招标文件的有关要求，以及设计文件和施工现场实际情况进行编制。

1. 工程量清单的编制依据

房屋修缮工程工程量清单的编制应依据下列资料：

（1）《房屋修缮工程工程量计算规范》（DB11/T 638—2016）和现行国家标准《建设工程工程量清单计价规范》（GB 50500—2013）；

（2）国家颁发的计价依据和办法；

（3）房屋修缮工程设计文件；

（4）与房屋修缮工程有关的标准、规范、技术资料；

（5）拟定的招标文件；

（6）施工现场情况、工程特点及常规施工方案；

（7）其他相关资料。

建设工程工程量
清单计价规范

2. 工程量清单的编制原则

房屋修缮工程工程量清单编制应遵循以下原则：

（1）必须能满足房屋修缮工程项目招标和招标计价的需要。

（2）必须遵循房屋修缮工程施工招标文件范本中的《技术规范》中的各项规定。

（3）必须能满足控制实物工程量、市场竞争形成价格的价格运行机制和对工程造价进行合理确定与有效控制的要求。

（4）必须有利于规范建设市场的计价行为，能够促进企业的经营管理、技术进步，增加企业的综合能力、社会信誉和在国内、国际建筑市场的竞争能力。

三、房屋修缮工程工程量清单的编制内容

《房屋修缮工程工程量计算规范》(DB11/T 638—2016)规定，房屋修缮工程工程量清单的编制内容应符合以下规定。

1. 一般规定

(1)《房屋修缮工程工程量计算规范》(DB11/T 638—2016)各项目仅列出了主要工作内容，除另有规定和说明外，应视为已经包括完成该项目所列或未列的全部工作内容。

(2)工程量清单的项目编码应采取十二位阿拉伯数字表示。其中一、二位为工程分类顺序码；三、四位为专业工程顺序码；五、六位为分部工程顺序码；七至九位为分项工程项目名称顺序码；十至十二位为清单项目名称顺序码。一至九位应按《房屋修缮工程工程量计算规范》(DB11/T 638—2016)附录的规定设置，十至十二位应根据拟修缮工程的工程量清单项目名称和项目特征设置，同一招标工程的项目不得重码。

(3)编制工程量清单出现《房屋修缮工程工程量计算规范》(DB11/T 638—2016)附录中未包括的项目，编制人应作补充。补充项目的编码由《房屋修缮工程工程量计算规范》(DB11/T 638—2016)各专业附录代码(A、B、C)与 B 和三位阿拉伯数字组成，并应从 AB001、BB001、CB001 起顺序编制，同一招标工程的项目不得重码。补充的工程量清单需附有补充项目的名称、项目特征、计量单位、工程量计算规则、工作内容。不能计量的措施项目，需附有补充项目的名称、工作内容及包含范围。

2. 分部分项工程

(1)工程量清单应根据《房屋修缮工程工程量计算规范》(DB11/T 638—2016)附录规定的项目编码、项目名称、项目特征、计量单位和工程量计算规则进行编制。

(2)工程量清单的项目名称、项目特征应按《房屋修缮工程工程量计算规范》(DB11/T 638—2016)附录中规定的项目名称结合拟修缮工程的实际确定。

(3)工程量清单中所列工程量应按《房屋修缮工程工程量计算规范》(DB11/T 638—2016)附录中规定的工程量计算规则计算。

(4)工程量清单的计量单位应按《房屋修缮工程工程量计算规范》(DB11/T 638—2016)附录中规定的计量单位确定。

3. 措施项目

(1)措施项目中列出了项目编码、项目名称、项目特征、计量单位和工程量计算规则的项目，编制工程量清单时应按照《房屋修缮工程工程量计算规范》(DB11/T 638—2016)分部分项工程的规定执行。

(2)措施项目仅列出项目编码、项目名称，未列出项目特征、计量单位和工程量计算规则的项目，编制工程量清单时，应按《房屋修缮工程工程量计算规范》(DB11/T 638—2016)附录 A、B、C 措施项目的项目编码、项目名称确定。

四、房屋修缮工程工程量清单的编制程序

房屋修缮工程工程量清单的编制应按下列步骤进行：
(1)编制清单准备工作。

（2）编制工程量分项清单，即编制分部分项工程工程量清单、措施项目工程工程量清单、其他项目工程工程量清单、规费项目清单、税金项目清单。

（3）审核与修正分部分项工程工程量清单。

（4）按规范格式整理工程量清单。

课堂小提示

招标工程量清单应由招标人负责编制，若招标人不具有编制工程量清单的能力，则可根据《工程造价咨询企业管理办法》（住房和城乡建设部第 50 号令）的规定，委托具有工程造价咨询性质的工程造价咨询人编制。

单元二　房屋修缮工程工程量清单计价

一、房屋修缮工程工程量清单计价的概念及特点

1. 工程量清单计价的概念

工程量清单计价是指招标控制价、投标报价的编制，合同价款确定与调整，工程结算，以招标文件中的工程量清单为依据进行的工程造价的确定与控制的总称。工程量清单计价以清单中的计价工程细目作为基本单元。

房屋修缮工程工程量清单计价，是以招标人提供的工程量清单为平台，投标人根据自身的技术、财务、管理能力进行投标报价，招标人根据具体的评标细则进行优选，这种计价方式是市场定价体系的具体表现形式。也可以说，工程量清单计价是指计算建筑安装工程生产价格的全过程。

2. 工程量清单计价特点

（1）统一计价规则。通过制定统一的建设工程工程量清单计价方法、统一的工程量计量规则、统一的工程量清单项目设置规则，达到规范计价行为的目的。这些规则和办法是强制性的，建设各方面都应该遵守。

（2）有效控制消耗量。通过由政府发布统一的社会平均消耗量指导标准，为企业提供一个社会平均尺度，避免企业盲目或随意大幅度减少或扩大消耗量，从而达到保证工程质量的目的。

（3）彻底放开价格。将工程消耗量定额中的工、料、机价格和利润、管理费全面放开，由市场的供求关系自行确定价格。投标企业根据自身的技术专长、材料采购渠道和管理水平等，制定企业自己的报价定额，自主报价。

（4）市场有序竞争形成价格。通过建立与国际惯例接轨的工程量清单计价模式，引入充分竞争形成价格的机制，制定衡量投标报价合理性的基础标准，在投标过程中，有效引入竞争机制，淡化标底的作用，在保证质量、工期的前提下，按《中华人民共和国招标投标法》有关条例规定，最终以"不低于成本"的合理低价者中标。

二、房屋修缮工程工程量清单计价的作用及原则

1. 工程量清单计价的作用

房屋修缮工程工程量清单计价的作用主要表现在以下几个方面:

(1)有利于公开、公平、公正竞争,规范建筑市场秩序。工程造价是工程建设的核心,也是市场运行的核心内容,市场存在着许多不规范的行为,大多数与工程造价有直接联系。工程量清单计价是市场形成工程造价的主要形式,工程量清单计价有利于发挥企业自主报价的能力,实现由政府定价到市场定价的转变;有利于改变招标单位在招标中盲目压价的行为,从而真正体现公开、公平、公正的原则,反映市场经济规律。

(2)适应国际市场。工程量清单计价是国际通行的计价做法,只有在我国实行工程量清单计价,为建设市场主体创造一个与国际惯例接轨的市场竞争环境,才能有利于提高国内建设各方主体参与国际化竞争的能力,有利于提高工程建设的管理水平。

(3)促进市场建设。采用工程量清单计价模式招标投标,对发包单位,由于工程量清单是招标文件的组成部分,招标单位必须编制出准确的工程量清单,并承担相应的风险,促进招标单位提高管理水平。由于工程量清单是公开的,将避免工程招标中的弄虚作假、暗箱操作等不规范行为。对承包企业,采用工程量清单报价,必须对单位工程成本、利润进行分析,统筹考虑、精心选择施工方案,并根据企业的定额合理确定人工、材料、施工机械等要素的投入与配置,优化组合,合理控制现场经费和施工技术措施费用,确定投标价并且承担相应的风险。

(4)有利于我国工程造价政府职能的转变。实行工程量清单计价,将会有利于我国工程造价政府职能的转变,由过去的政府控制的指令性定额转变为制定适应市场经济规律需要的工程量清单计价方法,由过去的行政干预转变为对工程造价进行依法监管,有效地强化政府对工程造价的宏观调控。

2. 工程量清单计价的原则

(1)工程量清单计价应按招标文件规定,完成工程量清单所列项目的全部费用计算,包括分部分项工程费、措施项目费、其他项目费及规费和税金。

(2)工程量清单计价应采用综合单价计价。

三、房屋修缮工程工程量清单计价编制依据及程序

1. 工程量清单计价编制依据

房屋修缮工程工程量清单计价的编制应依据下列资料:

(1)《建设工程工程量清单计价规范》(GB 50500—2013)。

(2)国家或省级、行业建设主管部门颁发的计价办法。

(3)企业定额,国家或省级、行业建设主管部门颁发的计价定额。

(4)招标文件、工程量清单及其补充通知、答疑纪要;要注意必须按清单项目特征描述的内容来计算。

(5)建设工程设计文件及相关资料。

(6)施工现场情况、工程特点及拟定的投标施工组织设计或施工方案。

(7)与建设项目相关的标准、规范等技术资料。

(8)市场价格信息或工程造价管理机构发布的工程造价信息。

(9)其他的相关资料。

2. 工程量清单计价的程序

(1)在统一的工程量清单项目设置的基础上，制定工程量清单计量规则。

(2)根据具体工程的施工图纸计算出各个清单项目的工程量。

(3)根据各种渠道所获得的工程造价信息和经验数据计算得到工程造价。

这一基本的计算过程如图 11-2 所示。

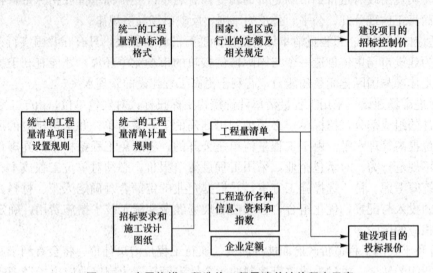

图 11-2 房屋修缮工程造价工程量清单计价程序示意

单元三 房屋修缮工程工程量计算规则

一、房屋修缮工程工程量计算依据

房屋修缮工程工程量计算是指房屋修缮工程项目以工程设计图纸、施工组织设计或施工方案及有关技术经济文件为依据，按照相关工程国家标准的计算规则、计量单位等规定，进行工程数量的计算活动，以下简称工程计量。

《房屋修缮工程工程量计算规范》(DB11/T 638—2016)规定房屋修缮工程工程量计算依据如下：

(1)《房屋修缮工程工程量计算规范》(DB11/T 638—2016)。

(2)经审定通过的施工设计图纸及其说明。

(3)经审定通过的施工组织设计或施工方案。

(4)经审定通过的其他有关技术经济文件。

二、房屋修缮工程工程量计算一般原则

1. 工程量计算规则要一致

房屋修缮工程工程量计算必须与相关工程现行国家工程量计算规范规定的工程量计算规则相一致。现行国家工程量计算规范规定的工程量计算规则中对各分部分项工程的工程量计算规则做了具体规定，计算时必须严格按规定执行。如实心砖墙工程量计算中，外墙长度按外墙中心线长度计算，内墙长度按内墙净长线计算，内外山墙按其平均高度计算等，又如楼梯面层的工程量按设计图示尺寸以楼梯（包括踏步、休息平台及不大于 500 mm 的楼梯井）水平投影面积计算。

2. 计算口径要一致

计算修缮工程工程量时，根据施工图纸列出的工程项目的口径（指工程项目所包括的工作内容），必须与现行国家工程量计算规范规定的相应清单项目的口径相一致，即不能将清单项目中已包含了的工作内容拿出来另列子目计算。

3. 计算单位要一致

计算修缮工程工程量时，所计算工程项目的工程量单位必须与现行国家工程量计算规范中相应清单项目的计量单位相一致。

在现行国家工程量计算规范规定中，工程量的计量单位规定如下：

（1）以体积计算的为立方米（m³）。

（2）以面积计算的为平方米（m²）。

（3）长度为米（m）。

（4）质量为吨或千克（t 或 kg）。

（5）以件（个或组）计算的为件（个或组）

例如，现行国家工程量计算规范规定中，钢筋混凝土现浇整体楼梯的计量单位为 m² 或 m³，而钢筋混凝土预制楼梯段的计量单位为 m³ 或段，在计算工程量时，应注意分清，使所列项目的计量单位与之一致。

4. 计算尺寸的取定要准确

计算工程量时，首先要对施工图尺寸进行核对，并对各项目计算尺寸的取定要准确。

5. 计算的顺序要统一

要遵循一定的顺序进行计算。计算工程量时要遵循一定的计算顺序，依次进行计算，这是为避免发生漏算或重算的重要措施。

6. 计算精确度要统一

工程量的数字计算要准确，一般应精确到小数点后三位，汇总时，其准确度取值要达到：

（1）以"t"为单位，应保留小数点后三位数字，第四位四舍五入。

（2）以"m³""m²""m""kg"为单位，应保留小数点后两位数字，第三位小数四舍五入。

（3）以"个""件""根""组""系统"为单位，应取整数。

工程量计算一般采取表格的形式，表格中一般应包括所计算工程量的项目名称、工程量计算式、单位和工程量数量等内容（表 11-1）。表中，工程量计算式应注明轴线或部位，

且应简明扼要，以便进行审查和校核。

表 11-1　工程量计算表

工程名称：_____　　　　　　　　　　　　　　　　　　第　页共　　页

序号	项目名称	工程量计算式	单位	工程量

计算：　　　　　　　校核：　　　　　　　审查：　　　　　　　年　月　日

课堂小提示

工程量计算是定额计价时编制施工图预算、工程量清单计价时编制招标工程量清单的重要环节。工程量计算是否正确，直接影响工程预算造价及招标工程量清单的准确性，从而进一步影响发包人所编制的工程招标控制价及承包人所编制的投标报价的准确性。

三、房屋修缮工程工程量计算的方法

房屋修缮工程工程量计算，通常采用按施工先后顺序、按现行国家工程量计算规范的分部、分项顺序和统筹法进行计算。

1. 按施工顺序计算

按施工顺序计算，即按工程施工顺序的先后来计算工程量。计算时，先地下，后地上；先底层，后上层；先主要，后次要。大型和复杂工程应先划成区域，编成区号，分区计算。

2. 按现行国家工程量计算规范的顺序计算

按现行国家工程量计算规范的顺序计算，即按相关工程现行国家工程量计算规范所列分部分项工程的次序来计算工程量。由前到后，逐项对照施工图设计内容，能对上号的就

计算。采用这种方法计算工程量，要求熟悉施工图纸，具有较多的工程设计基础知识，并且要注意施工图中有的项目在现行国家工程量计算规范中可能未包括。这时，编制人应补充相关的工程量清单项目，并报省级或行业工程造价管理机构备案，切记不可因现行国家工程量计算规范中缺项而漏项。

3. 用统筹法计算工程量

统筹法计算工程量是根据各分项工程量计算之间的固有规律和相互之间的依赖关系，运用统筹原理和统筹图来合理安排工程量的计算程序，并按其顺序计算工程量。

用统筹法计算工程量的基本要点是：统筹程序、合理安排；利用基数、连续计算；一次计算、多次使用；结合实际、灵活机动。

四、房屋修缮工程工程量计算的顺序

1. 按轴线编号顺序计算

按轴线编号顺序计算，就是按横向轴线从编号顺序计算横向构造工程量；按竖向轴线从编号顺序计算纵向构造工程量，如图 11-3 所示。这种方法适用于计算内外墙的挖基槽、做基础、砌墙体、墙面装修等分项工程量。

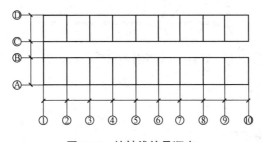

图 11-3　按轴线编号顺序

2. 按顺时针顺序计算

先从工程平面图左上角开始，按顺时针方向先横后竖、自左至右、自上而下逐步计算，环绕一周后再回到左上方为止。如计算外墙、外墙基础、楼地面、顶棚等都可按此法进行，如图 11-4 所示。

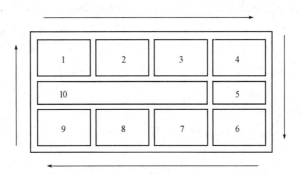

图 11-4　顺时针计算法

例如：计算外墙工程量，由左上角开始，沿图中箭头所示方向逐段计算；楼地面、顶棚的工程量亦可按图中箭头或编号顺序进行。

3. 按编号顺序计算

按图纸上所注各种构件、配件的编号顺序进行计算。例如在施工图上，对钢、木门窗构件，钢筋混凝土构件(柱、梁、板等)，木结构构件，金属结构构件，屋架等都按序编号，计算它们的工程量时，可分别按所注编号逐一分别计算。

如图 11-5 所示，其构配件工程量计算顺序为：构造柱 Z_1、Z_2、Z_3、Z_4→主梁 L_1、L_2、L_3、L_4→过梁 GL_1、GL_2、GL_3、GL_4→楼板 B_1、B_2。

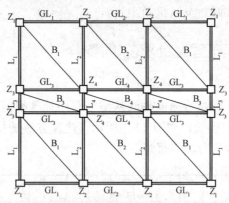

图 11-5　按构件的编号顺序计算

项目小结

本项目讲述的是房屋修缮工程工程量清单计价基础知识。工程量清单是招标文件的组成部分，是由招标人发出的一套注有拟建工程各实物工程名称、性质、特征、单位、数量及开办项目、税费等相关表格组成的文件。工程量清单计价是指招标控制价(标底)、投标报价的编制，合同价款确定与调整，工程结算，以招标文件中的工程量清单为依据进行的工程造价的确定与控制的总称，工程量清单计价以清单中的计价工程细目作为基本单元。房屋修缮工程量计算应按照相关工程国家标准的计算规则、计量单位等规定进行。

课后实训

1. 实训项目

讨论房屋修缮工程工程量清单计价的编制。

2. 实训内容

同学们分成两组。通过讨论分析以下案例，理解并掌握房屋修缮工程工程量清单计价的编制。

　　某工程平面及剖面图如图 11-6、图 11-7 所示，墙面为混凝土墙面，内墙抹水泥砂浆。

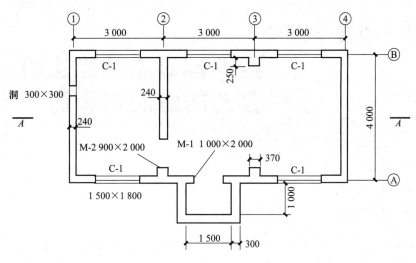

图 11-6　某工程平面图

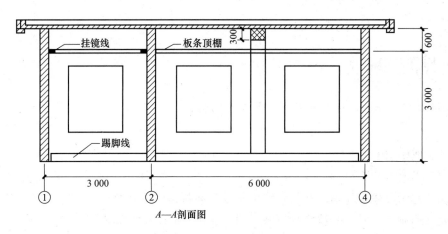

*A—A*剖面图

图 11-7　某工程剖面图

请问：应如何列示该分部分项工程工程量清单计价表及综合单价计算表。

3. 实训分析

师生共同参考房屋修缮工程工程量清单计价的编制进行分析与评价。

项目十二

房屋修缮工程施工图
预算的编制与审查

知识目标

1. 理解房屋修缮工程施工图预算的作用，熟悉房屋修缮工程施工图预算的编制依据和程序，掌握房屋修缮工程施工图预算编制方法；

2. 理解房屋修缮工程施工图预算审查的作用，熟悉房屋修缮工程施工图预算审查的内容和步骤。

技能目标

能够熟练进行房屋修缮工程施工图预算的编制。

素质目标

1. 能独立制订学习计划，并按计划实施学习和撰写学习体会；
2. 会查阅相关资料、整理资料，具有阅读应用各种规范的能力；
3. 培养勤于思考、做事认真的良好作风，具有分析问题、解决问题的能力；
4. 具有团队合作精神、沟通交流和语言表达能力；
5. 培养吃苦耐劳、爱岗敬业的职业精神。

案例导入

图 12-1 所示为某集团总部办公室修缮施工图。

假设你在物业服务企业工程部担任房屋修缮工程预算员，请思考：应如何依据当地、现行的修缮定额来进行该办公室分部分项工程项目(子目)修缮预算中工程量及人工费、材料费、主材消耗量的计算？

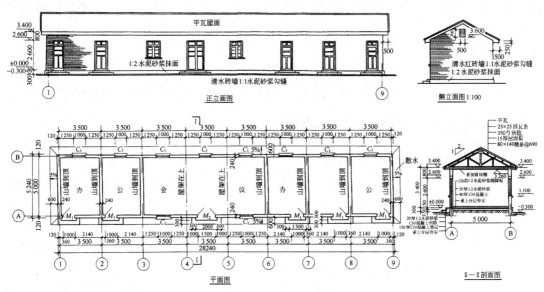

图 12-1　办公室修缮施工图

修缮说明:

1. 屋面的瓦全部进行翻盖,计划利用旧瓦 50%。压边线采用 1:2 水泥砂浆。
2. 室内及挑檐原无顶棚,现室内全部新加做抹灰(1:2.5 石灰砂浆打底,纸筋灰罩面)板条顶棚,并刷石灰水;挑檐处新加做水板条顶棚,并刷油漆。
3. 全部门窗(百叶窗除外)进行检修。
4. 全部铲除室内地面及室外散水和台阶的抹灰面层,新做 20 厚 1:2 水泥砂浆面层。
5. 室内墙面原抹灰表面重新刷石灰水。门窗、封檐板、挡风板均需重新刷漆。

单元一　房屋修缮工程施工图预算的编制

一、房屋修缮工程施工图预算的作用

房屋修缮工程施工图预算的作用主要是确定工程造价,具体表现为以下几个方面:

(1)施工图预算是工程实行招标、投标的重要依据。

(2)施工图预算是签订建设工程施工合同的重要依据。

(3)施工图预算是办理工程财务拨款、工程贷款和工程结算的依据。

(4)施工图预算是施工单位进行人工和材料准备、编制施工进度计划、控制工程成本的依据。

(5)施工图预算是落实或调整年度进度计划和投资计划的依据。

(6)施工图预算是施工企业降低工程成本、实行经济核算的依据。

二、房屋修缮工程施工图预算的编制依据

(1)各专业设计施工图和文字说明、工程地质勘察资料。

(2)当地和主管部门颁布的现行建筑工程和专业安装工程预算定额(基础定额)、单位

估价表、地区资料、构配件预算价格(或市场价格)、间接费用定额和有关费用规定等文件。

(3)现行的有关设备原价(出厂价或市场价)及运杂费费率。

(4)现行的有关其他费用定额、指标和价格。

(5)建设场地中的自然条件和施工条件,并据以确定的施工方案或施工组织设计。

三、房屋修缮工程施工图预算编制程序

1. 熟悉施工设计图纸,收集预算资料

(1)熟悉施工设计图纸,了解维修工程内容和要求。施工图纸是编制预算的主要依据,编制预算之前必须全面熟悉、了解维修内容和要求,了解和掌握房屋结构和特征,这是准确、迅速编制维修工程预算的关键。

(2)收集有关基础资料。包括维修工程施工图纸;国家或地区颁发的现行维修工程预算定额;工资标准、材料预算价格、机械台班单价、各种取费率标准;现场情况等。

(3)收集施工组织设计资料。施工组织设计是建设项目实施的指导性文件,分析研究其对工程造价的影响是施工图预算编制程序中的一个关键环节。

(4)现场勘察。深入现场认真勘察施工条件,了解房屋的实际损坏情况,拟定施工方案。

2. 计算工程量

工程量是编制修缮工程施工图预算的原始数据,也是组织施工进度和调配施工力量的主要依据,必须正确计算。为避免重算和漏算,应按定额项目的排列顺序和施工的先后顺序来计算。一般修缮工程工程量的计算顺序是先计算拆除工程,再由底层起逐层向上计算,即先由下向上,再由内向外;可以先计算土建,再计算设备,最后计算装饰。修缮工程工程量的计算,应根据维修工程的特点,以不错、不漏、不重、计算准确、便于套用定额为原则,不能死搬硬套。

3. 套用预算定额或单位估价表

根据所列计算项目和工程量,就可以套用定额或单位估价表,要求做到工程名称、内容、计量单位与定额相符。当遇到修缮方案与定额项目中规定的产品规格、增添的材料数量等不相符时,可按定额中的有关规定予以换算。遇到定额中的缺项,而主管部门尚未批准补充时,可提供资料与建设单位协商临时制定一次性使用的补充定额,并报上级主管部门备查。

4. 编制工料分析表

工料分析就是把各单项工程按定额规定所应消耗的劳动力、材料(包括成品、半成品)、机械台班等分别计算,并进行汇总。工料分析是安排施工力量、材料、施工机械计划,以及甲乙双方结算材料差价的依据,也是进行经济核算、加强企业管理的主要内容。

5. 计算并汇总造价

根据规定的税、费率和相应的计取基础,分别计算措施费、利润、税金等。将上述费用累计后进行汇总,求出单位工程预算造价。

6. 复核

对项目填列、工程量计算公式、计算结果、套用的单价、采用的各项取费费率、数字计算、数据精确度等进行全面复核，以便及时发现差错，及时修改，提高预算的准确性。

7. 填写封面、编制说明

封面应写明工程编号、工程名称、工程量、预算总造价和单方造价、编制单位名称、负责人和编制日期以及审核单位的名称、负责人和审核日期等。编制说明主要应写明预算所包括的工程内容范围、依据的图纸编号、承包企业的等级和承包方式、有关部门现行的调价文件号、套用单价需要补充说明的问题及其他需说明的问题等。

房屋修缮工程施工图预算的编制，要逐步过渡到以企业内部定额为依据进行。随着市场经济的发展，不可能要求计价都以统一的预算价格来进行，市场价格应是通过招标投标包括议标的形式，由价值和市场供求关系决定。因此，反映企业内部生产技术及管理水平的定额，是房屋维修单位进行投标或物业服务企业进行招标确定招标控制价或标底的依据。企业定额与国家、地方预算定额的定额水平可以不一样，但其原理和内涵是一致的。

课堂小提示

编制施工图预算时特别要注意，所用的工程量和人工、材料量是统一的计算方法和基础定额；所用的单价是地区性的（定额、价格信息、价格指数和调价方法）。由于在市场条件下价格是变动的，要特别重视定额价格的调整。

四、房屋修缮工程施工图预算编制方法

房屋修缮工程施工图预算的编制应由相应专业资质的单位和造价专业人员完成。编制单位应在施工图预算成果文件上加盖公章和资质专用章，对成果文件质量承担相应责任；注册造价工程师和造价员应在施工图预算文件上签署执业（从业）印章，并承担相应责任。

房屋修缮工程施工图预算的编制方法通常有工料单价法和全费用综合单价法两种。

（1）工料单价法。工料单价法是指分部分项工程及措施项目的单价为工料单价，将子项工程量乘以对应工料单价后的合计作为直接费，直接费汇总后，再根据规定的计算方法计取企业管理费、利润、规费和税金，将上述费用汇总后得到该单位工程的施工图预算造价。

工料单价法中的单价，一般采用地区统一单位估价表中的各子目工料单价（定额基价）。工料单价法计算公式为

$$工程预算造价 = \sum (子目工程量 \times 子目工料单价) + 企业管理费 + 利润 + 规费 + 税金$$

（2）全费用综合单价法。采用全费用综合单价法编制建施工图预算的程序与工料单价法大体相同，只是直接采用包含全部费用和税金等项在内的综合单价进行计算，过程更加简

单，其目的是适应目前推行的全过程全费用单价计价的需要。

1）分部分项工程费的计算。房屋修缮工程预算的分部分项工程费应由各子目的工程量乘以各子目的综合单价汇总而成。各子目的工程量应按预算定额的项目划分及其工程量计算规则计算。各子目的综合单价应包括人工费、材料费、施工机具使用费、管理费、利润、规费和税金。

2）综合单价的计算。各子目综合单价的计算可通过预算定额及其配套的费用定额确定。其中，人工费、材料费、机具费应根据相应的预算定额子目的人工、材料、机具要素消耗量，以及报告编制期人、材、机的市场价格（不含增值税进项税额）等因素确定；管理费、利润、规费、税金等应依据预算定额配套的费用定额或取费标准，并依据报告编制期拟建项目的实际情况、市场水平等因素确定，同时编制工程预算时，应同时编制综合单价分析表。

3）措施项目费的计算。措施项目费应按下列规定计算。

①可以计量的措施项目费与分部分项工程费的计算方法相同；

②综合计取的措施项目费应以该单位工程的分部分项工程费和可以计量的措施项目费之和为基数乘以相应费率计算。

知识链接

调整预算编制方法

（1）工程预算批准后，一般情况下不得调整。由于重大设计变更、政策性调整及不可抗力等原因造成的可以调整。

（2）调整预算编制深度与要求、文件组成及表格形式同原施工图预算。调整预算还应对工程预算调整的原因做详尽分析说明，所调整的内容在调整预算总说明中要逐项与原批准预算对比，并编制调整前后预算对比表，分析主要变更原因。在上报调整预算时，应同时提供有关文件和调整依据。

五、房屋修缮工程施工图预算文件组成

施工图预算根据建设工程实际情况可采用三级预算编制或二级预算编制形式。当建设项目有多个单项工程时，应采用三级预算编制形式，三级预算编制形式由建设项目施工图总预算、单项工程综合预算、单位工程施工图预算组成。当建设项目只有一个单项工程时，应采用二级预算编制形式，二级预算编制形式由建设工程施工图总预算和单位工程施工图预算组成。

1. 三级预算编制形式的工程预算文件的组成

三级预算编制形式的工程预算文件的组成如下：

（1）封面、签署页及目录；

（2）编制说明；

（3）总预算表；

（4）综合预算表；

(5)单位工程预算表；

(6)附件。

2. 二级预算编制形式的工程预算文件的组成

二级预算编制形式的工程预算文件的组成如下：

(1)封面、签署页及目录；

(2)编制说明；

(3)总预算表；

(4)单位工程预算表；

(5)附件。

单元二　房屋修缮工程施工图预算审查

一、房屋修缮工程施工图预算审查的作用

施工图预算编完之后，需要认真进行审查。加强房屋修缮工程施工图预算的审查，对于提高预算的准确性，正确贯彻党和国家的有关方针政策，降低房屋修缮工程造价具有重要的现实意义。

(1)施工图预算审查有利于控制工程造价。

(2)施工图预算审查有利于加强固定资产投资管理、节约工程建设资金。

(3)施工图预算审查有利于发挥领导层、银行的监督作用。

(4)施工图预算审查有利于积累和分析各项技术经济指标。

二、房屋修缮工程施工图预算审查的内容

房屋修缮工程施工图预算审查的重点内容是工程量计算是否准确；分部、分项单价套用是否正确；各项取费标准是否符合现行规定等方面。

1. 审核修缮工程施工图预算各部分工程的工程量

工程量审查主要是指对送审预算的工程量进行核查，根据不同的审查方法对工程量采取不同的审查方法。

2. 审查设备、材料的预算价格

设备、材料预算价格是施工图预算造价所占比重最大、变化最大的内容，要重点审查。

(1)审查设备、材料的预算价格是否符合工程所在地的真实价格及价格水平。若是采用市场价，要核实其真实性、可靠性；若是采用有关部门公布的信息价，要注意信息价的时间、地点是否符合要求，是否要按规定调整。

(2)设备、材料的原价确定方法是否正确。非标准设备的原价的计价依据、方法是否正确、合理。

(3)设备的运杂费费率及其运杂费的计算是否正确，材料预算价格的各项费用的计算是否符合规定、正确。

3. 审查定额或单价的套用

(1)预算中所列各分项工程单价是否与预算定额的预算单价相符；其名称、规格、计量单位和所包括的工程内容是否与预算定额一致。

(2)有单价换算时应审查换算的分项工程是否符合定额规定及换算是否正确。

(3)对补充定额和单位计价表的使用应审查补充定额是否符合编制原则、单位计价表计算是否正确。

4. 审查其他有关费用

其他有关费用包括的内容各地不同，具体审查时应注意是否符合当地规定和定额的要求。

课堂小提示

利润和税金的审查，重点应放在计取基础和费率是否符合当地有关部门的现行规定，有无多算或重算方面。

三、房屋修缮工程施工图预算审查的步骤与方法

（一）施工图预算的审查步骤

房屋修缮工程施工图预算的审查应按以下步骤进行：

(1)做好审查前的准备工作。主要包括熟悉施工图纸、了解预算包括的范围、弄清预算采用的单位估价表等。

(2)选择合适的审查方法，按相应内容审查。由于工程规模、繁简程度不同，施工企业情况也不同，所编工程预算的繁简程度和质量也不同，因此需针对具体情况选择相应的审查方法进行审核。

(3)综合整理审查资料，编制调整预算。经过审查，如发现有差错，需要进行增加或核减的，经与编制单位逐项核实，统一意见后，修正原施工图预算，汇总增减量。

（二）施工图预算的审查方法

房屋修缮工程施工图预算审查的方法很多，主要有标准预算审查法、重点审查法、逐项审查法、分组计算审查法、对比审查法。

1. 采用标准预算审查法审查施工图预算

标准预算审查法就是对利用标准图纸或通用图纸施工的工程，先集中力量编制标准预算，以此为准来审查工程预算的一种方法。按标准设计图纸或通用图纸施工的工程，一般上部结构和做法相同，只是根据现场施工条件或地质情况不同，仅对基础部分做局部改变。凡这样的工程，以标准预算为准，对局部修改部分单独审查即可，不需逐一详细审查。该方法的优点是时间短、效果好、易定案；缺点是适用范围小，仅适用于采用标准图纸的工程。

2. 采用重点审查法审查施工图预算

重点审查法就是抓住房屋修缮工程预算中的重点进行审核的方法。审查的重点一般是工程量大或者造价较高的各种工程、补充定额、计取的各项费用(计取基础、取费标准)等。重点审查法的优点是突出重点、审查时间短、效果好。

3. 采用逐项审查法审查施工图预算

逐项审查法又称全面审查法，即按定额顺序或施工顺序，对各分项工程中的工程细目逐项全面详细审查的一种方法。其优点是全面、细致，审查质量高、效果好；缺点是工作量大，时间较长。这种方法适用于一些工程量较小、工艺比较简单的工程。

4. 采用分组计算审查法审查施工图预算

分组计算审查法就是把预算中的有关项目按类别划分为若干组，利用同组中的一组数据审查分项工程量的一种方法。这种方法首先将若干分部分项工程按相邻且有一定内在联系的项目进行编组，利用同组分项工程间具有相同或相近计算基数的关系，审查一个分项工程数量，由此判断同组中其他几个分项工程的准确程度。该方法的特点是审查速度快、工作量小。

5. 采用对比审查法审查施工图预算

对比审查法是用已建成工程的预算或虽未建成但已审查修正的工程预算对比审查拟建的类似工程预算的一种方法。

项目小结

本项目讲述的是房屋修缮工程施工图预算编制与审查基础知识。房屋修缮工程施工图预算的编制，要逐步过渡到以企业内部定额为依据进行。反映企业内部生产技术及管理水平的定额，是房屋维修单位进行投标或物业服务企业进行招标确定招标控制价或标底的依据。房屋修缮工程施工图预算的编制方法通常有定额单价法、实物金额法和综合单价法三种。施工图预算编完之后，需要认真进行审查。加强房屋修缮工程施工图预算的审查，对于提高预算的准确性，正确贯彻党和国家的有关方针政策，降低房屋修缮工程造价具有重要的现实意义。

参考文献

[1] 汪冠群. 房屋维修与预算[M]. 2版. 大连：东北财经大学出版社，2011.

[2] 刘文新. 房屋维修技术与预算[M]. 武汉：华中科技大学出版社，2006.

[3] 梅全亭，余自农，王建国，等. 实用房屋维修技术手册[M]. 2版. 北京：中国建筑工业出版社，2004.

[4] 李会元. 房屋维修与管理[M]. 北京：中国劳动社会保障出版社，2014.

[5] 安静，郑立，谷建民. 房屋维修技术与管理[M]. 北京：石油工业出版社，2012.

[6] 何石岩. 房屋管理与维修[M]. 北京：机械工业出版社，2009.

[7] 张艳敏，岳娜. 房屋管理与维修实务[M]. 北京：清华大学出版社，2012.

[8] 饶春平. 房屋本体维修养护与管理[M]. 北京：中国建筑工业出版社，2013.